计算机技能大赛实战丛书

职业教育新课程改革教材

网络搭建及应用

何 琳 主 编

电子工业出版社.

Publishing House of Electronics Industry

北京 · BEIJING

内 容 简 介

本书分为网络规划与设计、交换机管理、路由器管理、防火墙管理、无线局域网管理和 IPv6 技术 6 个学习单元，每个学习单元都由单元概要、单元情境、单元知识拓展和单元总结组成；每个学习单元又有一个个项目，每个项目都有项目描述、项目分析和项目流程图；项目通过任务的形式讲解，每个任务都有任务描述、任务分析、任务实施、任务验收、拓展练习，并穿插知识链接和经验分享，使读者在短时间内掌握更多有用的技术和方法，快速提高技能竞赛水平。

未经许可，不得以任何方式复制或抄袭本书之部分或全部内容。

版权所有，侵权必究。

图书在版编目（CIP）数据

网络搭建及应用 / 何琳主编. —北京：电子工业出版社，2017.10
（计算机技能大赛实战丛书）
职业教育新课程改革教材

ISBN 978-7-121-27145-8

Ⅰ. ①网⋯ Ⅱ. ①何⋯ Ⅲ. ①计算机网络—中等专业学校—教材 Ⅳ. ①TP393

中国版本图书馆 CIP 数据核字（2015）第 216015 号

策划编辑：关雅莉
责任编辑：柴　灿
印　　刷：三河市鑫金马印装有限公司
装　　订：三河市鑫金马印装有限公司
出版发行：电子工业出版社
　　　　　北京市海淀区万寿路 173 信箱　邮编　100036
开　　本：787×1 092　1/16　印张：17.25　字数：441.6 千字
版　　次：2017 年 10 月第 1 版
印　　次：2024 年 3 月第 14 次印刷
定　　价：38.00 元

凡所购买电子工业出版社图书有缺损问题，请向购买书店调换。若书店售缺，请与本社发行部联系，联系及邮购电话：（010）88254888，88258888。

质量投诉请发邮件至 zlts@phei.com.cn，盗版侵权举报请发邮件至 dbqq@phei.com.cn。

本书咨询联系方式：（010）88254617，luomn@phei.com.cn。

前言

随着职业教育的进一步发展，全国中等职业学校计算机技能大赛开展得如火如荼，赛场成为深化职业教育改革、引导全国职业教育发展、增强职业教育技能水平、宣传职业教育的地位和作用、展示中职学生技能风采的舞台。

2013年4月，北京市求实职业学校被国家教育部、人力资源和社会保障部、财政部三部委批准为"国家中等职业教育改革发展示范学校建设计划第三批立项建设学校"，编者结合所编制的《实施方案》和《任务书》进行了行业调研，与神州数码网络公司深度合作，对专业进行了典型工作任务与职业能力分析，按照实际的工作任务、工作过程和工作情境组织课程，建立了基于工作过程的课程体系，形成了围绕工作需求的新型教学标准、课程标准，按职业活动和要求设计教学内容，并在此基础上组织一线教师、行业专家、企业技术骨干以项目任务为载体共同开发编写了几套具有鲜明时代特征的中等职业教育电子与信息技术专业系列教材。

1．本书定位

本书适合中职学校的教师和学生、培训机构的教师和学生使用。

2．编写特点

打破学科体系，强调理论知识以"必需"、"够用"为度，结合首岗和多岗迁移需求，以职业能力为本位，注重基本技能训练，为学生终身就业和较强的转岗能力打基础，同时体现新知识、新技术、新方法。

采用项目任务进行编写，通过"任务驱动"，有利于学生把握任务之间的关系，把握完整的工作过程，激发学生学习兴趣，让学生体验成功的快乐，有效提高学习效率。

该教材从应用实战出发，首先将所需内容以各个学习单元的形式表现出来，其次以项目任务的形式对技能大赛的知识点进行详细的分析和讲解，在每个任务的最后都可以对当前的任务进行验收和评价，并有相应的拓展练习，在每个学习单元的最后将有单元知识拓展和单元总结，使读者在短时间内掌握更多有用的技术和方法，快速提高技能竞赛水平。

3．本书内容

本书分为网络规划与设计、交换机管理、路由器管理、防火墙管理、无线局域网管理和IPv6技术6个学习单元，每个学习单元都由单元概要、单元情景、知识拓展和单元总结组成；每个学习单元又分为一个个项目，每个项目都有项目描述、项目分析和项目流程图；每个项目通过任务的形式讲解，每个任务都有任务描述、任务分析、任务实施、任务验收、拓展练习，并穿插知识链接和经验分享，使读者在短时间内掌握更多有用的技术和方法，快速提高技能竞赛水平。

　　本书由何琳担任主编并负责统稿，张文库和门雅范担任副主编。参与编写的还有杨毅、于世济、吴翰青、王洋。本书编写分工如下：学习单元一由何琳、张文库编写；学习单元二由门雅范、杨毅、吴翰青编写；学习单元三由何琳、张文库编写；学习单元四由门雅范、于世济、王洋编写；学习单元五由门雅范编写；学习单元六由张文库、门雅范编写。

　　在编写本书过程中，编者得到了神州数码网络公司网络大学徐雪鹏的大力支持和帮助，在此表示衷心的感谢。甘肃省商业学校赵传兴、王义勇，广东省广州市增城区东方职业技术学校包清太，广东省东莞市商业学校许伟宏及广东省兴宁市职业技术学校李勇辉，和我校为本书配套共同开发了仿真实训微课，可以很好地帮助教师授课和学生学习，在此一并表示感谢。微课平台网址为http://www.hxedu.com.cn/Resource/OS/AR/27145/1.html，体验账号和密码为dcndemo001、dcndemo002。

　　由于编者水平有限，经验不足，加之时间仓促，书中难免存在疏漏之处，恳请专家、同行及使用本书的教师和学生批评指正。

编　者

网络规划与设计

学习单元一

☆ 单元概要

（1）网络规划与设计是搭建网络的第一步，也是决定网络性能优劣的最关键环节。科学、合理地规划和设计一个企业或学校的办公网络，是学习和从事网络管理的人员必须具备的基础知识和基本技能。进行网络规划需要先进行详细的需求分析，结合主流网络技术制定实现方案，考虑经济实用性的同时要兼顾网络的先进性、可靠性、开放性和可扩展性。网络规划与设计涉及结构化布线、设备选型、IP 地址规划、拓扑结构设计等几个环节，考量的是网络规划者对网络概念的理解及对网络需求的把握程度。

（2）目前，在全国职业院校技能大赛中职组网络搭建与应用项目中，对网络规划与设计的考点逐年深入，其中设备选型环节已经完成，其他几个环节，如双绞线的制作、拓扑结构的设计、IP 地址规划、子网划分等，均有详细的考核知识点，要求学生能够准确、快速地完成任务，为后续的设备配置环节奠定基础。

（3）在进行网络规划与设计的过程中，需要对网线制作和设备安装调试等技能有常识性了解。为了更灵活地制定 IP 编址方案，避免地址空间的浪费，除了等长子网掩码划分之外，还需要掌握变长子网掩码（VLSM）的计算方法，这对处理各种实际项目有着非常现实的意义。

☆ 单元情境

新兴学校是一所新建的职业学校，为了适应信息化教学与绿色办公的需要，更好地服务社会，学校准备建设数字化校园，满足学校的教学、办公和对外宣传等业务需要。学校通过招标选择了飞越公司作为系统集成商，从头开始规划建设校园网，刚入职的小赵作为学校的网络管理人员与飞越公司一起全程参与校园网筹建项目。校园网的设备选型已经确定使用神州数码公司的 DCN 路由与交换设备，目前急需完成的工作就是校园网的综合布线与 IP 地址的规划。学校希望小赵能认真学习相关专业知识，结合实际需求来分析任务，制定实现方案。

项目一 综合布线基础

项目描述

　　新兴学校的校园网设计方案采用 100Base-TX 标准，采购的网络设备已经进场，下一步要做的是根据网络功能的设计，进行结构化布线的设计与施工，实现设备的连接、安装与调试，以保证网络物理层的正常运行。

　　网络管理员小赵需要先了解以太网电缆的分类及应用，以便为学校网络设备采购和安装网络电缆，实现设备互连。

项目分析

　　分析新兴学校的网络需求，集成商飞越公司设计的校园网布线使用了比较高的配置标准，采用光纤和铜质双绞线电缆混合组网，不仅支持语音和数据应用，还支持图像、投影、影视、视频会议等应用。光纤适用于建筑群子系统，而楼宇内的布线均采用双绞线。为了配合双绞线的备料、安装与施工，小赵需要详细了解双绞线的类型及应用。整个项目的认知与分析流程如图 1-1 所示。

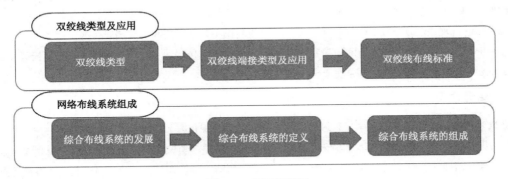

图 1-1　项目流程图

> ### 知识链接
>
> 　　局域网物理层部署可以采用许多方式来支持多种介质类型，包括非屏蔽双绞线、光纤和无线介质等。
>
> 　　光纤所采用的技术能提供最高可用带宽。鉴于光缆的可用带宽几乎不受限制，局域网有望大幅提高速度。许多光缆包含细玻璃纤维，这就造成了光缆的弯曲范围问题，卷曲或锐弯都可能折断光纤。电缆连接器端接的安装难度要大得多，而且需要特殊设备。

由于无线网络中所需的电缆较少，因此无线安装通常比非屏蔽双绞线或光纤安装更加容易。但是，无线局域网对规划和测试的要求更高。而且，许多外部因素也会影响到它的运行，如其他无线射频设备和建筑物结构等因素。如果使用的电缆不正确，运行环境中的 EMI/RFI 就会严重影响数据通信。

任务一　双绞线的类型与应用

任务描述

校园网项目采购的数字化设备已经陆续进场，马上要进行线缆安装施工，小赵作为用户方，需要配合飞越公司进行线缆质量、施工规范的验收与测试工作，根据业务需求和实际的应用环境搭建出优质的通信链路，完成综合布线工程施工。

任务分析

双绞线价格低廉、连接可靠、维护简单，可提供高达 1000Mb/s 的传输带宽，不仅可用于数据传输，还可以用于语音和多媒体传输，因此成为当今水平布线的首选线缆。为配合布线项目顺利进行，小赵需要先对双绞线的种类及应用进行详细了解，然后根据结构化综合布线的施工标准对传输线路进行测试和验收。

任务实施

一、双绞线的分类

双绞线可分为屏蔽双绞线（STP）和非屏蔽双绞线（UTP），如图 1-2 和图 1-3 所示。

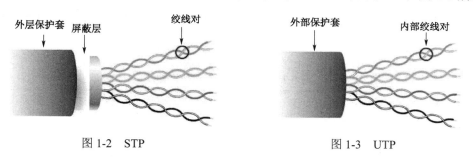

图 1-2　STP　　　　　　　　　　　图 1-3　UTP

UTP 外面只有一层绝缘胶皮包裹，这种网线在塑料绝缘外皮中包裹着 8 根信号线，它们每两根为一对相互缠绕以抵消邻近线路的干扰，绕得越紧密，其通信质量越高，总共 4 对，双绞线也因此得名。

国际电工委员会和国际电信委员会已经建立了 UTP 网线的国际标准并根据使用的领域分为 5 个类别，每种类别的网线生产厂家都会在其绝缘外皮上标注其种类，如 CAT-5 或者

CATEGORIES-5。UTP 价格相对便宜，组网方便。

双绞线按电气性能划分，通常分为三类、四类、五类、超五类、六类双绞线等，数字越大、版本越新、技术越先进、带宽越宽，价格也就越高。目前，三类、四类线已经淡出市场，在一般局域网中常见的是五类、超五类（CAT-5E）或者六类非屏蔽双绞线。超五类和六类 UTP 可以轻松提供 155Mb/s 的通信带宽，并拥有升级至千兆带宽的潜力，成为局域网水平布线的首选。

二、双绞线端接类型及应用

UTP 端接使用 RJ-45 连接器（俗称"水晶头"）。双绞线的两端必须都安装 RJ-45 连接器，以便插在网卡、集线器（Hub）或交换机（Switch）RJ-45 接口上。对于双绞线端接水晶头的制作，国际上规定了 EIA/TIA 568A 和 568B 两种接口标准，这两种标准是当前公认的双绞线的制作标准，相应的接口线序排列如图 1-4 所示。

如图 1-5 所示，如果一条 UTP 的两端使用同种制作标准，则可以是 T568A 或 T568B，这条电缆被称为直通线，可以用来连接如表 1-1 所示的设备。

如果两台同种设备要通过直接连接彼此的电缆通信，则一台设备的发射端需要连接到另一台设备的接收端，UTP 电缆要实现此类连接，一端必须按照 EIA/TIA T568A 线序端接，另一端必须按照 EIA/TIA T568B 线序端接。这种电缆被称为交叉电缆，如图 1-6 所示。UTP 线缆的适用范围已在表 1-1 中给出。

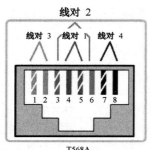

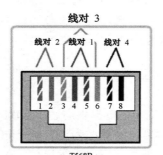

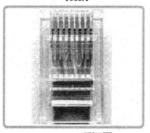

（a）T568A（顶视图）　　　（b）T568B（顶视图）

图 1-4　标准线序

表 1-1　UTP 线缆的使用范围

直通线使用范围	交叉线使用范围
PC-Hub	PC-PC
Hub 普通接口-Hub 级联接口	Hub 普通口-Hub 普通接口
PC-交换机	PC-路由器
路由器-交换机	路由器-路由器
交换机普通口-交换机 UPLINK 口	交换机普通口-交换机普通接口
	交换机 UPLINK 口-交换机 UPLINK 口

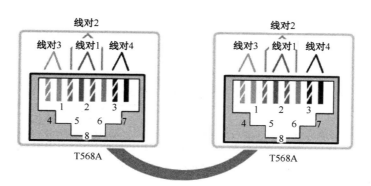

（a）两端都使用EIA/TIA T568A标准

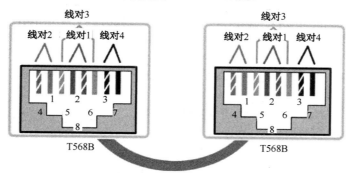

（b）两端都使用EIA/TIA T568B标准

图 1-5 直通电缆

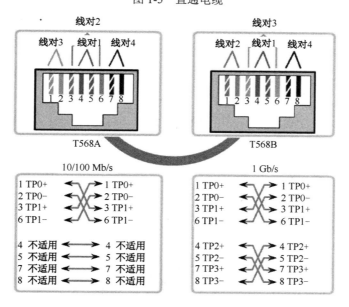

图 1-6 交叉电缆

三、双绞线布线标准

在规划和安装局域网布线时，需考虑 4 个物理区域，区域的定义及连接方法如表 1-2 所示，连接示意图如图 1-7 所示。

表 1-2　局域网布线工作区域

区域名称	定　义	连接方法
工作区域	工作区域是个人用户使用的终端设备所在的地点。每个工作区域至少有两个插孔，可使用电缆将单台设备连接到这些插孔上。EIA/TIA 标准规定，用于连接设备和墙壁插孔的 UTP 接插线最大长度为 10m	直通电缆是工作区域中最常用的电缆。此类电缆用于将计算机之类的终端设备连接到网络中。但当集线器或交换机位于工作区域中时，通常会使用交叉电缆来连接该设备与墙壁插孔
电信间，也称分布层设备间	电信间是连接中间设备的地点，往往配备了集线器、交换机、路由器和数据服务等中间设备。此类设备在主干布线和水平布线之间提供转换。在电信间内部，水平电缆端接的配线面板与中间设备之间通过跳线建立连接。这些中间设备也使用接插线相互连接	EIA/TIA 标准指定了两种不同类型的 UTP 电缆：一种是最长 5m 的接插线，用于连接电信间中的设备和配线面板；另一种电缆类型最长 5m，用于将设备连接到墙上的端接点
水平布线，也称分布式布线	水平布线指的是连接电信机房与工作区域的电缆。从电信机房的端接点到工作区插座上的端接，其间的电缆最大长度不得超过 90m。这段最长 90m 的水平布线距离称为永久链路	固定安装于建筑物结构内。水平介质从电信间的配线面板延伸到每个工作区域中的墙壁插孔，并使用电缆连接到设备
主干布线，也称垂直布线	主干布线供汇聚的流量使用，如与 Internet 之间的往来流量及某个远程位置访问企业资源的流量	来自各个工作区域的流量大部分要使用主干电缆才能访问区域外或设施外的资源。因此，主干通常要求采用光缆之类的高带宽介质

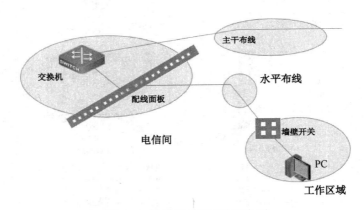

图 1-7　局域网布线区域示意图

对于 UTP 安装，TIA/EIA T568B 标准规定，跨接上述 4 个区域的电缆总长限于每个通道最长 100m。此标准还规定，配线面板之间相互连接的电缆最长为 5m，从墙上的电缆端接点到电话机或计算机的电缆长度不得超过 5m。

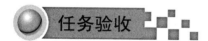 **任务验收**

通过本任务的实施，了解了双绞线的分类、应用及布线标准。

评价内容	评价标准
双绞线的分类及应用	（1）了解双绞线的分类及相关标准； （2）熟练掌握双绞线电缆的类型及应用； （3）了解双绞线在局域网中各区域的布线标准

 **拓展练习**

根据学校教学楼的办公需求，画出布线的示意图，并标出设备之间互连的线缆类型及长度。

任务二　网络布线系统组成

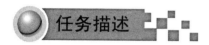 **任务描述**

小赵和飞越公司技术人员一起学习了双绞线的类型及应用，了解了工作区域布线的标准，制定了办公楼的布线方案。下一步要制定整个校园的布线系统方案，小赵需要了解综合布线系统的组成及布线标准。

任务分析

综合布线系统方案的制定要摒弃传统布线方案的不足，引入智能大厦的布线理念。整个布线系统包括 7 个子系统的解决方案，还包括整个布线工程结束后的管理归档部分。

任务实施

一、综合布线系统的发展

传统布线的缺点：系统互相独立，互不兼容，增加了维护费用。

1984 年，首座智能大厦在美国建成后，传统布线的不足暴露无遗。

美国朗讯科技（原 AT&T）公司贝尔实验室于 20 世纪 80 年代末期推出了结构化布线系统（SCS），其代表产品为 SYSTIMAX PDS（建筑与建筑群综合布线系统）。

二、综合布线系统的定义

综合布线是一个模块化的、灵活性极高的建筑物内或建筑物之间的信息传输通道，是"建筑物内的信息高速公路"。

综合布线的设备包括标准的插头、插座、适配器、连接器、配线架、线缆、光缆等。它可支持语音、数据、图像（电视会议、监视电视）等多媒体信号的传输。

三、综合布线系统的组成

综合布线系统是智能大厦必不可少的部分，它由 7 个子系统组成，如图 1-8 所示。

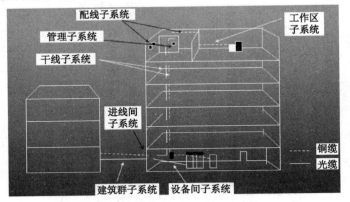

图 1-8　综合布线系统的组成

其简要介绍如下。

1. 工作区子系统

工作区子系统是一个独立的需要设置终端设备的区域。它由信息插座模块延伸到终端设备处的连接缆线及适配器组成，如图 1-9 所示。

2. 配线子系统

配线子系统由工作区的信息插座模块、信息插座模块到电信间配线设备的配线电缆和光缆、电信间的配线设备，以及设备缆线和跳线等组成，如图 1-10 所示。

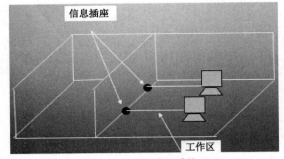

图 1-9　工作区子系统

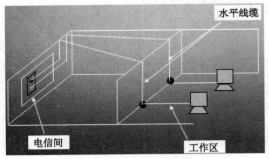

图 1-10　配线子系统

3. 干线子系统

干线子系统由设备间至电信间的干线电缆和光缆、安装在设备间的建筑物配线设备，以及设备缆线和跳线组成，如图 1-11 所示。

4. 建筑群子系统

建筑群子系统由连接多个建筑物之间的主干电缆和光缆、建筑群配线设备，以及设备缆线和跳线组成，如图 1-12 所示。

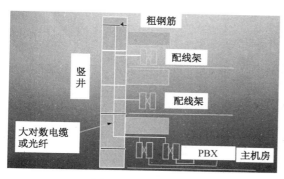

图 1-11　干线子系统

图 1-12　建筑群子系统

5. 设备间子系统

设备间子系统是每幢建筑物的适当进行网络管理和信息交换的场地。设备间主要用于安装建筑物配线设备。电话、交换机、计算机主机设备及入口设施也可与配线设备安装在一起，如图 1-13 所示。

6. 进线间子系统

进线间子系统是建筑物外部通信和信息管线的入口部位，可作为入口设施和建筑群配线设备的安装场地，如图 1-14 所示。

7. 管理子系统

管理子系统对工作区、电信间、设备间、进线间的配线设备、缆线、信息插座模块等设施按一定的模式进行标识和记录，如图 1-15 所示。

图 1-13　设备间子系统

图 1-15　管理子系统

图 1-14　进线间子系统

● 任务验收

通过本任务的实施，了解网络布线系统的各子系统、其定义及实施标准。

评价内容	评价标准
网络布线系统组成	（1）了解网络布线系统包含的子系统； （2）了解各个子系统的定义和设计规范； （3）了解双绞线在布线工程中各区域的布线标准

● 拓展练习

分析校园网的信息需求，绘制出详细的网络布线工程示意图，并标注出详细的线缆施工标准。

项目二　地址规划与配置分析

● 项目描述

局域网规划中的重要内容是地址空间的规划与分配。学校的设备量大，用户种类较多，组网需求较复杂，需要灵活地掌握地址空间的分配。节约 IP 地址不仅可以简化路由的管理，还可为以后网络规模发展预留空间。

● 项目分析

IP 地址的划分与管理是网络管理人员必须掌握的专业技能。管理 IP 地址时，要在认真分析需求之后根据网络环境做出合理的规划。为了节约地址空间，这里考虑使用 VLSM 技术。整个项目的认知与分析流程如图 1-16 所示。

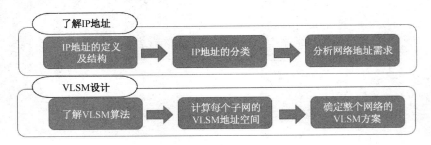

图 1-16　项目流程图

任务一 了解 IP 地址

任务描述

飞越公司已经完成了对主教学楼的拓扑设计，并统计出教学楼的设备数量，画出了拓扑图，如图 1-17 所示。现在需要进行网络地址规划。总共为教学楼分配了一个私有地址段 172.16.0.0/22，希望小赵使用指定 IP 地址和前缀（子网掩码）创建网络文档。

任务分析

首先要对 IP 地址、子网掩码、子网等相关概念有详细的了解，然后根据正确的子网划分方法来完成地址划分的任务。

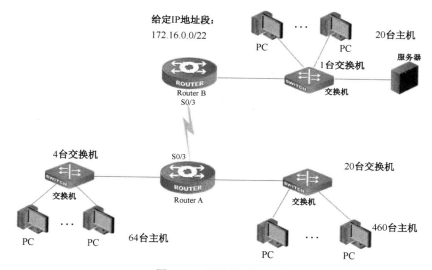

图 1-17 教学楼网络拓扑

任务实施

一、IP 地址的定义与结构

网络互连协议（Internet Protocol，IP）是为计算机网络相互连接并进行通信而设计的协议。

知识链接

在因特网中，IP 是能使连接到网络中的所有计算机网络实现相互通信的一套规则，规定了计算机在因特网上进行通信时应当遵守的规则。任何厂家生产的计算机系统，只要遵守 IP 协议即可与因特网互连互通。

Internet 上的每台主机（Host）都有唯一的 IP 地址。IP 协议就是使用这个地址在主机之间传递信息的，这是 Internet 能够运行的基础。

IP 地址的长度为 32 位（共有 2^{32} 个 IP 地址），分为 4 段，每段 8 位，用十进制数字表示，每段数字为 0～255，段与段之间用句点隔开，如 159.226.1.1。IP 地址可以视为由网络标识号码与主机标识号码两部分组成，因此 IP 地址可分为两部分：一部分为网络地址，另一部分为主机地址。其中，网络号用于确定主机所在的网络，主机号用于定位主机在特定网络中的位置。

二、IP 地址的分类

IP 地址可分为 A、B、C、D、E 五类，如图 1-18 所示，分类地址的结构如表 1-3 所示。

图 1-18　IP 地址分类

表 1-3　IP 地址的组成及范围

分　类	组　　成	数　字　范　围	主　机　数	地　　址
A	1 字节（每个字节是 8 位）的网络地址和 3 个字节的主机地址	网络地址的最高位必须是"0"，即第一段数字为 1～127	16387064	126
B	2 个字节的网络地址和 2 个字节的主机地址	网络地址的最高位必须是"10"，即第一段数字为 128～191	64516	16256
C	3 个字节的网络地址和 1 个字节的主机地址	网络地址的最高位必须是"110"，即第一段数字为 192～223	254	2054512
D		第一个字节以"1110"开始，即第一段数字为 224～239	多点播送地址，用于多目的地信息的传输，也可备用	全零（"0.0.0.0"）的 IP 地址对应于当前主机，全"1"的 IP 地址（"255.255.255.255"）是当前子网的广播地址
E		以"11110"开始，即第一段数字为 240～254	E 类地址保留，仅为实验和开发使用	

特殊地址：指网络中有特殊功能的特定地址，包括未指定地址、广播地址、链路本地地址等。

 知识链接

1．0.0.0.0：未指定地址

这类地址用于所有不清楚的主机和目的网络。如果在网络设置中设置了默认网关，那么

Windows 操作系统会自动产生一个目的地址为 0.0.0.0 的默认路由。

2. 255.255.255.255: 限制广播地址

广播通信是一对所有的通信方式。若一个 IP 地址的二进制数全为 1，即 255.255.255.255，则这个地址用于定义整个互联网，但这样会给整个互联网带来灾难性的负担。

3. 直接广播地址

一个网络中的最后一个地址为直接广播地址，即 HostID 全为 1 的地址。主机使用这种地址把一个 IP 数据报发送到本地网段的所有设备上，路由器会转发这种数据报到特定网络上的所有主机。

4. 127.0.0.1（环回地址（本机地址）

实际上，127 网段的所有地址都称为环回地址，主要用来测试网络协议是否工作正常，而 127.0.0.1 又特指本机地址，即 "Localhost"。在传输介质上永远不应该出现目的地址为 127.0.0.1 的数据包。

5. 169.254.x.x （链路本地地址）

如果主机使用 DHCP 功能自动获得一个 IP 地址，则在 DHCP 服务器发生故障，或响应时间太长而超出了系统规定时间的情况下，Windows 操作系统会为主机分配一个这样的地址。

子网掩码：子网掩码是 IP 地址中另一个重要概念，用于标志出 IP 地址中的主机位和网络位，将一个 IP 地址中网络位全部置为 1，主机位全部置为 0，得到的一个新的地址就是此 IP 地址的子网掩码。此时，看到一个 IP 地址，结合它的子网掩码 1 的位置和 0 的位置就可以判断出此 IP 地址的网络位和主机位。因此，A 类地址的子网掩码是 255.0.0.0，也可记作 "/8"，表示 IP 地址的前 8 位是网络位；B 类地址的子网掩码是 255.255.0.0，也可记作 "/16"；C 类地址的子网掩码是 255.255.255.0，也可记作 "/24"。

三、分析网络地址需求

从拓扑图得知，教学楼局域网各子网总共拥有的主机数量和分组如表 1-4 所示。

表 1-4　局域网各子网总共拥有的主机数量和分组

分类 设备	学　生　LAN	教　师　LAN	管　理　员　LAN	路由器间的链路
计算机	460	64	20	2 个
路由器（LAN 网关）	1	1	1	
交换机（管理）	20	4	1	
服务器	0	0	1	
子网合计	481	69	23	

 **任务验收**

通过本任务的实施，掌握 IP 地址相关知识。

评价内容	评价标准
IP 地址	（1）熟悉 IP 地址的结构及分类； （2）熟练掌握特殊地址、私有地址的概念及应用； （3）学会计算各个子网的地址需求个数

拓展练习

图 1-19 所示为 5 个不同子网，每个子网的主机要求各不相同。给定的 IP 地址段是 192.168.1.0/24。要求把此地址空间做适当划分后分配给各个子网，以满足各设备的通信需要。

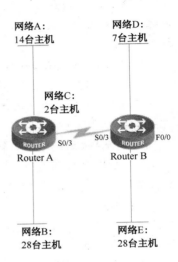

图 1-19 IP 地址划分案例拓扑图

任务二 VLSM 设计

任务描述

飞越公司已经完成校园网的拓扑设计，也进行了 IP 地址段划分工作。考虑到校园网的扩展，需要尽量节约 IP 地址，计划使用 VLSM 地址划分方案。

任务分析

对 IP 地址、掩码、子网等进行划分后，最终确定了 VLSM 地址划分方案，使用 VLSM 分配方法可以按照需要为每个网络分配更小的地址块。

任务实施

一、了解 VLSM 计算方法

根据本项目任务一中 IP 地址的分类及结构，可以得出 VLSM 的计算方法，假定这个网段的主机部分位数为 N，那么：

$$可用的主机地址个数 = 2^N - 2$$
$$子网掩码 = 256 - 2N$$
$$子网号 = 前一个子网号 + 2N$$
$$子网中的有效地址 = 前一个子网号 + 1 \sim 后一个子网号 - 2$$

二、计算每个子网的 VLSM 地址划分方案

使用 VLSM 分配方法可以按照需要为每个网络分配更小的地址块。

地址块 172.16.0.0/22（子网掩码 255.255.252.0）用于给整个网络分配 IP 地址，10 个二

进制位用于定义主机地址和子网，共计 2^{10}= 1024 个 IPv4 本地地址，即 IP 地址为 172.16.0.0～172.16.3.0。

1. 学生 LAN

最大的子网是需要 460 个地址的学生 LAN。使用公式可知，可用主机数量 =2^N-2，借用 9 个位作为主机部分，得出 512-2 = 510 个可用主机地址。此数量符合当前的要求，并有少量余地可供未来发展所需。

使用 9 个主机位，可将给定地址空间 172.16.0.0/22 划分为两个子网，分别为 172.16.0.0/23、172.16.2.0/23，这里将最小的地址段 172.16.0.0/23 分配给学生 LAN。

学生子网的掩码计算如下。

网络地址为 172.16.0.0，二进制表示为 10101100.00010000.00000000.00000000。

子网掩码为 11111111.11111111.11111110.00000000，在主机 IP 地址配置时表示为十进制后是 255.255.254.0。

在学生网络中，IPv4 主机地址为 172.16.0.1～172.16.1.254，广播地址为 172.16.1.255。

由于这些地址已经分配给学生 LAN，因此不能再分配给其余子网，如教师 LAN、管理员 LAN 和 WAN。尚可分配的地址是 172.16.2.0～172.16.3.255。

2. 教师 LAN

第二大网络是教师 LAN，此网络至少需要 66 个地址。如果使用 6 位二进制表示主机 ID，则 2^6-2=62，只能提供 62 个可用地址。因此，必须使用 7 个二进制位来表示主机，即网络掩码为 32-7=25 位掩码，十进制表示为 255.255.255.128。

目前空闲的地址段为 172.16.2.0/23，如果使用/25 的掩码，则被分为 4 个子网，网络地址为 172.16.2.0/25、172.16.2.128/25、172.16.3.0/25、172.16.3.128/25。

将第一个子网 172.16.2.0/25 分配给教师 LAN，在教师网络中，IPv4 主机地址是 172.16.2.1～172.16.2.126，广播地址为 172.16.2.127。

3. 管理员 LAN

第三个网络是管理员 LAN，此网络至少需要 23 个地址。2^5-2=30>23，因此可以用 5 个主机位满足此网络地址分配，空闲的地址空间 172.16.2.128/25 可分成 2^2=4 个子网，每个子网的掩码长度变为 2^5+2=27 位，网络地址如下：172.16.2.128/27、172.16.2.160/27、172.16.2.192/27、172.16.3.224/27。

将第一个子网 172.16.2.128/27 分配给管理员 LAN，在管理员网络中，IPv4 主机地址是 172.16.2.129～172.16.2.158，广播地址为 172.16.2.159。配置地址时，把前缀/27 转换为十进制，使用的子网掩码为 255.255.255.224。

4. WAN 链路

路由器之间的 WAN 链路是一种点对点链路，这个子网只需 2 个有效地址，可使用/30 的掩码，2 位表示主机，每个子网的有效地址为 2^2-2=2 个地址。可从上次划分剩余后未分配的地址空间中拿出一个空闲的地址段 172.16.2.160/27，将其分为 8 个前缀为/30 的子网，网络地址如下：

172.16.2.160/30；

172.16.2.164/30；

172.16.2.168/30;

……

172.16.2.188/30。

将第一个子网 172.16.2.160/30 分配给路由器之间的 WAN 链路，则此链路两端的地址只能为 172.16.2.161 和 172.16.2.162，子网掩码为 255.255.255.252。

三、确定整个网络的 VLSM 方案

设备地址划分完毕，每个子网都有节余地址以供网络扩展。每个子网的地址表如表 1-5 所示。

表 1-5　使用 VLSM 计算子网的地址范围

网　　络	子 网 地 址	主 机 地 址	广 播 地 址
学生 LAN	172.16.0.0/23	172.16.0.1～172.16.1.254	172.16.1.255
教师 LAN	172.16.2.0/25	172.16.2.1～172.16.2.126	172.16.2.127
管理员 LAN	172.16.2.128/27	172.16.2.129～172.16.2.158	172.16.2.159
WAN	172.16.2.161/30	172.16.2.161～172.16.2.162	172.16.2.163
未使用	不适用	172.16.2.164～172.16.3.254	不适用

任务验收

通过本任务的实施，掌握 VLSM 地址划分算法。

评 价 内 容	评 价 标 准
VLSM 设计	掌握 VLSM 的计算方法

拓展练习

在图 1-19 所示的拓扑中，使用更为灵活的 VLSM 设计方案来为每个子网分配地址，要求既节约地址，又要保留适量的扩展空间。

单元知识拓展　双绞线制作及设备上架

任务描述

新兴学校的校园网项目规划与设计工作基本完成，现已进入线缆连接及设备安装测试施工阶段。小赵作为用户方需要检测线路质量和设备安装是否到位。

任务分析

线路质量检测要依据 GB 50312—2007《综合布线系统工程验收规范》标准，小赵需要了

解双绞线制作规范，发现不合格电缆时重新制作。对于网络设备，需要检查设备安装环境是否通风，固定是否牢固。

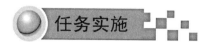

任务实施

一、制作双绞线

1. 工具准备

准备一条适当长度的双绞线，若干个 RJ-45 连接器，一把双绞线压线钳，一个双绞线测试仪，如图 1-20 所示。

2. 双绞线剥皮

用压线钳将双绞线一端的外皮剥去 3cm，然后按 EIA/TIA T568B 标准顺序将线芯捋直并拢，如图 1-21 所示。

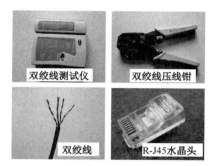

图 1-20　工具准备

图 1-21　整理双绞线

3. 剪齐

将芯线放到压线钳切刀处，8 根线芯要在同一平面上并拢，要尽量直，留下一定的线芯长度，在约 1.5cm 处剪齐，如图 1-22 所示。

4. 插入连接器

将双绞线插入 RJ-45 连接器，插入过程力度均衡直到插到尽头。检查 8 根线芯是否已经全部充分、整齐地排列在连接器中，如图 1-23 所示。

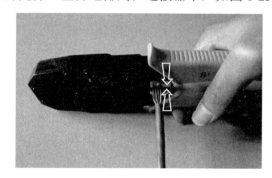

图 1-22　剪齐

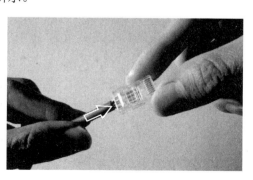

图 1-23　插入连接器

5. 压制

用压线钳用力压紧连接器，再取出即可，如图 1-24 和图 1-25 所示。

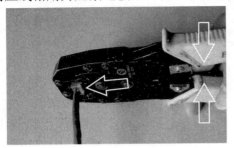
图 1-24 压制连接器（一）

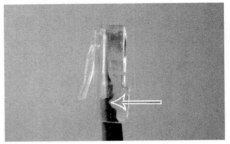
图 1-25 压制连接器（二）

6. 成品

一端的网线制作好后，用同样方法制作另一端网线，如图 1-26 所示。

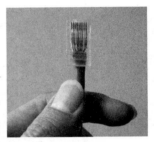
图 1-26 成品

7. 测试连通性

把网线的两头分别插到双绞线测试仪上，打开测试仪开关，测试指示灯亮。如果是正常网线，则两排的指示灯都是同步亮的；如果有些灯没有同步亮，则证明该线芯连接有问题，应重新制作，如图 1-27 所示。压制标准如图 1-28 所示。

图 1-27 测试连通性

图 1-28 压制标准

二、网络设备安装与上架

除了掌握最常用的双绞线制作之外，在项目实施过程中，各种设备的安装上架与基本测试也是必须了解的常识，在此对设备上架做简要介绍。

（1）用包装箱内附带的机架安装螺钉将专用机架角铁牢固地安装到交换机的两侧，如图 1-29 所示，确认安装无误后，按下一步继续操作。

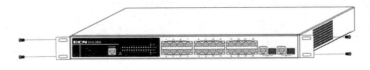
图 1-29 上角铁

（2）将交换机置于标准 19 英寸机架内，再使用螺钉将交换机牢固地固定在机架中的合适位置，并在交换机与周围物体间留出足够的通风空间，如图 1-30 所示。

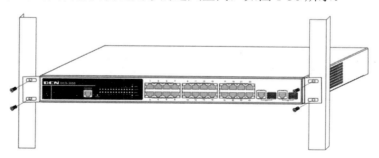

图 1-30 固定螺钉上架

（3）将设备接地：各类设备机箱的后面板上均留有外壳保护接地柱，并标有"⏚"字样。外壳保护接地应可靠连接在机柜的接地柱上。

（4）连接各种功能线缆并将设备加电进行检测：设备的各种物理接口、各种功能线缆、接口指示灯的功能及加电初始化等操作将在后面的项目中进行具体的讲解。

任务验收

通过本任务的实施，了解以太网双绞线的制作过程和网络设备安装上架的步骤。

评 价 内 容	评 价 标 准
双绞线制作及网络设备安装	（1）学会制作双绞线直通电缆和交叉电缆； （2）了解设备上架的步骤及注意事项

单 元 总 结

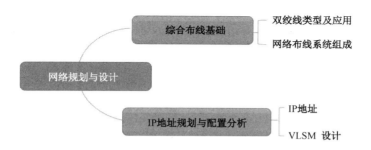

交换机管理

☆ 单元概要

（1）随着网络技术和软件应用开发技术的不断发展，业务流的多样化和调整，对局域网的吞吐能力提出了更高的要求，新型的高速交换式网络逐渐成为信息时代的主要载体。在现有技术实施的前提下提升网络设备处理数据的效率是人们关注的焦点。本学习单元以神州数码自有品牌的网络交换机产品为实例，主要介绍在现代企业中广泛应用的交换机通用的设备配置方法及常用的交换技术、理念。

（2）在目前全国职业院校技能大赛中职组企业网搭建与应用项目中，交换技术部分的知识点分布越来越细，更偏重于实用性，难度也不断增加，从传统技术，如交换机基本管理、VLAN 技术、生成树、链路聚合多层交换及安全等方面，到最新的安全绑定、访问控制技术等主流技术，而 RIP、OSPF 等多层交换技术也跟随市场主流过渡到 v2 版本，紧跟当前技术发展。

（3）除基本的交换机基础配置及 VLAN 配置之外，网络管理人员还需理解并掌握一些更贴近实际需求的应用技术，如访问控制列表和 DHCP 等，这对后面学习单元中路由技术及防火墙安全技术的深化理解有着重要的意义。

☆ 单元情境

新兴学校已经完成了基础的综合布线和简单设备的安装上架，实现了网络设备的接入，校园网进入调试运行阶段。目前，小赵需要对网管交换机有一个全面的了解，针对各个校区内不同环境的组网需求给出有针对性的合理解决方案，以满足日益复杂的应用环境与网络需求。

项目一　交换机设备

项目描述

随着学校规模的不断扩大，在建校之初所使用的傻瓜式交换机已被更换成可网管交换机，但是作为网络管理员的小赵并没有相关的调试经验，他需要配合飞越公司的现场工程师，在实践中学习并掌握交换机的各种基本操作技巧。

项目分析

作为网络管理人员，拿到一台交换机之后应该按照一个固定的程序来对交换机做基础设置：首先检查交换机的外观，各种物理、电气接口；然后为交换机做一些基础设置，如查看设置密码、设置时间、保存配置、上传下载配置文件等；最后备份交换机当前版本并在有更新版本的情况下为交换机升级。此外，还需要掌握在密码遗失的情况下对交换机进行密码恢复的操作。整个项目的认知与分析流程如图 2-1 所示。

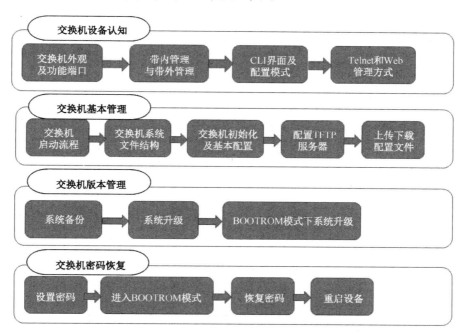

图 2-1　项目流程图

任务一　交换机设备认知

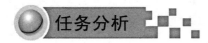 **任务描述**

由于之前没有使用过可网管式交换机，所以在设备管理现场，小赵首先要做的就是向飞越公司的现场工程师学习交换机的基本常识，包括交换机的外观接口及各种内部的配置模式。

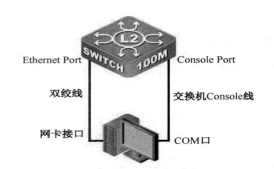

图 2-2　交换机设备认知拓扑

任务分析

本任务要求学习并掌握交换机的各种接口、基本管理方式及相关的系统维护方法。图 2-2 所示为已连接好的设备，配置要求如表 2-1 所示。

表 2-1　设备配置表

交 换 机		PC	
接口	IP 地址	网卡	IP 地址
E1/1	192.168.1.1		192.168.2.10

任务实施

一、交换机基本认知

1. 交换机外观及端口认知

知识链接

在局域网中，最重要的数据链路层设备就是交换机。数据链路层在物理层建立通信线路的基础上，把物理层所提供的接口数据封装成数据连接帧，建立数据链路，以帧为单位传输数据。

通过一台典型的二层交换机来简单介绍各种功能端口的作用，其端口和指示灯如图 2-3 和图 2-4 所示，其指示灯的含义如表 2-2 所示。

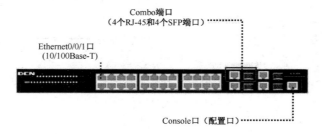

图 2-3　各种功能端口

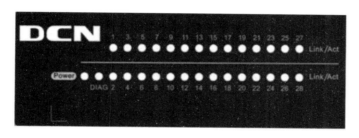

图 2-4　指示灯

表 2-2　指示灯含义

面板标记	状态	含义
PORT1-24（LINK/ACT）	亮（绿色）	端口 LINK 成功
	闪（绿色）	端口 LINK 成功，并收发数据
	灭	端口没有 LINK 成功
PORT25/26/27/28（LINK/ACT）	亮（绿色）	Combo 口 LINK 成功
	闪（绿色）	Combo 口 LINK 成功，并收发数据
	灭	Combo 口没有 LINK 成功
POWER	亮（绿色）	内部电源工作正常
	灭	电源没通电或电源坏
DIAG	闪（绿色 1 Hz）	运行状态正常
	闪（绿色 8 Hz）	系统加载中

2．带内管理与带外管理

可网管式交换机有带内、带外两种管理方式。带内管理方式可以使连接在交换机中的某些设备具备管理交换机的功能。当交换机的配置出现变更，导致带内管理失效时，必须使用带外管理对交换机进行配置管理。

 知识链接

网络设备的管理方式可以简单地分为带外管理和带内管理两种模式。所谓带内管理，是指网络的管理控制信息与用户网络的承载业务信息通过同一个逻辑信道传送，简而言之，就是占用业务带宽。而在带外管理模式中，网络的管理控制信息与用户网络的承载业务信息在不同的逻辑信道传送，即设备提供专门用于管理的带宽。

Telnet 方式、SSH 方式及 Web 方式都是交换机的带内管理方式。

3．CLI 界面及配置模式

CLI 界面又称为命令行界面，和图形界面（GUI）相对应。CLI 由 Shell 程序提供，它是由一系列的配置命令组成的，根据这些命令在配置管理交换机时所起的作用不同，Shell 将这些命令分类，不同类别的命令对应着不同的配置模式，如图 2-5 所示。不同的配置模式表示不同的管理范围和功能权限，在这里只做概念性介绍，在后面的实验中会有更详细的讲解。

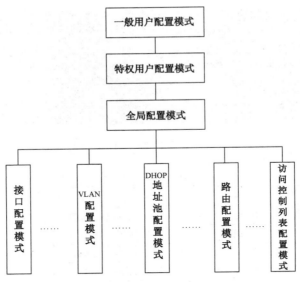

图 2-5　CLI 配置模式结构

经验分享

　　命令行界面是交换机调试界面中的主流界面，基本上所有的网络设备都支持命令行界面。神州数码网络产品的调试界面兼容国内外主流厂商的界面，和思科命令行接近，便于用户学习。

二、交换机的基本检查及初始化配置

1. 使用 Console 管理设备

通过配置线连接设备的 Console 接口，并使用终端软件对 Console 端口进行设置。

因为安全原因，自 Windows XP 之后，Windows 操作系统不再内置超级终端与 Telnet 程序，因此这里直接选用第三方终端仿真程序 SecureCRT 进行调试和管理，如图 2-6 所示：波特率为 9600，数据位为 8，奇偶校验"None,"，停止位为 1，数据流控制无设置。

2. 认识几种不同的配置模式

1）一般用户配置模式

交换机启动，进入一般用户配置模式，也可以称为">"模式，字符光标前是一个">"符号，只允许有限查看设备信息，如图 2-7 所示。

2）特权用户配置模式

在一般用户配置模式下键入"ENABLE"即可进入特权用户配置模式。特权用户配置模式的提示符为"#"，所以也称为"#"模式，如图 2-8 所示，在特权用户配置模式下，用户可以查询交换机配置

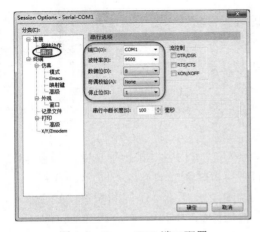

图 2-6　SecureCRT 端口配置

信息、各个端口的连接情况、收发数据统计等。进入特权用户配置模式后，可以进入全局配置模式对交换机的各项配置进行修改，因此建议设置特权用户口令，防止非特权用户的非法使用。

3）全局配置模式

在特权用户配置模式下输入"CONFIG TERMINAL"或者"CONFIG T"或者"CONFIG"即可进入全局配置模式。字符光标前由"（config）#"组成，如图 2-9 所示，在全局配置模式下，用户可以对交换机进行全局性的配置。

DCS-3950-28C>	DCS-3950-28C#	DCS-3950-28C(config)#
图 2-7 一般用户配置模式	图 2-8 特权用户配置模式	图 2-9 全局配置模式

4）接口配置模式

在全局配置模式下输入"INTERFACE ETHERNET X/X"即可进入接口配置模式。字符光标前由"（config-if-XX）#"组成，允许配置设备接口的各项参数，如图 2-10 所示。

`DCS-3950-28C(config-if-ethernet1/1)#`

图 2-10 接口配置模式

5）各模式之间的转换

配置模式之间的转换方式如图 2-11 所示。各模式下的功能及命令将在后面的项目中继续介绍。

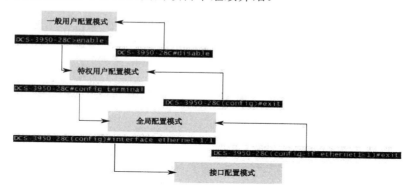

图 2-11 各模式之间的转换

3. 全局配置模式中配置特权用户的命令

在全局配置模式中配置特权用户的命令如下。

```
DCS-3950-26C>ENABLE
DCS-3950-26C#CONFIG TERMINAL
DCS-3950-26C（CONFIG）#ENABLE PASSWORD DIGITALCHINA
DCS-3950-26C（CONFIG）#
```

现在，返回到一般用户配置模式进行验证，命令如下。

```
DCS-3950-26C（CONFIG）#EXIT
DCS-3950-26C#EXIT
DCS-3950-26C>ENABLE
PASSWORD:
```

```
DCS-3950-26C#CONFIG TERMINAL
DCS-3950-26C（CONFIG）#
```

4. 掌握常用的调试技巧及快捷键使用

1）"？"的使用

```
DCS-3950-26C#LAN?
  LANGUAGE                //设置语言
DCS-3950-26C#CO?
  CONFIG                  //进入配置模式
  COPY                    //复制文件
//表示在特权用户配置模式下以 LAN 开头的命令只有一个，而以 CO 开头的命令有两个
```

2）查看错误信息

```
SWITCH#SHOW V                          //直接键入 SHOW V ，按 Enter 键
% AMBIGUOUS COMMAND: "SH V"            //根据已有输入可以产生至少两种不同的解释
SWITCH#
SWITCH#SHOW VALN                       //SHOW VLAN 写成了 SHOW VALN
% INVALID INPUT DETECTED AT '^' MARKER. // "^"符号处输入错误
```

否定命令"NO"的使用：

```
SWITCH（CONFIG）#VLAN 10               //创建 VLAN 10 并进入 VLAN 配置模式
 SWITCH（CONFIG）#SHOW VLAN            //查看系统当前定义的 VLAN
VLAN NAME          TYPE      MEDIA     PORTS
---- ------------- --------- --------- ----------------------------------
 1   DEFAULT       STATIC    ENET      ETHERNET0/0/1      ETHERNET0/0/2
 10  VLAN0010      STATIC    ENET                        //VLAN 10 存在
SWITCH（CONFIG）#NO VLAN 10            //使用 NO 命令删除 VLAN 10
SWITCH#SHOW VLAN
VLAN NAME          TYPE      MEDIA     PORTS
---- ------------- --------- --------- ----------------------------------
 1   DEFAULT       STATIC    ENET      ETHERNET0/0/1      ETHERNET0/0/2
                                       //VLAN 10 不见了，已经被删除
```

交换机中大部分命令的逆命令采用了 NO 命令的模式。此外，还可以使用 ENABLE 命令的相反命令 DISABLE。

3）上下光标键"↑"、"↓"的使用

当输入并执行了一些命令后，可以使用上下光标键"↑"、"↓"来浏览已执行过的命令，当需要重复执行相似命令时，可以大大节省时间。

5. 开启 Telnet 和 Web 管理方式

```
DCS-3950-26C>ENABLE
DCS-3950-26C#CONFIG TERMINAL
DCS-3950-26C（CONFIG）#ENABLE PASSWORD DIGITALCHINA
//配置特权用户配置模式的密码为 DIGITALCHINA

DCS-3950-26C（CONFIG）#USERNAME DCS PRIVILEGE 15 PASSWORD DIGITAL
```

```
//配置用户名认证，用户名为DCS，密码为DIGITAL，权限为15（管理员）
DCS-3950-26C（CONFIG）#AUTHENTICATION LINE VTY LOGIN LOCAL
TELNET SERVER HAS BEEN ALREADY ENABLED.
   //Telnet服务默认是开启的
DCS-3950-26C（CONFIG）#IP HTTP SERVER          //开启Web服务
DCS-3950-26C（CONFIG）#INTERFACE VLAN 1        //配置并管理VLAN的IP地址
DCS-3950-26C（CONFIG-IF-VLAN1）#IP ADDRESS 192.168.1.1 255.255.255.0
```

配置完后验证 PC 与交换机的连通性。

```
DCS-3950-26C#PING 192.168.1.10
TYPE ^C TO ABORT.
SENDING 5 56-BYTE ICMP ECHOS TO 192.168.1.10，TIMEOUT IS 2 SECONDS.
!!!!!                           //出现5个"!"，表示交换机与PC通信正常
SUCCESS RATE IS 100 PERCENT（5/5），ROUND-TRIP MIN/AVG/MAX = 0/0/0 MS
```

此时，可以拔除 Console 连接。选择"开始"→"运行"选项，在弹出的"运行"对话框中键入"CMD"，打开命令行窗口，键入"telnet 192.168.1.1"，使用 Telnet 方式登录交换机，如图 2-12 所示。

输入用户名 DCS、密码 DIGITAL，便进入了交换机特权用户配置模式（用户 DCS 权限等级为最高级 15，直接进入特权用户配置模式），如图 2-13 所示。

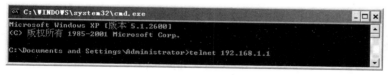

图 2-12　Telnet 交换机　　　　　　　　　　图 2-13　Telnet 登录交换机

验证 Web 模式：打开浏览器，在地址栏中输入"http://192.168.1.1"，即可进入如图 2-14 所示的 Web 登录界面。

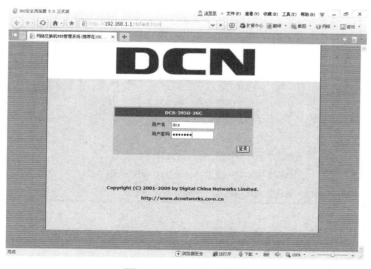

图 2-14　Web 登录界面

输入用户名 DCS、密码 DIGITAL，进入如图 2-15 所示的 Web 管理界面。

图 2-15　Web 管理界面

经验分享

在使用 IPv6 地址访问交换机时，推荐使用浏览器 Firefox，版本在 1.5 以上，如交换机的 IPv6 地址为 3ffe:506:1:2::3，在地址处输入交换机的 IPv6 地址 http://[3ffe:506:1:2::3]，地址需要用方括号括起来，此内容在后续项目中会继续介绍。

任务验收

通过本任务的实施，掌握交换机的各种接口、基本管理方式及相关的系统维护方法。

评 价 内 容	评 价 标 准
交换机设备认知	（1）熟悉普通交换机的外观，各接口的名称和作用； （2）了解交换机最基本的管理方式，以及带内、带外管理的方法； （3）熟悉交换机 CLI 界面； （4）了解基本的命令格式； （5）了解部分调试技巧； （6）熟练掌握如何使用 Telnet 方式管理交换机； （7）熟练掌握如何为交换机设置 Web 管理方式； （8）熟练掌握如何进入交换机 Web 管理方式

拓展练习

重复实验步骤，熟悉带内管理与带外管理方式。

任务二 交换机基本管理

任务描述

小赵在掌握了交换机的一些基本配置模式和方法之后，不禁思考了这样的问题：如果交换机配置好了，重启交换机会怎样呢？配置好的信息保存在哪里？通过翻阅学习资料，小赵了解到交换机和使用计算机一样，如果没有保存过，重启后配置信息也会丢失。当交换机应用环境发生改变时，用户需要清空交换机配置，重新对交换机进行配置以适应新的应用环境，或者需要将已配置的信息进行保存。现在小赵要通过自学得来的成果对交换机进行管理。

任务分析

交换机基本配置包括交换机文件的概念、配置管理和一些基本操作命令。根据之前已经掌握的知识点，连接好设备，如图 2-15 所示，配置要求如表 2-3 所示。

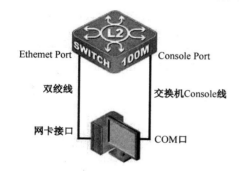

表 2-3 设备配置表

交 换 机		PC	
接口	IP 地址	网卡	IP 地址
E1/1	192.168.1.1		192.168.2.10

图 2-16 连接拓扑图

任务实施

一、交换机启动流程及系统文件结构

1. 交换机启动流程

交换机是 OSI 第二层的设备，路由器是第三层的设备；它们的实际操作虽然不同，但是它们的启动过程是大致相同的。其步骤如下：开启设备后全部灯开启，然后熄灭（此过程用于检查交换机或路由器中的硬件情况），将 Flash 中的 IOS 加载到 RAM 中，加载系统配置文件到 RAM 中。

知识链接

这里所提到的 Flash 和 RAM 都属于交换机的存储设备，除了这两个设备之外还有 NVRAM 等。

IOS: Internet Operator System 的缩写，即网络操作系统，它是交换机和路由器中的系统程序，相当于 PC 中的 Windows 操作系统，区别在于 Windows 以图形化界面为主，而 IOS 以命令控制台的界面为主。

Flash: 相当于 PC 中的硬盘，用来保存交换机的 IOS 及配置文件。

RAM: 相当于 PC 中的内存，存放运行配置的文件 running-config。

NVRAM: 存放系统配置文件 startup-config。

2. 交换机系统文件结构

交换机系统文件包括 3 类文件：引导文件、系统映像文件与厂商信息配置文件。

引导文件指引导交换机初始化等文件，即所谓的 ROM 文件。在上述机型中，该文件有两份，保存在 Flash 中，固定文件名为 config.rom 和 boot.rom。

系统映像文件指交换机硬件驱动和软件支持程序等压缩文件，即所谓的 IMG 文件。交换机系统映像文件保存在 Flash 中，文件名默认为 nos.img。通常意义上的版本升级就是指升级该文件。

厂商信息配置文件指交换机厂商相关信息的配置文件。文件名默认为 vendor.cfg。

交换机配置文件：配置文件分为两种，即运行配置的文件 RUNNING-CONFIG 和系统配置文件 STARTUP-CONFIG。运行的配置文件掉电后，将不复存在，因为在对交换机做完配置之后要使用 WRITE 命令将运行配置文件写入系统配置文件，这样重启之后之前所做的配置才不会丢失。

知识链接

对于 config.rom，其主要功能如下：负责引导 IMG 文件；在某些特殊情况下（例如，错误地升级了 boot.rom 和 nos.img，或者升级过程中断电，导致系统的 nos.img/boot.rom 无法启动），在升级用户 boot.rom 和 img；config.rom 模式下，前面板的网络端口不可用，只能用 Xmodem 升级，速度很慢，因此除非必需，否则不建议使用此升级。

对于 boot.rom，其主要功能如下：提供 ROM 的前面板网口升级功能；研发调试。引导文件一般不强制要求升级，是否升级可参见对应的版本发布说明。

二、交换机初始化及基本配置

1. 在全局模式中配置特权用户的命令

```
DCS-3950-28C#CONFIG TERMINAL
DCS-3950-28C（CONFIG）#ENABLE PASSWORD DIGITALCHINA
```

返回到一般用户配置模式下进行验证。

```
DCS-3950-28C>ENABLE
PASSWORD:
DCS-3950-28C#CONFIG TERMINAL
DCS-3950-28C（CONFIG）#
```

2. 清空交换机配置

```
SWITCH>ENABLE                          //进入特权用户配置模式
PASSWORD:                              //输入特权密码 DIGITALCHINA
```

```
SWITCH#SET DEFAULT                          //使用 SET DEFAULT 命令
ARE YOU SURE? [Y/N] = Y                      //是否确认?
SWITCH#WRITE                                 //清空 STARTUP-CONFIG 文件
SWITCH CONFIGURATION HAS BEEN SET DEFAULT!
SWITCH #SHOW STARTUP-CONFIG                   //显示当前的 STARTUP-CONFIG 文件
% CURRENT STARTUP-CONFIGURATION IS DEFAULT FACTORY CONFIGURATION!
                                             //系统提示此启动文件为出厂默认配置
SWITCH#RELOAD                                //重新启动交换机
PROCESS WITH REBOOT? [Y/N]Y
DCS-3950-28C>ENABLE                          //进入特权用户配置模式
DCS-3950-28C#                                //无需密码即可进入，证明配置以清除
```

3. 配置交换机日期时间

```
DCS-3950-28C#CLOCK SET 9:52:30              //配置当前时间
CURRENT TIME IS SUN JAN 01 09:52:30 2006     //配置完即有显示，但年份不对
DCS-3950-28C#CLOCK SET 9:52:30 ?             //使用? 查询，原来的命令没有输入完整
YYYY.MM.DD  YEAR.MONTH.DAY (VALID TIME IS BETWEEN 1970.1.1 AND 2038.12.31)
DCS-3950-28C#CLOCK SET 9:52:30 2012.7.31    //配置当前日期和时间
CURRENT TIME IS TUE JUL 31 09:52:30 2012     //显示正确，配置完成
DCS-3950-28C#WRITE                           //保存当前配置
```

4. 查看交换机文件

```
DCS-3950-28C#SHOW FLASH
-RWX        6.3M          NOS.IMG            //交换机操作系统的权限、大小和文件名
-RWX        1000          STARTUP.CFG        //交换机开机配置文件的权限
SIZE:14.4M  USED:6.6M  AVALIABLE:7.8M  USE:46%  //系统存储空间使用情况
```

三、配置 TFTP 服务器

 知识链接

TFTP（Trivial File Transfer Protocol，简单文件传输协议）/FTP（File Transfer Protocol，文件传输协议）都是文件传输协议，在 TCP/IP 协议簇中处于第四层，即属于应用层协议，主要用于在主机之间、主机与交换机之间传输文件。它们都采用客户机/服务器模式进行文件传输。

TFTP 承载在 UDP 之上，提供不可靠的数据流传输服务，同时也提供用户认证机制，以及根据用户权限提供对文件操作授权；它通过发送报文、应答方式，加上超时重传方式来保证数据的正确传输。TFTP 相对于 FTP 的优点是它提供简单的、开销不大的文件传输服务。

 经验分享

有了保存的配置文件和系统文件，当交换机被清空之后，可以直接把备份的文件下载到交换机上，避免重新配置的麻烦。

交换机文件的备份需要采用 TFTP 服务器（或 FTP 服务器），这也是目前最流行的上传下载方法。

只需要在 PC 上安装 TFTP 软件，PC 即可被配置成 TFTP 服务器。图 2-17 所示为市场上比较流行的几款 TFTP 服务器。

  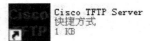

图 2-17　常见 TFTP 服务器软件

图 2-18　主界面

这里以第一种 TFTP 服务器为例，TFTPD32.exe 非常简单易学，甚至不需要安装就能使用（后两款软件都需要安装）。双击 TFTPD32.exe 文件，进入如图 2-18 所示的 TFTP 主界面。

在主界面中可以看到该服务器的根目录是 D:\BackupSwitch，服务器的 IP 地址也自动出现在第二行，即 192.168.1.10，单击"设置"按钮可以更改 TFTP 服务器的根目录。

四、使用 TFTP 服务器进行交换机配置的上传下载操作

对交换机做好相应的配置之后，最好把稳定的配置文件和系统文件从交换机中备份出来保存在本地，防止日后交换机出现故障而导致配置文件丢失。用 TFTP 服务器进行交换机配置的上传下载操作如下。

步骤 1：配置交换机管理 IP 地址。交换机管理 VLAN 默认为 VLAN 1，可以通过配置 VLAN 1 的 IP 地址实现 PC 网口与交换机以太网口的通信。

```
DCS-3950-28C#CONFIG TERMINAL                          //进入全局配置模式
DCS-3950-28C（CONFIG）#INTERFACE VLAN 1                //进入 VLAN 1 配置接口
DCS-3950-28C（CONFIG-IF-VLAN1）#IP ADDRESS 192.168.1.1 255.255.255.0
                                                     //配置 VLAN 1 的 IP 地址与子网掩码
DCS-3950-28C（CONFIG-IF-VLAN1）#NO SHUTDOWN           //打开 VLAN 1 接口
```

步骤 2：验证 TFTP 服务器与交换机的连通性。使用 PING 命令测试，确保两者连通。

步骤 3：备份交换机配置文件。将交换机配置文件备份到 TFTP 服务器中。

```
DCS-3950-28C#COPY STARTUP-CONFIG TFTP:               //192.168.1.10/SC2012.7
//将配置文件 STARTUP-CONFIG 上传到 TFTP 服务器根目录中，并改名为 SC2012.7
CONFIRM COPY FILE [Y/N]:Y                             //系统要求确认操作
DCS-3950-28C#COPY NOS.IMG TFTP:                       //192.168.1.10
//将交换机操作系统文件上传到 TFTP 服务器根目录中，使用原有文件名
CONFIRM COPY FILE [Y/N]:Y                             //输入 YES 确认操作
```

步骤 4：下载配置文件。

```
DCS-3950-28C#COPY TFTP://192.168.1.10/SC2012.7 STARTUP-CONFIG
//将备份文件 SC2012.7 恢复成交换机启动配置文件 STARTUP-CONFIG
CONFIRM TO OVERWRITE THE EXISTED DESTINATION FILE?  [Y/N]:Y
DCS-3950-28C#RELOAD                              //重启交换机
```

任务验收

通过本任务的实施，掌握交换机文件的概念、配置管理和基本操作命令。

评 价 内 容	评 价 标 准
交换机基本管理	（1）了解交换机 Flash 内的文件结构； （2）掌握初始化、配置时间等常用配置命令； （3）了解 FTP、TFTP 的概念及服务器的搭建； （4）掌握上传下载配置文件

拓展练习

（1）重复实验步骤，熟悉 TFTP 服务器的使用并配置上传下载方法。

（2）参照手册，使用 SHOW 命令查看系统日志，分析上传下载过程。

任务三　交换机版本管理

任务描述

若交换机应用环境发生改变，如和使用计算机一样，当有新的技术加入支持、已知系统的漏洞、由于操作原因导致系统丢失等情况发生时，交换机就需要进行版本的恢复/升级，现在需要小赵进一步掌握交换机版本的管理方法。

任务分析

此任务的拓扑图参见图 2-16，根据之前已经掌握的知识点，先配置好交换机与 PC，其 IP 地址配置如表 2-4 所示。配置完毕后，先保存现有系统版本，再升级新的操作系统。交换机版本管理可以使用 TFTP 方式和 FTP 方式，在命令行模式下升级设备的软件版本适用于除 Web 界面以外的所有带外管理方式。此外，本任务会单独介绍一种 BOOTROM 模式下的升级方式。

知识链接

神州数码会把每款产品的最新系统文件存放在 www.dcnetworks.com.cn 网站上，以供用户免费下载。新的系统文件会修正原文件的一些漏洞，或者增加一些新功能。对于交换机用户来说，不一定要时时关注系统文件的最新版本，只要交换机在目前的网络环境中能正常稳定地工作，就不需要升级。

表2-4　配置表

交　换　机		PC	
接口	IP 地址	网卡	IP 地址
E1/1	192.168.1.1		192.168.1.10

任务实施

一、系统备份

步骤1：查看交换机 Flash 中的文件。

```
DCS-3950-26C#SHOW FLASH
NOS.IMG                        4, 702, 429      //NOS.img 文件为操作系统
STARTUP-CONFIG                        24        //STARTUP-CONFIG 为开机配置文件
USED   4, 702, 453 BYTES IN 2 FILES,  FREE   3, 686, 155 BYTES.
                                               //系统存储空间占用情况
```

可以看到在交换机 Flash 中保存了两个文件：一个是交换机操作系统文件 NOS.img，另一个是配置文件 STARTUP-CONFIG。下面来备份这两个文件。

步骤2：配置 TFTP 服务器和交换机的 IP 地址，确保两者能够连通。

PC 安装 TFTP 软件后即可成为 TFTP 服务器，此时它的 IP 地址要和交换机的 VLAN 1 的 IP 地址在同一网段，才可保证互通。

步骤3：备份交换机配置文件。将步骤1中看到的交换机系统版本备份到 TFTP 服务器中。

```
DCS-3950-26C#COPY NOS.IMG TFTP://192.168.1.10
//将交换机操作系统文件上传到 TFTP 服务器根目录中，使用原有的文件名
CONFIRM COPY FILE [Y/N]:Y
```

二、命令行模式下系统升级

由于实验环境所限，将下载的交换机操作系统作为升级版本升级到系统中。

```
DCS-3950-26C#COPY TFTP://192.168.1.10/NOS.IMG NOS.IMG
CONFIRM TO OVERWRITE THE EXISTED DESTINATION FILE?  [Y/N]:Y
BEGIN TO RECEIVE FILE,  PLEASE WAIT...
CLOSE TFTP CLIENT.   //请确保关闭
```

三、BOOTROM 模式下系统升级

当交换机的系统文件遭到破坏时，已经无法进入正常的 CLI 界面进行操作（如交换机升级不成功的时候），此时可以进入交换机 BOOTROM 模式对交换机进行重新升级或还原文件。

（1）进入 BOOTROM 模式：在配置 PC 上，打开超级终端程序，启动交换机。在超级终端显示内存自检时按 Ctrl+B 组合键，进入 BOOTROM 模式。

交换机启动后，在显示以下信息时按 Ctrl+B 组合键。

```
TESTINGRAM...
268, 435, 456 RAM
```

显示下列信息时，代表已进入 BOOTROM 模式。

```
[BOOT]:
```

（2）使用"SETCONFIG"命令设置 BOOTROM 下的升级参数。

目前能设置 Host IP 和 Server IP 两个参数，只支持 TFTP 协议。

```
[BOOT]: SETCONFIG
HOST IP ADDRESS: [10.1.1.1] 192.168.1.1
SERVER IP ADDRESS: [10.1.1.2] 192.168.1.10
```

（3）根据设备型号，升级对应的 NOS.img 文件。

读取 NOS.img 文件：

```
[BOOT]: LOAD NOS.IMG
LOADING...
……              //此处省略部分屏幕提示信息
LOADING FILE OK!
```

写入 NOS.img 文件，当提示"WRITE FILE OK"时表示写入成功。

```
[BOOT]: WRITE NOS.IMG
FILE EXISTS, OVERWRITE? （Y/N）?[N] Y
WRITING NOS.IMG
...........
 WRITE NOS.IMG OK.
```

（4）升级交换机成功，在 BOOTROM 模式下，执行命令 RUN 或 REBOOT，回到 CLI 配置界面。

```
[BOOT]:RUN//或者使用 REBOOT
```

任务验收

通过本任务的实施，掌握交换机版本的下载及在两种模式下交换机的版本升级操作。

评 价 内 容	评 价 标 准
交换机版本管理	在规定时间内，将所有实验用交换机的运行版本保存起来，并重复交换机在两种模式下的版本升级实验

拓展练习

从神州数码网站上下载最新的 DCRS-3950 系统文件，尝试搭建 FTP 服务器，参照手册使用 FTP 对交换机进行升级。

任务四　交换机密码恢复

任务描述

小赵从库房中拿了一台交换机准备开始做基本的初始化配置，但是发现这台交换机有特权密码，原来是之前的操作人员忘记消除密码了。他不知道密码，也找不到之前操作该台设备的管理员，现在需要小赵在不破坏原有交换机配置的情况下解决该问题。

任务分析

通过交换机的 BOOTROM 方式，可以消除特权密码。

实验拓扑依然使用图 2-16，根据之前已经掌握的知识点，配置好交换机与 PC，其 IP 地址如表 2-5 所示，并配置特权密码。

表 2-5　配置表

交换机		PC	
接口	IP 地址	网卡	IP 地址
E1/1	192.168.1.1		192.168.1.10

任务实施

步骤 1：在全局模式下配置特权用户的口令。

```
DCS-3950-28C（CONFIG）#ENABLE PASSWORD DIGITALCHINA
```

步骤 2：进入 BOOTROM 模式。在配置 PC 上，打开超级终端程序，启动交换机。在超级终端显示内存自检时按 Ctrl+B 组合键，进入 BOOTROM 模式。

交换机启动后，在显示以下信息时按 Ctrl+B 组合键。

```
TESTINGRAM...
268, 435, 456 RAM
```

当显示[BOOT]提示符时，表示系统已进入 BOOTROM 模式，此时输入"NOPASSWORD"命令。

```
[BOOT]: NOPASSWORD
CLEAR PASSWORD OK
```

步骤 3：输入 RUN 命令，退出 BOOTROM 方式，重新引导。

```
[BOOT]: RUN
/*注意，此处一定要使用"RUN"命令引导，如果使用 REBOOT 命令，则将加载之前的 CONFIG 文件，
而导致密码清除无效*/
LOADING FLASH:/NOS.IMG ...
    ...                //省略部分提示信息
  VERIFYING CHECKSUM ... OK
  UNCOMPRESSING KERNEL IMAGE ... OK
```

重新启动交换机后，原特权密码已经被清除。

任务验收

评 价 内 容	评 价 标 准
交换机密码恢复	掌握在 BOOTROM 模式下的特权密码清除操作

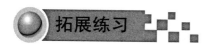 拓展练习

设置交换机密码并保存，然后尝试在 BOOTRIM 模式下清除密码。

项目二 VLAN技术

项目描述

随着学校规模的不断扩大，出于安全性的考虑，学校各部门内部主机之间的业务往来可以通信，但部门之间禁止互相访问，作为网络管理员的小赵并没有相关的实际配置管理经验。他要配合飞越公司的现场工程师，在实践中学习并掌握交换机的各种配置管理技巧。

项目分析

为了完成学校规模不断扩大而带来的安全性问题，学校各部门内部主机之间的业务往来可以通信，但部门之间禁止互相访问，由于学校使用的交换机为可管理的交换机，所以通过VLAN 技术可以实现此功能。

详细了解交换机设备的 VLAN 功能后，结合学校的工作需要，可以使用 VLAN 技术和私有 VLAN 等实现通信。整个项目的认知与分析流程如图 2-19 所示。

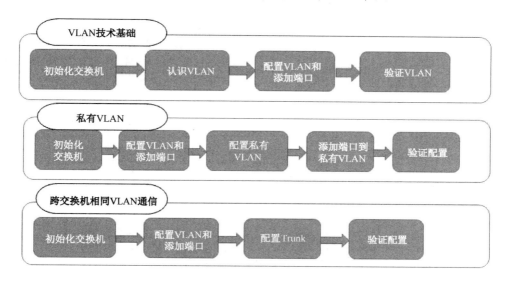

图 2-19　项目流程图

任务一　VLAN 技术基础

任务描述

学校中有两个部门位于同一楼层，一个是后勤部，一个是财务部，两个部门的信息端口连接在一台交换机上。学校已经为楼层分配了固定的 IP 地址段，为了保证两个部门的相对独立，需要划分对应的 VLAN，使交换机某些端口属于计算机网络部，某些端口属于计算机软件部，要保证它们之间的数据互不干扰，也不影响各自的通信效率。

任务分析

本任务通过在二层交换机上划分两个基于端口的 VLAN，即 VLAN 100、VLAN 200 来实现，如表 2-6 所示。

实验拓扑如图 2-20 所示。

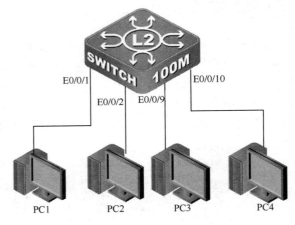

表 2-6　交换机 VLAN 划分

部　　门	计　算　机	VALN	端 口 成 员
后勤部	PC1	100	1
	PC2		2
财务部	PC3	200	9
	PC4		10

图 2-20　交换机 VLAN 划分

任务实施

步骤 1：设置交换机 VLAN1 的 IP 地址为 192.168.1.11/24。

步骤 2：创建 VLAN 100 和 VLAN 200。

```
SWITCH（CONFIG）#VLAN 100                    //创建 VLAN 100
SWITCH（CONFIG-VLAN100）#EXIT
SWITCH（CONFIG）#VLAN 200                    //创建 VLAN 200
SWITCH（CONFIG-VLAN200）#EXIT
```

步骤 3：将端口加入相应 VLAN。

```
SWITCH(CONFIG)#INTERFACE ETHERNET 0/0/1
SWITCH(CONFIG-IF-ETHERNET0/0/1)#SWITCHPORT ACCESS VLAN 100
SWITCH(CONFIG)#INTERFACE ETHERNET 0/0/2
SWITCH(CONFIG-IF-ETHERNET0/0/2)#SWITCHPORT ACCESS VLAN 100
SWITCH(CONFIG)#INTERFACE ETHERNET 0/0/9
SWITCH(CONFIG-IF-ETHERNET0/0/9)#SWITCHPORT ACCESS VLAN 200
SWITCH(CONFIG)#INTERFACE ETHERNET 0/0/10
SWITCH(CONFIG-IF-ETHERNET0/0/10)#SWITCHPORT ACCESS VLAN 200
```

 经验分享

　　二层交换机同一 VLAN 中的端口能互相通信，不同 VLAN 中的端口不能互相通信。二层交换机不具备路由功能。而在三层交换机中不同 VLAN 中的端口能互相通信，因为三层交换机具备路由功能。

　　（1）默认情况下，VLAN1 为交换机的默认 VLAN，用户不能配置和删除 VLAN1，交换机所有端口都属于 VLAN1。通常把 VLAN1 作为交换机的管理 VLAN，因此 VLAN1 接口的 IP 地址就是交换机的管理地址。

　　（2）在 DCS-3926S 中，一个普通端口只属于一个 VLAN。

　　（3）静态 VLAN：基于端口划分 VLAN，就是按交换机端口定义 VLAN 成员，每个交换机端口属于一个 VLAN，它由网络管理员静态指定 VLAN 到交换机的端口，是一种最通用的 VLAN 划分方法。

　　（4）动态 VLAN：基于 MAC 地址划分 VLAN，就是按每个连接到交换机设备的 MAC 地址定义 VLAN 成员。由于它可以按终端用户划分 VLAN，因此又常把它称为基于用户的 VLAN 划分方法。

　　步骤 4：使用 PING 命令验证实验结果。

　　二层交换机同一 VLAN 中的端口能互相通信，不同 VLAN 中的端口不能互相通信。验证结果如表 2-7 所示。

表 2-7　PC1 和 PC2 PING 命令验证结果

PC1 位置	PC2 位置	动　　作	结　　果
1、2	9、10	PC1 PING 192.168.1.11	不通
1、2	1、2	PC1 PING PC2	通

 知识链接

　　VLAN 技术：VLAN 是在一个物理网络上划分出来的逻辑网络。VLAN 技术根据功能、应用等因素，将用户从逻辑上划分为一个个功能相对独立的工作组，网络中的每台主机，连接在一台交换机的端口上，并属于一个 VLAN。VLAN 的划分不受连接设备的实际物理位置的限制，如果一台主机想要同与它不在同一 VLAN 的主机通信，则必须使用第三层设备，即需要使用 IP 地址来通信，这就意味着不同 VLAN 中的设备通信时需要通过路由器或者三层设备来实现转发。总之，VLAN 技术增加了网络连接的灵活性，控制了网络上的广播并增加了网络的安全性。

任务验收

通过本任务的实施，了解 VLAN 技术的原理、配置与实现后，为实现网络的管理与维护做好准备工作。

评 价 内 容	评 价 标 准
VLAN 基本原理	能够正确理解 VLAN 的原理和作用
VLAN 实现方法	能够正确实现 VLAN，并理解 VLAN 的作用和方法
VLAN 测试方法	掌握 VLAN 的实现后，测试是否正确

拓展练习

请给 DCS-3926S 交换机划分 3 个 VLAN，分别是 VLAN10、VLAN20、VLAN30，并将 0/0/1-6 端口加入 VLAN10，0/0/7-12 端口加入 VLAN20，0/0/13-16 端口加入 VLAN30，再验证相同 VLAN 和不同 VLAN 能否 PING 通。

任务二　私有 VLAN

任务描述

在学习了 VLAN 划分之后，我们了解到不同 VLAN 间的通信要借助三层功能完成，如果一个实验室的交换机上划分了若干个 VLAN，为了安全起见，VLAN 之间不需要通信，但是所有的 VLAN 都需要访问一台公用的服务器。这里要求在不增加三层设备的前提下完成该任务。

任务分析

私有 VLAN（Private VLAN，PVLAN）采用了两层 VLAN 隔离技术，只有主 VLAN 全局可见，辅助 VLAN 相互隔离。每个 PLAN 包含两种 VLAN：主 VLAN（Primary VLAN）和辅助 VLAN（Secondary VLAN）。辅助 VLAN 包含两种类型：隔离 VLAN（Isolated VLAN）和团体 VLAN（Community VLAN）。

主 VLAN：可以和所有其关联的隔离 VLAN、团体 VLAN 通信。

团体 VLAN：可以同那些处于相同团体 VLAN 内的团体接口通信，也可以与 PVLAN 中的混杂端口通信。

隔离 VLAN：不可以和处于相同隔离 VLAN 内的其他隔离接口通信，只可以与混杂端口通信。

　　根据之前已经掌握的知识点，按照图 2-21、表 2-8 和表 2-9 配置好交换机与 PC。

 经验分享

PVLAN 的特点如下。

（1）实现安全隔离的同时，减少 VLAN 数和 IP 子网数。

（2）适用于小区接入等隔离用户数多的环境。

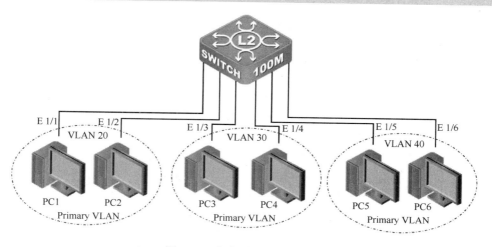

图 2-21　私有 VLAN 实验拓扑

表 2-8　VLAN 配置表

VLAN	VLAN 类 型	端 口 成 员
20	主 VLAN	1、2
30	隔离 VLAN	3、4
40	团体 VLAN	5、6

表 2-9　PC 配置表

设　　备	IP 地 址	子 网 掩 码
PC1	192.168.1.101	255.255.255.0
PC2	192.168.1.102	255.255.255.0
PC3	192.168.1.103	255.255.255.0
PC4	192.168.1.104	255.255.255.0
PC5	192.168.1.105	255.255.255.0
PC6	192.168.1.106	255.255.255.0

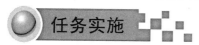 **任务实施**

步骤 1：创建 VLAN。

```
DCS-3950-26C（CONFIG）#VLAN 20                          //创建 VLAN 20
DCS-3950-26C（CONFIG-VLAN20）#EXIT                      //返回全局模式
DCS-3950-26C（CONFIG）#VLAN 30                          //创建 VLAN 30
DCS-3950-26C（CONFIG-VLAN30）#EXIT
DCS-3950-26C（CONFIG）#VLAN 40                          //创建 VLAN 40
DCS-3950-26C（CONFIG-VLAN40）#EXIT
```

步骤 2：验证 VLAN 配置。

使用 SHOW VLAN 命令查看 VLAN 是否已正确创建。

步骤 3：指定 VLAN 20 为私有主 VLAN。

```
SWITCH（CONFIG）#VLAN 20
SWITCH（CONFIG-VLAN20）#PRIVATE-VLAN PRIMARY
```

步骤 4：指定 VLAN 30 为私有隔离 VLAN。

```
SWITCH（CONFIG）#VLAN 30
SWITCH（CONFIG-VLAN30）#PRIVATE-VLAN ISOLATED
```

步骤 5：指定 VLAN 40 为私有团体 VLAN。

```
SWITCH（CONFIG）#VLAN 40
SWITCH（CONFIG-VLAN40）#PRIVATE-VLAN COMMUNITY
```

步骤 6：配置私有 VLAN 绑定关系，将 VLAN 20 和 VLAN 30、VLAN 40 绑定。

```
SWITCH（CONFIG）#VLAN 20
SWITCH（CONFIG-VLAN20）#PRIVATE-VLAN ASSOCIATION 30;40
```

步骤 7：添加相应端口到私有 VLAN 中，命令如下。

```
SWITCH（CONFIG）#VLAN 20
SWITCH（CONFIG-VLAN20）#SWITCHPORT INTERFACE ETHERNET 1/1-2
SWITCH（CONFIG）#EXIT
```

 经验分享

　　每个 PVLAN 都由主 VLAN 和辅助 VLAN 组成，只能有一个主 VLAN，但可以有多个辅助 VLAN，依靠辅助 VLAN 实现隔离。主 VLAN 是被划分的 VLAN，而辅助 VLAN 是划分出来的 VLAN。

　　从内部来说，团体 VLAN 像常规的 VLAN，隔离 VLAN 隔离各个端口又保护各个端口，辅助 VLAN 在同一子网中。团体 VLAN 相当于小区内的各个独立的公司，每个公司内部有若干 PC。

　　当 VLAN 加入私有 VLAN 后，原 VLAN 内的接口会清空。所以在配置过程中，应在最后配置端口和私有 VLAN 的归属关系。

步骤 8：验证配置。

使用 SHOW VLAN PRIVATE-VLAN 命令查看 VLAN 是否已正确创建。

步骤 9：验证互通性。

通过划分私有 VLAN，实现 PC1、PC2 之间的互访，也可以访问 PC3、PC4 和 PC5、PC6。

同时，PC3、PC4 之间也不可以互访，只能访问到 PC1、PC2，无法访问到 PC5、PC6。PC5、PC6 之间可以互访，也可以访问到 PC1、PC2，但无法访问到 PC3、PC4。

任务验收

通过本任务的实施，掌握交换机基于端口的 VLAN 划分方法。

评 价 内 容	评 价 标 准
交换机私有 VLAN	（1）了解私有 VLAN 的工作原理； （2）熟练掌握交换机私有 VLAN 的划分方法； （3）了解 VLAN 和私有 VLAN 的不同

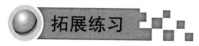

拓展练习

尝试从已创建好的 PVLAN 中删除 VLAN 20，创建 VLAN 50，并作为隔离 VLAN，将其余控制端口划入，检测其连通性。

任务三　跨交换机相同 VLAN 间通信

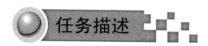

任务描述

学校有两层，分别是后勤部办公室和财务部办公室，每个办公室都有一台交换机满足员工上网需求，由于学校规模扩大，两个办公室都有后勤部和财务部的工作人员，现需要实现如下功能：两个办公室的后勤部的计算机可以互相访问，两个办公室的财务部的计算机也可以互相访问；但后勤部和财务部之间不可以自由访问。小赵是学校的网络管理员，现小赵准备实现此需求。

任务分析

小赵通过划分 VLAN 可以使后勤部和财务部之间无法自由访问。在交换机 A 和交换机 B 上分别划分基于端口的 VLAN：VLAN 100、VLAN 200。交换机 A 放置在 3 楼办公室，交换机 B 放置在 4 楼办公室，如表 2-10 所示。

要求使交换机之间 VLAN 100 的成员能够互相访问，VLAN 200 的成员能够互相访问，VLAN 100 和 VLAN 200 成员之间不能互相访问。

PC1 和 PC3 分别接在不同交换机 VLAN 100 的成员端口 1 上，两台 PC 可以互相 PING 通，PC2 和 PC4 分别接在不同交换机 VLAN 200 的成员端口 9 上，两台 PC 可以互相 PING 通，PC1 和 PC2 接在同一交换机的不同 VLAN 的成员端口上，它们 PING 不通。

实验拓扑如图 2-22 所示。

表 2-10　交换机 VLAN 划分

VLAN	端 口 成 员
100	1～8
200	9～16
Trunk	24

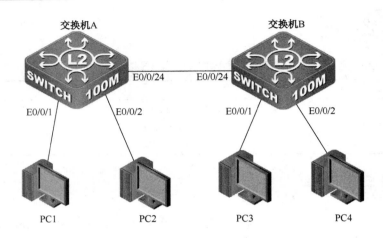

图 2-22　跨交换机实现相同 VLAN 通信

任务实施

步骤 1：按图 2-22 正确连接拓扑结构。

步骤 2：为交换机 A 设置名称为 SWITHCA，管理 IP 地址为 192.168.1.11/24。

步骤 3：为交换机 B 设置名称为 SWITCHB，管理 IP 地址为 192.168.1.12/24。

步骤 4：在交换机 A 中创建 VLAN 100 和 VLAN 200，并添加端口。

```
SWITCHA（CONFIG）#VLAN 100              //创建 VLAN 100
SWITCHA（CONFIG-VLAN100）#SWITCHPORT INTERFACEETHERNET 0/0/1-8
//将 0/0/1-8 端口加入 VLAN 100
SWITCHA（CONFIG-VLAN100）#EXIT
SWITCHA（CONFIG）#VLAN 200              //创建 VLAN 200
SWITCHA（CONFIG-VLAN200）#SWITCHPORT INTERFACEETHERNET 0/0/9-16
//将 0/0/9-16 端口加入 VLAN 200
SWITCHA（CONFIG-VLAN200）#EXIT
```

步骤 5：在交换机 B 中创建 VLAN 100 和 VLAN 200，并添加端口。

```
SWITCHB（CONFIG）#VLAN 100              //创建 VLAN 100
SWITCHB（CONFIG-VLAN100）#SWITCHPORT INTERFACEETHERNET 0/0/1-8
//将 0/0/1-8 端口加入 VLAN 100
SWITCHB（CONFIG-VLAN100）#EXIT
SWITCHB（CONFIG）#VLAN 200              //创建 VLAN 200
SWITCHB（CONFIG-VLAN200）#SWITCHPORT INTERFACEETHERNET 0/0/9-16
//将 0/0/9-16 端口加入 VLAN 200
SWITCHB（CONFIG-VLAN200）#EXIT
```

步骤 6：验证配置。

使用 SHOW VLAN 命令查看 VLAN 是否已正确创建。

步骤 7：设置交换机 Trunk 端口，以交换机 A 为例，交换机 B 上的操作与交换机 A 相同。

```
SWITCHA（CONFIG）#INTERFACE ETHERNET 0/0/24    //进入端口 24
SWITCHA（CONFIG-IF-ETHERNET0/0/24）# SWITCHPORT MODE TRUNK
SET THE PORT ETHERNET 0/0/24 MODE TRUNK SUCCESSFULLY
```

```
//将该端口设置成 Trunk 模式
SWITCHA（CONFIG-IF-ETHERNET0/0/24）# SWITCHPORT TRUNK ALLOWED VLAN ALL
SET THE PORT ETHERNET 0/0/24 ALLOWED VLAN SUCCESSFULLY
//允许所有 VLAN 通过 Trunk 链路
SWITCHA（CONFIG-IF-ETHERNET0/0/24）#EXIT
```

步骤 8：验证交换机配置。

使用 SHOW VLAN 命令查看，可看到每个 VLAN 中都有一个 Trunk 端口。

步骤 9：使用 PING 命令验证实验结果。在交换机 A 上 PING 交换机 B。

步骤 10：按表 2-11 验证，将 PC1 接在交换机 A 上，PC2 接在交换机 B 上。

表 2-11　PC1 和 PC2 PING 命令验证结果

PC1 位 置	PC2 位 置	动　作	结　果
1～8 端口	1～8 端口	PC1 PING PC2	通
1～8 端口	9～16 端口	PC1 PING PC2	不通

任务验收

通过本任务的实施，了解 Trunk 的原理、配置与实现后，为实现网络的管理与维护做好准备工作。

评 价 内 容	评 价 标 准
Trunk 技术	能够正确理解 Trunk 原理和作用
Trunk 实现方法	能够正确实现跨交换机相同 VLAN 的通信
Trunk 测试方法	能够正确测试跨交换机相同 VLAN 的通信

拓展练习

使用本项目任务三的拓扑结构图，实现 Trunk 技术的应用。

项目三　生成树协议

项目描述

随着学校规模的不断扩大，学校的可网管式交换机要满足学校老师的工作需求，现在的网络中骨干交换机之间的连接速度不够，并出现了环路。但是，作为管理员的小赵并没有相关的管理经验，他要配合飞越公司的现场工程师，在实践中学习并掌握增加骨干交换机的连接速度和解决交换机生成环路的方法。

项目分析

作为网络管理人员，网络中的交换机形成了环路是非常可怕的，因为可能会导致网络瘫痪，所以首先要检查哪些交换机出现了环路，再对出现环路的交换机进行合理的配置，采取适当的技术消除环路，并对骨干交换机之间的连接提升速度。整个项目的认知与分析流程如图 2-23 所示。

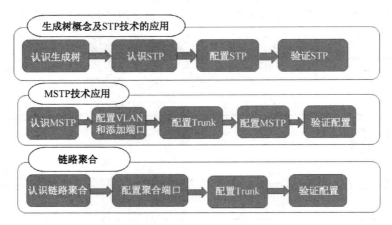

图 2-23　项目流程图

任务一　生成树概念及 STP 技术的应用

任务描述

由于教职员工的增加，造成了交换机数量的增加和连接复杂性的增多，交换机之间具有冗余链路本来是一件很好的事情，但是它可能引起的问题比它能够解决的问题更多。如果准备两条以上的路，则必然形成一个环路，交换机并不知道如何处理环路，只会周而复始地转发帧，形成一个"死环路"，这个死环路会使整个网络处于阻塞状态，导致网络瘫痪。而采用生成树协议可以避免环路。

任务分析

本任务的两台交换机之间连接两根网线，默认交换机所有端口属于 VLAN1，并分别在两台交换机上连接 PC1 和 PC2 作为测试机，当没有在交换机上启用生成树协议时，用两条网线连接两台交换机将形成广播风暴，交换机会发生死机问题，PC1 和 PC2 不能正常通信，因此，必须在两台交换机上启用生成树协议来阻止因交换机物理环路死机的现象。现 IP 地址设置和网络连接如表 2-12 所示，如果正确配置了生成树协议，则 PC1 可以 PING 通 PC2，如表 2-12 所示。

实验拓扑如图 2-24 所示。

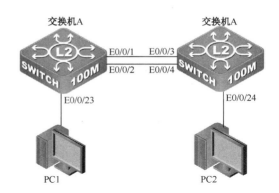

表 2-12 IP 地址网络参数设置

设 备	IP 地 址	子 网 掩 码
交换机 A	10.1.157.100	255.255.255.0
交换机 B	10.1.157.101	255.255.255.0
PC1	10.1.157.103	255.255.255.0
PC2	10.1.157.104	255.255.255.0

图 2-24 交换机生成树协议配置拓扑结构

任务实施

步骤 1：按图 2-24 连接拓扑结构。

步骤 2：配置交换机 A 的主机名为 SWICHA，管理地址为 10.1.157.100/24。

```
SWITCH#CONFIG
SWITCH（CONFIG）#HOSTNAME SWITCHA                //将交换机命名为 SWITCHA
SWITCHA（CONFIG）#INTERFACE VLAN 1               //进入 VLAN1 的接口
SWITCHA（CONFIG-IF-VLAN1）#IP ADDRESS 10.1.157.100 255.25.255.0
SWITCHA（CONFIG-IF-VLAN1）#NO SHUTDOWN           //开启该端口
```

步骤 3：配置交换机 B 的主机名为 SWICHB，管理地址为 10.1.157.101/24。

步骤 4：使用 "PC1 PING PC2 –T" 命令观察现象。

（1）PING 不通。

（2）所有连接网线的端口的绿灯很频繁地闪烁，表明该端口收发数据量很大，已经在交换机内部形成广播风暴。

（3）交换机开启生成树协议后，不会出现上述现象。

步骤 5：在交换机 A 上启用生成树协议。

```
SWITCHA（CONFIG）#SPANNING-TREE                  //启用生成树协议
MSTP IS STARTING NOW, PLEASE WAIT…………..
MSTP IS ENABLED SUCCESSFULLY.                   //启用生成树协议成功
```

步骤 6：在交换机 B 上启用生成树协议。

```
SWITCHB（CONFIG）#SPANNING-TREE                  //启用生成树协议
```

步骤 7：在交换机 A 上验证配置。

```
SWITCHA#SHOW SPANNING-TREE                      //显示生成树协议信息
SWITCHA（CONFIG）#SHOW SPANNING-TREE             //也可以在全局配置模式下查看生成树状态
--MSTP BRIDGE CONFIG INFO--
STANDARD   :IEEE 802.1S                         //生成树协议版本为 802.1S
BRIDGE MAC :00:03:0F:13:3F:39                   //本交换机的 MAC 地址
BRIDGE TIMES :MAX A8E 20, HELLO TIME 2, FORWARD DELAY 15
```

```
//交换机的最大老化时间为20s，HELLO时间为2s，转发延迟为15s
FORCE VERSION:3                           //协议版本
######################### INSTANCE 0 #########################
SELF BRIDGE ID   : 32768-00:03:0F:13:3F:39  //本网桥（交换机）的ID
ROOT ID          : THIS SWITCH            //根桥ID，此实例为本网桥
EXT.ROOTPATHCOST :0                       //到达根桥的开销:0
REGION ROOT ID   :THIS SWITCH             //本域中根桥ID:本交换机
INT.ROOTPATHCOST :0                       //到达根桥的开销:0
ROOT PORT ID     :0                       //到达根端口的开销:0
CURRENT PORT LIST IN INSTANCE 0:          //当前的端口表位于实例0
ETHERNET0/0/1 ETHERNET0/0/2 (TOTAL 2)     //实例中的端口包括E0/0/1和E0/0/2（共两个）
PORTNAME    ID   EXTRPC INTRPC STATE ROLE  DSGBRIDGE  DSGPORT
------------- ------- --------- -------- --- ---- ---------------- -------
ETHERNET0/0/1 128.001   0  0 FWD DSGN 32768.00030F133F39 128.001
ETHERNET0/0/2 128.002   0  0 FWD DSGN 32768.00030F133F39 128.002
//端口名称      端口ID     状态 角色 指定网桥的ID    指定端口的ID
```

步骤8：在交换机B上验证配置。

```
SWITCHB（CONFIG）#SHOW SPANNING-TREE           //显示生成树协议信息
…//省略部分输出信息
SELF BRIDGE ID   : 32768 - 00:03:0F:13:3F:3D //本网桥ID
ROOT ID          : 32768.00:03:0F:13:3F:39   //根桥ID
……                                          //此处显示信息同交换机A，省略
ETHERNET0/0/3 ETHERNET0/0/4 （TOTAL 2）
PORTNAME    ID   EXTRPC INTRPC STATE ROLE  DSGBRIDGE   DSGPORT
------------- ------- --------- -------- --- ---- ---------------- -------
ETHERNET0/0/3 128.003   0 0 FWD ROOT 32768.00030F133F39 128.001
ETHERNET0/0/4 128.004   0 0 BLK ALTR 32768.00030F133F39 128.002
```

步骤9：继续使用"PC1 PING PC2 –T"命令观察现象。

（1）拔掉交换机B端口4的网线，观察现象，发现出现了短暂中断，如图2-25所示。

图2-25　PC1 PING PC2 –T

（2）再插上交换机B端口4的网线，观察现象，发现出现了短暂中断，如图2-25所示。

 知识链接

生成树协议（Spanning Tree Protocol，STP）的功能是维护一个无回路的网络，设计冗余

链路的目的就是当网络发生故障（某个端口失效）时有一条后备路径替补。在全局模式下运行命令 spanning-tree 即可启用生成树协议。命令 spanning-tree mode {mstp|stp} 用于设置交换机运行 spanning-tree 的模式，本命令的 no 操作是恢复交换机默认的模式，默认模式下交换机运行 MSTP（多生成树协议）。

生成树协议的原理：所有 VLAN 成员端口都加入一棵树，将备用链路的端口设为 Block，直到主链路出现问题，Block 的链路才成为 UP。

端口的状态转换：BLOCK>LISTEN>LERARN>FORWARD>DISABLE 总共经历 50s，生成树协议工作时，正常情况下，交换机的端口要经过几个工作状态的转变。物理链路待接通时，将在 Block 状态停留 20s，之后是监听状态 15s，经过 15s 的学习，最后成为 Forward 状态。

任务验收

通过本任务的实施，了解生成树协议的工作原理、STP 的配置与实现后，为实现网络的管理与维护做好准备工作。

评价内容	评价标准
生成树的概念和作用	能够正确理解生成树的概念和作用
STP 的原理和作用	能够正确理解 STP 的原理和作用
STP 的实现方法	能够正确实现 STP，并理解 STP 的使用环境
STP 测试方法	在掌握 STP 实现后，能测试是否正确

拓展练习

使用两根网线连接两台交换机，使用"SPANNING-TREE MODE MSTP"命令来进行实验，体验备用链路启用和断开所需时间的长短。

任务二　MSTP 技术应用

任务描述

因为教师的人数越来越多，部门也在逐渐增多，各部门之间都已经采用了 VLAN 技术，但为了实现公司网络的稳定性和消除内部网络的环路，小赵要配合飞越公司实现学校内部网络时刻不间断，以保证公司网络的运行。

任务分析

为了解决校园网的需求，飞越公司决定采用基于 VLAN 的多实例生成树协议，现要在交换机上做适当配置来完成这一任务。现学校扩大到 4 台交换机设备，后勤处的 PC1 和 PC3 在

VLAN 10 中，基建处的 PC2 和 PC4 在 VLAN 20 中。

实验拓扑如图 2-26 所示。

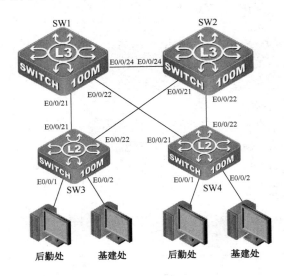

图 2-26　MSTP 的实验拓扑

任务实施

步骤 1：按图 2-26 正确连接拓扑结构。

步骤 2：配置各个交换机的主机名。

步骤 3：在 SW1 上启用生成树协议。

```
SW1（CONFIG）#SPANNING-TREE
```

步骤 4：在 SW1 上创建 VLAN 10、VLAN 20，并启动相应端口 Trunk。

```
SW1（CONFIG）#VLAN 10          //创建 VLAN 10
SW1（CONFIG）#VLAN 20          //创建 VLAN 20
SW1（CONFIG）#INTERFACE E0/0/21
SW1（CONFIG-IF-ETHERNET0/0/21）#SWITCHOPORT MODE TRUNK //启用中继端口
SW1（CONFIG）#INTERFACE 0/22
SW1（CONFIG-IF-ETHERNET0/0/22）#SWITCHOPORT MODE TRUNK  //启用中继端口
SW1（CONFIG）#INTERFACE 0/24
SW1（CONFIG-IF-ETHERNET0/0/24）#SWITCHOPORT MODE TRUNK  //启用中继端口
```

步骤 5：在 SW2 上启用生成树协议。

```
SW2（CONFIG）#SPANNING-TREE
```

步骤 6：在 SW2 上创建 VLAN 10、VLAN 20，并启动相应端口 Trunk。

```
SW2（CONFIG）#VLAN 10
SW2（CONFIG）#VLAN 20
SW2（CONFIG）#INTERFACE E0/0/21
SW2（CONFIG-IF-ETHERNET0/0/21）#SWITCHOPORT MODE TRUNK
SW2（CONFIG）#INTERFACE 0/22
```

```
SW2（CONFIG-IF-ETHERNET0/0/22）#SWITCHOPORT MODE TRUNK
SW2（CONFIG）#INTERFACE 0/24
SW2（CONFIG-IF-ETHERNET0/0/24）#SWITCHOPORT MODE TRUNK
```

步骤 7：在 SW3 上启用生成树协议。

```
SW3（CONFIG）#SPANNING-TREE
```

步骤 8：在 SW3 上创建 VLAN 10、VLAN 20，把相应端口分配给 VLAN 并启动相应端口 Trunk，操作方法同 SW2。

步骤 9：在 SW4 上启用生成树协议。

```
SW4（CONFIG）#SPANNING-TREE
```

步骤 10：在 SW4 上创建 VLAN 10、VLAN 20，把相应端口分配给 VLAN 并启动相应端口 Trunk，操作方法同 SW2。

步骤 11：在 SW1 上配置实例 1 关联 VLAN 10、实例 2 关联 VLAN 20，并配置名称和版本。

```
SW1（CONFIG）#SPANNING-TREE MST CONFIGURATION        //配置多生成树协议
SW1（CONFIG-MSTP-REGION）#REVISION-LEVEL 1           //配置版本级别 1
SW1（CONFIG-MSTP-REGION）#NAME REGION1               //MSTP 域名称 1
SW1（CONFIG-MSTP-REGION）#INSTANCE 1 VLAN 10         //把 VLAN 10 加入实例 1
SW1（CONFIG-MSTP-REGION）#INSTANCE 2 VLAN 20         //把 VLAN 20 加入实例 2
```

步骤 12：在 SW2 上配置实例 1 关联 VLAN 10、实例 2 关联 VLAN 20，并配置名称和版本。

```
SW2（CONFIG）#SPANNING-TREE MST CONFIGURATION
SW2（CONFIG-MSTP-REGION）#REVISION-LEVEL 1
SW2（CONFIG-MSTP-REGION）#NAME REGION1
SW2（CONFIG-MSTP-REGION）#INSTANCE 1 VLAN 10
SW2（CONFIG-MSTP-REGION）#INSTANCE 2 VLAN 20
SW2（CONFIG-MSTP-REGION）#
```

步骤 13：在 SW3 上配置实例 1 关联 VLAN 10、实例 2 关联 VLAN 20，并配置名称和版本，操作方法同步骤 12。

步骤 14：在 SW4 上配置实例 1 关联 VLAN 10、实例 2 关联 VLAN 20，并配置名称和版本，操作方法同步骤 12。

步骤 15：在 SW1 和 SW2 上配置优先级。

```
SW1（CONFIG）#SPANNING-TREE MST 1 PRIORITY 0
//配置优先级为 0，使其成为实例 1 中的根
SW1（CONFIG）#SPANNING-TREE MST2 PRIORITY 4096
SW2（CONFIG）#SPANNING-TREE MST 1 PRIORITY 4096
SW2（CONFIG）#SPANNING-TREE MST 2 PRIORITY 0
//配置优先级为 0，使其成为实例 2 中的根
```

步骤 16：验证交换机 SW3 的生成树配置。

使用 SHOW SPANNING-TREE MSTCONFIG 命令验证生成树状态。

步骤 17：测试每个 VLAN 是否均为无环的链路。

```
SW4#SHOW SPANNING-TREE INTERFACE E0/0/22
ETHERNET0/0/22:
MST  ID   INTRPC   STATE ROLE   DSGBRIDGEDSGPORTVLANCOUNT
```

```
---  -------  ---------    ---   ---   -----------------  -------   ----------
0  128.022            0    FWD   DSGN32768.00030F1324DD 128.022         1
1  128.022       100000    BLK   ALTR4096.00030F1DA543 128.022          1
2  128.022            0    FWD   ROOT0.00030F1DA543 128.022             1
```

知识链接

多生成树协议的相关术语如下。

根端口：负责向根桥方向转发数据的端口。

指定端口：负责向下游网段或设备转发数据的端口。

Master 端口：连接 MST 域到总根的端口，位于整个域到总根的最短路径上。

Alternate 端口：根端口和 Master 端口的备份端口。当根端口或 Master 端口被阻塞后，Alternate 端口将成为新的根端口或 Master 端口。

Backup 端口：指定端口的备份端口。当指定端口被阻塞后，Backup 端口会快速转换为新的指定端口，并无时延地转发数据。

可将端口状态划分为以下 3 种。

Forwarding 状态：学习 MAC 地址，转发用户流量。

Learning 状态：学习 MAC 地址，不转发用户流量。

Discarding 状态：不学习 MAC 地址，不转发用户流量。

任务验收

通过本任务的实施，了解 MSTP 技术的原理、配置与实现后，为实现网络的管理与维护做好准备工作。

评 价 内 容	评 价 标 准
MSTP 原理与作用	能够正确理解 MSTP 技术的原理与作用
MSTP 技术实现方法	能够正确实现 MSTP 技术的配置，并理解 MSTP 技术的使用环境
MSTP 测试方法	在掌握 MSTP 技术后，测试配置是否正确

拓展练习

使用本项目任务二的拓扑结构图，实现 MSTP 技术的应用。

任务三　链路聚合

任务描述

学校有后勤部和财务部，每个办公室都有一台交换机满足员工上网需求，由于学校规模扩大，两个办公室都有后勤部和财务部的工作人员，两个办公室通过一根级联网线互通。两个办公室之间的带宽是 100Mb/s，现需要办公室之间传送大量数据，会明显感觉带宽资源紧张。当部门之间大量用户都以 100Mb/s 传输数据的时候，经常出现堵塞情况。

任务分析

解决这个问题的办法就是提高部门之间的连接带宽，可以用 1000Mb/s 端口替换原来的 100Mb/s 端口并进行互连，但是这样无疑增加了组网的成本，需要更新端口模块，线缆也需要做进一步的升级。

当用 1000Mb/s 端口替换原来的 100Mb/s 端口并进行互连时，考虑到公司成本的增加和工程的烦琐，采用将几条链路进行聚合处理的方法，这几条链路必须同时连接在两个相同的设备之间，这样不仅增加了两个部门链路之间的带宽，也节约了公司的成本。网络地址等参数配置如表 2-13 所示，如果链路聚合成功，则 PC1 可以 PING 通 PC2。

表 2-13　交换机和 PC 的 IP 地址网络参数设置

设　　备	IP　地　址	子　网　掩　码	端　　口
交换机 A	192.168.1.11	255.255.255.0	1、2　PORT–GROUP
交换机 B	192.168.1.12	255.255.255.0	3、4 PORT–GROUP
PC1	192.168.1.101	255.255.255.0	交换机 A 端口 23
PC2	192.168.1.102	255.255.255.0	交换机 B 端口 24

实验拓扑如图 2-27 所示。

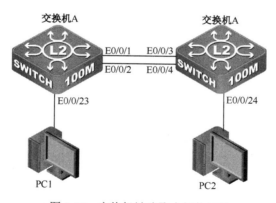

图 2-27　交换机链路聚合拓扑结构

任务实施

步骤 1：按图 2-27 正确连接拓扑结构。

步骤 2：为交换机 A 设置名称 SWITCHA，管理地址 192.168.1.11/24，并启用生成树协议。

步骤 3：为交换机 B 设置名称 SWITCHB，管理地址 192.168.1.12/24，并启用生成树协议。

步骤 4：在交换机 A 上创建 PORT GROUP。

```
SWITCHA（CONFIG）#PORT-GROUP 1                    //创建聚合端口1
SWITCHA（CONFIG）#
```

步骤5：在交换机A上验证配置。

```
SWITCHA#SHOW PORT-GROUP BRIEF                    //显示 PORT-GROUP 1 的摘要信息
PORT -GROUP NUMBER: 1                            //聚合端口编号:1
NUMBER OF PORTS IN PORT-GROUP: 2  MAXPORTS IN PORT-CHANNEL=8
// 参与聚合的端口数: 2
```

步骤6：在交换机B上创建 PORT GROUP。

```
SWITCHB（CONFIG）#PORT-GROUP 1                    //创建聚合端口1
SWITCHB（CONFIG）#
```

步骤7：在交换机A上手工生成链路聚合组。

```
SWITCHA（CONFIG）#INTERFACE ETHERNET0/0/1-2
SWITCHA（CONFIG-IF-PORT-RANGE）#PORT-GROUP 1 MODE ON
//强制将 E0/0/1-2 端口加入聚合端口，并设置为 ON 模式
SWITCHA（CONFIG-IF-PORT-RANGE）#EXIT
SWITCHA（CONFIG）#INTERFACE PORT-CHANNEL 1     //进入聚合端口
SWITCHA（CONFIG-IF-PORT-CHANNEL1）#
```

步骤8：在交换机A上验证配置。

使用 SHOW VLAN 命令查看，可发现 VLAN 中没有 E0/0/1 和 E0/0/2 端口，而多了一个 PORT-CHANNEL 1 端口。

步骤9：在交换机B上手工生成链路聚合组。

```
SWITCHB（CONFIG）#INTERFACE ETHERNET0/0/3-4
SWITCHB（CONFIG-IF-PORT-RANGE）#PORT-GROUP 1 MODE ON
//强制将 E0/0/3-4 端口加入聚合端口
SWITCHB（CONFIG-IF-PORT-RANGE）#EXIT
SWITCHB（CONFIG）#INTERFACE PORT-CHANNEL 1     //进入聚合端口
SWITCHB（CONFIG-IF-PORT-CHANNEL2）#
```

步骤10：在交换机B上验证配置。

```
SWITCHB#SHOW PORT-GROUP BRIEF                    //显示 PORT-GROUP 摘要信息
PORT-GROUP NUMBER: 1
NUMBER OF PORTS IN PORT-GROUP: 1  MAXPORTS IN PORT-CHANNEL=8
NUMBER OF PORT-CHANNELS: 1  MAX PORT-CHANNELS: 1
```

步骤11：在交换机A上使用 LACP 动态生成链路聚合。

```
SWITCHA（CONFIG）#INTERFACE ETHERNET 0/0/1-2
SWITCHA（CONFIG-IF-PORT-RANGE）#PORT-GROUP 1 MODE ACTIVE
//将 E0/0/1-2 端口加入聚合端口，并设置为 ACTIVE 模式
SWITCHA（CONFIG-IF-PORT-RANGE）#EXIT
SWITCHA（CONFIG）#INTERFACE PORT-CHANNEL 1            //进入聚合端口
SWITCHA（CONFIG-IF-PORT-CHANNEL1）#
```

步骤12：在交换机A上验证配置。

使用 SHOW VLAN 命令查看，可发现 VLAN 中没有 E0/0/1 和 E0/0/2 端口，而多了一个 PORT-CHANNEL 1 端口。

步骤13：在交换机B上使用 LACP 动态生成链路聚合。

```
SWITCHB（CONFIG）#INTERFCE E0/0/3-4
SWITCHB（CONFIG-IF-PORT-RANGE）#PORT-GROUP 1 MODE PASSIVE
```

```
//将 E0/0/3-4 端口加入聚合端口，并设置为 PASSIVE 模式
SWITCHB(CONFIG)#INTERFACE PORT-CHANNEL 1    //进入聚合端口
SWITCHB(CONFIG-IF-PORT-CHANNEL1)#
```

步骤 14：在交换机 B 上验证配置。

```
SWITCHB#SHOW PORT-GROUP BRIEF                    //显示 PORT-GROUP 摘要信息
PORT-GROUP NUMBER: 1
NUMBER OF PORTS IN PORT-GROUP: 1 MAXPORTS IN PORT-CHANNEL=8
NUMBER OF PORT-CHANNELS: 1  MAX PORT-CHANNELS: 1
```

步骤 15：使用 PING 命令验证，如表 2-14 所示。

表 2-14　PING 命令验证

交换机 A	交换机 B	结　果	原　因
1、2	3、4	通	链路聚合组连接正确
1、2	3、4	通	拔掉交换机 B 端口 4 的网线，仍然可以通（需要一些时间），此时用 SHOW VLAN 命令查看结果，PORT-CHANNEL 消失。只有一个端口连接的时候，没有必要再维持 PORT-CHANNEL
1、2	5、6	通	等待一小段时间后，仍然是通的。用 SHOW VLAN 命令查看结果，此时把两台交换机的 SPANNING-TREE 功能禁用，这时使用步骤 3 和步骤 4 后的结果会不同。采用步骤 4 的，将会形成环路

任务验收

通过本任务的实施，了解链路聚合的原理、作用、配置与实现后，为实现网络的管理与维护做好准备工作。

评 价 内 容	评 价 标 准
链路聚合的原理和作用	能够正确理解链路聚合的原理和作用
链路聚合的实现方法	能够正确实现链路聚合，并理解链路聚合的使用环境
链路聚合的测试方法	在掌握链路聚合后，测试配置是否正确

拓展练习

使用本项目任务三的拓扑结构图，实现链路聚合技术的应用。

项目四　交换机安全

项目描述

随着学校规模的不断扩大，交换机的数量也越来越多，交换机的安全性越来越受到重视，但是作为网络管理员的小赵并没有相关的交换机安全性设置的经验，他要配合飞越公司的现

场工程师，在实践中学习并掌握交换机各种安全性基本操作的技巧。

项目分析

作为网络管理人员，信息中心交换机的安全性必须得到保证，学校教师和员工的安全访问也必须正确配置，才能使整个网络安全健康的访问，如访问控制管理、端口镜像、端口与 MAC 地址绑定、MAC 与 IP 绑定等。整个项目的认知与分析流程如图 2-28 所示。

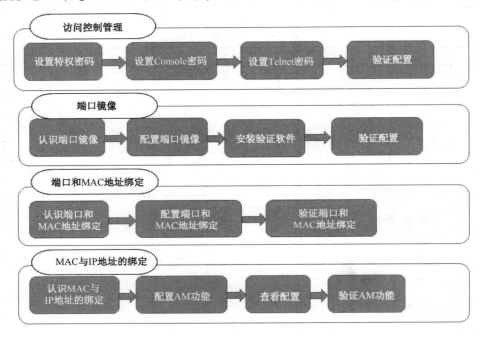

图 2-28 项目流程图

任务一 访问控制管理

任务描述

网络设备是校园网络硬件设备中的重要组成部分，网络设备的配置和管理是实现网络正常运作必不可少的一个环节，如果网络设备没有进行必要的安全设置，则有可能给整个网络的安全带来威胁，网络管理员小赵只能请飞越公司的工程师来帮忙解决。

任务分析

如果任何用户都拥有特权模式使用权限，则有可能导致网络管理员以外的用户也能修改设备的配置，这将给网络管理员带来很大的麻烦，甚至造成重大损失。因此，给各网络设备设置访问权限是网络安全管理的一个重要环节。

使用配置线将路由器通过 Console 口连接到 PC1 的 COM 口上，在 PC1 上通过"超级终端"对路由器进行配置管理。

实验拓扑如图 2-29 所示。

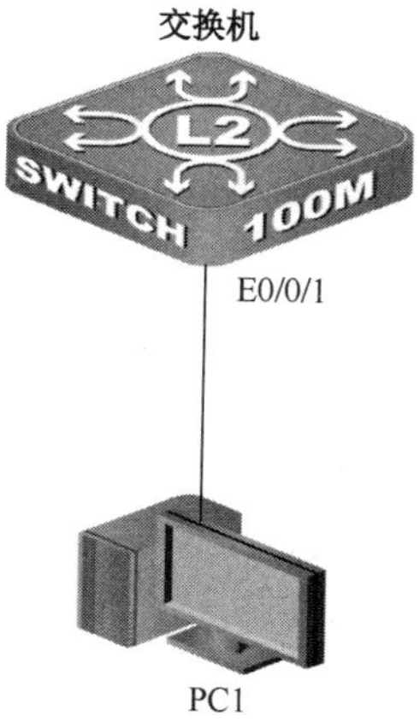

交换机

E0/0/1

PC1

图 2-29 实验拓扑

任务实施

步骤 1：设置特权模式密码。

```
ROUTERA_CONFIG#ENABLE PASSWORD 0 123456
//设置特权模式密码
```

验证命令：

```
ROUTERA>ENABLE
ROUTERA#JAN  1 01:09:40 UNKNOWN USER ENTER PRIVILEGE MODE
FROM CONSOLE 0, LEVEL= 15
```

步骤 2：设置验证模式。

```
ROUTERA_CONFIG#AAA AUTHENTICATION ENABLE DEFAULT ENABLE        //设置 AAA 认证模式
```

验证命令：

```
ROUTERA#EXIT
ROUTERA>ENABLE
PASSWORD:
ROUTERA#JAN  1 01:10:46 UNKNOWN USER ENTER PRIVILEGE MODE FROM CONSOLE 0, LEVEL
= 15  //进入特权模式需要密码，设置成功
```

步骤 3：需要通过用户名和密码登录 Console 口。

```
ROUTERA#CONFIG
ROUTERA_CONFIG#USERNAME ADMIN PASSWORD ADMIN              //设置用户名和密码
ROUTERA_CONFIG#LINE CONSOLE 0                            //进入 Console 口线路
ROUTERA_CONFIG_LINE#LOGIN AUTHENTICATION DEFAULT         //设置登录认证列表名
ROUTERA_CONFIG#AAA AUTHENTICATION LOGIN DEFAULT LOCAL    //设置 AAA 认证模式
```

验证命令：

```
ROUTERA>EXIT                                             //退出一般用户配置模式
USER ACCESS VERIFICATION
USERNAME: ADMIN                                          //输入用户名
PASSWORD:                                                //输入密码
               WELCOME TO DCR MULTI-PROTOCOL 2626 SERIES
ROUTERA>JAN  1 00:05:58 INIT USER
```

步骤 4：配置只需要通过输入密码来登录 Console 口。

```
ROUTERA_CONFIG#AAA AUTHENTICATION LOGIN DEFAULT LINE
//AAA 认证模式必须设置，否则权限设置无法生效
ROUTERA_CONFIG#LINE CONSOLE 0                            //进入 Console 口线路
ROUTERA_CONFIG_LINE#PASSWORD 0 123456                    //设置 Console 口密码
```

验证命令：

```
RUTERA>EXIT                                              //退出一般用户配置模式
ROUTERA CONSOLE 0 IS NOW AVAILABLE
PRESS RETURN TO GET STARTED
```

```
USER ACCESS VERIFICATION
PASSWORD:                                              //输入 Console 口密码
               WELCOME TO DCR MULTI-PROTOCOL 2626 SERIES
ROUTERA>JAN  1 00:11:07 INIT USER
```

步骤 5：为交换机授权 Telnet 用户。

```
DCS-3950 (CONFIG)#TELNET-USER XUXP PASSWORD 0 DIGITAL
//设置 Telnet 用户名和密码，并且密码不加密
```

 知识链接

1. 控制台口令

在路由器的控制台端口上设置口令极为重要，因为这样可以防止其他人连接到路由器并访问用户模式。因为每一台路由器仅有一个控制台端口，所以在全局模式中使用 line console 0 命令。

2. enable password 口令

enable password 口令可以防止某些人完全获取对路由器的访问权限。

3. enable secret password 口令

启用加密口令（enable secret password）后，口令会以一种更加安全的加密形式被存储起来。

 任务验收

通过本任务的实施，了解访问控制管理的具体配置与实现后，为实现网络的管理、维护及安全做好准备工作。

评 价 内 容	评 价 标 准
特权密码命令格式	能够正确配置特权密码
Console 口密码命令格式	能够正确配置 Console 口密码
控制管理测试方法	能够正确掌握配置密码后的验证方法

 拓展练习

配置交换机的 Telnet 用户名为 TELSWITCH、密码为 ADMIN123，路由器的 Telnet 用户名为 TELROUTE、密码为 ADMIN123，在路由器上开启 4 条线路。

任务二　端口镜像

 任务描述

学校的内部网络时有问题发生，小赵决定对学校内部网络的交换机端口进行监听，但在交换机连接的网络中监视所有端口的往来数据似乎变得困难了。小赵查阅交换机功能手册后

获知交换机有一个"端口镜像"功能可以实现端口监听。

任务分析

端口镜像技术可以将一个源端口的数据流量完全镜像到另一个目的端口,并进行实时分析。利用端口镜像技术,可以把其他端口的数据流量完全镜像到端口 1 中,并进行分析。端口镜像完全不影响镜像端口的工作。

实验拓扑如图 2-30 所示。各设备地址如表 2-15 所示。

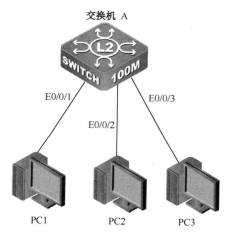

图 2-30 端口镜像拓扑

表 2-15 各设备地址表

设　备	IP 地　址	子 网 掩 码	端　口
PC1	192.168.1.101	255.255.255.0	交换机 A E0/0/1
PC2	192.168.1.102	255.255.255.0	交换机 A E0/0/2
PC3	192.168.1.103	255.255.255.0	交换机 A E0/0/3

任务实施

步骤 1:配置端口镜像,将端口 2 或者端口 3 的流量镜像到端口 1。

```
SWITCHA(CONFIG)#MONITOR SESSION 1 SOURCE INTERFACE ETHERNET 0/0/2 BOTH
//监听 E0/0/2 端口的进出流量
SWITCHA(CONFIG)#MONITOR SESSION 1 DESTINATION INTERFACE ETHERNET 0/0/1
//把监听端口的流量镜像到端口 E0/0/1
```

步骤 2:验证配置。

```
SWITCHA#SHOW MONITOR                     //查看端口镜像
SESSION NUMBER : 1                       //镜像线程编号:1
SOURCE PORTS:    ETHERNET0/0/2           //源端口(被镜像端口):E0/0/2
RX: NO                                   //是否只监听发送流量:NO
TX: NO                                   //是否只监听接收流量:NO
BOTH: YES                                //监听进出双向流量:YES
DESTINATION PORT: ETHERNET0/0/1          //目的端口:E0/0/1
```

步骤 3:在 PC1 上启动抓包软件,使 PC2 PING PC3,查看是否可以捕捉到数据包,如图 2-31 所示。

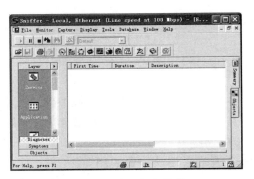

图 2-31 启动抓包软件

  知识链接

（1）DCS-3926S 目前只支持一个镜像目的端口，镜像源端口没有使用上限，可以是一个，也可以是多个，多个源端口可以在相同的 VLAN，也可以在不同的 VLAN。但如果要使镜像目的端口能镜像到多个镜像源端口的流量，则镜像目的端口必须同时属于这些镜像源端口所在的 VLAN。

（2）镜像目的端口不能是端口聚合组的成员。

（3）镜像目的端口的吞吐量如果小于镜像源端口吞吐量的总和，则目的端口无法完全复制源端口的流量；可减少源端口的个数或复制单向的流量，或者选择吞吐量更大的端口作为目的端口。

 任务验收

通过本任务的实施，了解端口镜像的原理、配置与实现后，为实现网络的管理与维护做好准备工作。

评 价 内 容	评 价 标 准
端口镜像的原理和作用	能够正确理解端口镜像的原理和作用
端口镜像的实现方法	能够正确实现端口镜像，并理解端口镜像的使用环境
端口镜像的测试方法	在掌握端口镜像后，测试配置是否正确

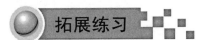 拓展练习

使用本项目任务二的拓扑结构图，实现端口镜像的应用。

任务三   端口和 MAC 地址绑定

 任务描述

学校的内部网络由于某机器中毒而引发了网络泛洪，网络管理员小赵很难快速找到根源

主机并把它从网络中暂时隔离开，所以小赵要想办法解决此问题。

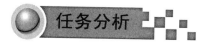任务分析

特定主机只有在某个特定端口下发出数据帧，才能被交换机接收并传输到网络上。如果这台主机被移动到其他位置，则无法正常上网，这样就在安全上起到了至关重要的作用。将 MAC 地址与端口进行绑定，该 MAC 地址的数据流只能从绑定端口进入，不能从其他端口进入，这样即可很快地解决上述问题，所以小赵决定使用端口与 MAC 地址绑定来实现此功能。

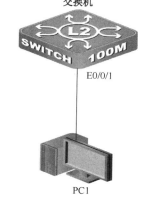

图 2-32　端口与 MAC 地址绑定拓扑结构

任务实施

实验拓扑如图 2-32 所示。

步骤 1：获取 PC1 的 MAC 地址。选择"开始"→"运行"选项，弹出"运行"对话框，输入"CMD"命令，打开命令行窗口，输入"IP CONFIG/ALL"命令，查看 MAC 地址，结果如图 2-33 所示。

```
Ethernet adapter 本地连接:

        Connection-specific DNS Suffix  . :
        Description . . . . . . . . . . . : Realtek RTL8168C(P)/8111C(P) PCI-E (
igabit Ethernet NIC
        Physical Address. . . . . . . . . : 00-1F-D0-D3-89-FC
        Dhcp Enabled. . . . . . . . . . . : Yes
        Autoconfiguration Enabled . . . . : Yes
        IP Address. . . . . . . . . . . . : 192.168.100.100
        Subnet Mask . . . . . . . . . . . : 255.255.255.0
        Default Gateway . . . . . . . . . : 192.168.100.1
        DHCP Server . . . . . . . . . . . : 192.168.100.1
        DNS Servers . . . . . . . . . . . : 221.5.88.88
```

图 2-33　查看 MAC 地址

步骤 2：开启端口 1 的 MAC 地址绑定功能。

```
SWITCH（CONFIG）#INTERFACE ETHERNET 0/0/1                          //进入端口 1
SWITCH（CONFIG-IF-ETHERNET0/0/1）#SWITCHPORT PORT-SECURITY //开启端口安全
```

步骤 3：添加端口静态安全 MAC 地址，默认端口最大安全 MAC 地址数为 1。

```
SWITCH（CONFIG-IF-ETHERNET0/0/1）#SWITCHPORT PORT-SECURITY MAC-ADDRESS
00-1F-D0-D3-89-FC                          //在端口 1 上绑定静态 MAC 地址
```

步骤 4：使用如下命令验证配置。

```
SWITCH#SHOW PORT-SECURITY                          //查看端口安全
SWITCH#SHOW PORT-SECURITY MAC-ADDRESS              //查看绑定的 MAC 地址
```

经验分享

如果出现端口无法配置 MAC 地址绑定功能的情况，则可检查交换机的端口是否运行了 spanning-tree，802.1x，端口汇聚或者端口是否已经配置为 Trunk 端口。MAC 地址绑定在端口

上与这些配置是互斥的，如果该端口要打开 MAC 地址绑定功能，则必须先确认端口下的上述功能已经被关闭。

任务验收

通过本任务的实施，了解端口和 MAC 地址绑定的原理、配置与实现后，为实现网络的管理与维护做好准备工作。

评 价 内 容	评 价 标 准
端口和 MAC 地址绑定原理和作用	能够正确理解端口和 MAC 地址绑定的原理和作用
端口和 MAC 地址绑定实现方法	能够正确实现端口和 MAC 地址绑定，并理解端口和 MAC 地址绑定的使用环境
端口和 MAC 地址绑定测试方法	在掌握端口和 MAC 地址绑定的实现后，测试配置是否正确

拓展练习

使用本项目任务三的拓扑结构图，实现端口和 MAC 地址绑定的应用。

任务四　MAC 与 IP 地址的绑定

任务描述

学校教师的计算机使用的都是固定 IP 地址，但有时员工会修改自己的 IP 地址，造成 IP 地址冲突，这样就给内部网络造成了很大麻烦，管理起来也很不方便，于是网络管理员小赵想把计算机的 MAC 地址与 IP 地址绑定起来。

任务分析

将计算机的 MAC 地址与 IP 地址绑定起来，使用户不能随便修改 IP 地址，此功能可以使用交换机的访问管理（Access Management，AM）功能实现，管理员可以使内部网络管理更完善。AM 用收到的数据报信息与配置硬件地址池相比，如果找到则转发，否则丢弃。

实验拓扑如图 2-32 所示。

任务实施

步骤 1：获取 PC1 的 MAC 地址。选择"开始"→"运行"选项，弹出"运行"对话框，输入"CMD"命令，打开命令行窗口，输入"IP CONFIG/ALL"命令查看 MAC 地址，如图 2-34 所示。

步骤 2：配置交换机的管理 IP 地址为 192.168.1.100/24。

```
Ethernet adapter 本地连接:

        Connection-specific DNS Suffix  . :
        Description . . . . . . . . . . . : Realtek RTL8168C<P>/8111C<P> PCI-E
igabit Ethernet NIC
        Physical Address. . . . . . . . . : 00-1F-D0-D3-89-FC
        Dhcp Enabled. . . . . . . . . . . : Yes
        Autoconfiguration Enabled . . . . : Yes
        IP Address. . . . . . . . . . . . : 192.168.100.100
        Subnet Mask . . . . . . . . . . . : 255.255.255.0
        Default Gateway . . . . . . . . . : 192.168.100.1
        DHCP Server . . . . . . . . . . . : 192.168.100.1
        DNS Servers . . . . . . . . . . . : 221.5.88.88
```

图 2-34　查看 MAC 地址

步骤 3：开启交换机 AM 功能。

```
SWITCHA（CONFIG）#AM ENABLE                       //开启交换机 AM 功能
SWITCHA（CONFIG）#INTERFACE E0/0/1               //进入接口模式
SWITCHA（CONFIG-ETHERNET0/0/1）#AM PORT          //打开物理接口上的 AM 功能
SWITCHA（CONFIG-ETHERNET0/0/1）#AM MAC-IP-POOL 00-1F-D0-D3-89-FC 192.168.1.100
//定义 AM 池，把 IP 地址与 MAC 地址绑定起来并放入该池
```

步骤 4：查看配置。

```
SWITCHA（CONFIG）#SHOW AM                         //查看交换机 AM 功能
AM IS ENABLED                                    //交换机 AM 功能启用状态
INTERFACE ETHERNET0/0/1                          //交换机 E0/0/1 端口处于 AM 启用状态
AM PORT                                          //下列显示 AM 端口
AM MAC-IP-POOL  00-1F-D0-D3-89-FC 192.168.1.100
                                                 //AM 池中 IP 地址与 MAC 地址绑定记录
```

步骤 5：使用 PING 命令验证，如表 2-16 所示。

表 2-16　验证表

PC	端　　口	PING	结　　果
PC1	0/0/1	192.168.1.1	通
PC1	0/0/10	192.168.1.1	通

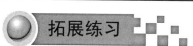
任务验收

通过本任务的实施，了解 MAC 地址与 IP 地址绑定的原理、配置与实现后，为实现网络的管理与维护做好准备工作。

评　价　内　容	评　价　标　准
MAC 地址与 IP 地址绑定原理和作用	能够正确理解 MAC 地址与 IP 地址绑定的原理和作用
MAC 地址与 IP 地址绑定实现方法	能够正确实现 MAC 地址与 IP 地址绑定，并理解 MAC 地址与 IP 地址绑定的使用环境
MAC 地址与 IP 地址绑定测试方法	在掌握 MAC 地址与 IP 地址绑定后，测试配置是否正确

拓展练习

将本项目任务四拓扑结构图中的二层交换机换成三层交换机，实现 MAC 地址与 IP 地址的绑定。

项目五　多层交换技术

项目描述

随着学校规模的不断扩大，多层交换机的数量也在逐渐增多，学校部门间的访问也随之而来，而且越来越频繁。现要求学校内部网络访问外网 24 小时不间断，实现部门间的访问和不同网段计算机的访问。作为网络管理员的小赵并没有相关的维护调试经验，他要配合飞越公司的现场工程师，在实践中学习并掌握交换机的多层交换技术。

项目分析

根据学校网络实际需求，需要实现 VLAN 之间的访问并使用路由协议来实现不同网段计算机的通信，还要保证学校内部网络访问外网 24 小时不间断，这就需要通过 VLAN 间路由、路由协议和虚拟路由冗余协议等相关技术来实现。整个项目的认知与分析流程如图 2-35 所示。

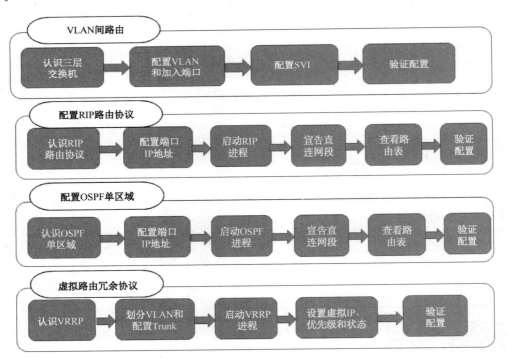

图 2-35　项目流程图

任务一　VLAN 间路由

任务描述

　　新兴学校其中的两个部门为行政办公室和总务处，它们分别处于不同的办公室。为了安全和便于管理，对两个办公室的主机进行了 VLAN 划分，使它们分别处于不同的 VLAN。现由于学校业务的需求，需要这两个办公室之间的主机通过三层交换机实现互访，于是网络管理员小赵在现有学校网络的基础上，又添加了一台三层交换机，小赵想通过使用 SVI 技术实现 VLAN 间路由的方法来实现这两个办公室之间的访问。

任务分析

　　根据任务描述，既要保证两个部门之间的数据互不干扰，不影响各自的通信效率，又要使两个部门根据需求相互通信，此时就要利用三层交换机划分 VLAN。

　　实验拓扑如图 2-36 所示。

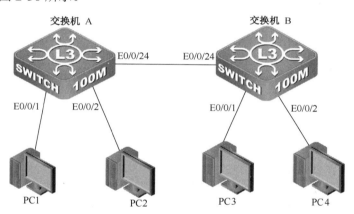

图 2-36　两台三层交换机实现 VLAN 间路由

两台三层交换机的 VLAN 划分如表 2-17 所示，网络参数设置如表 2-18 所示。

表 2-17　两台三层交换机 VLAN 划分

VLAN	端 口 成 员
100	1-12
200	13-24

表 2-18　交换机和 PC 的 IP 地址网络参数设置

设　　备	端　　口	IP 地　址	网　　关	子 网 掩 码
交换机 A	VLAN1	192.168.1.1		255.255.255.0
	VLAN 100	192.168.10.1		255.255.255.0
	VLAN 200	192.168.20.1		255.255.255.0

续表

设　　备	端　　口	IP　地　址	网　关	子 网 掩 码
交换机 B	VLAN1	192.168.1.2		255.255.255.0
	VLAN 100	192.168.10.2		255.255.255.0
	VLAN 200	192.168.20.2		255.255.255.0
交换机 A 和交换机 B 通过各自的 24 端口连接，并且 24 端口为 Trunk 口				
PC1	1～12	192.168.10.101	192.168.10.1	255.255.255.0
PC2	13～23	192.168.20.101	192.168.20.1	255.255.255.0
PC3	13～23	192.168.10.102	192.168.10.2	255.255.255.0
PC4	1～12	192.168.20.102	192.168.20.2	255.255.255.0

任务实施

步骤 1：为三层交换机 A 设置名称，设置管理地址为 192.168.1.1。

步骤 2：为三层交换机 B 设置名称，设置管理地址为 192.168.1.2。

步骤 3：在交换机 A 上创建 VLAN 100 和 VLAN 200。

步骤 4：在交换机 A 上验证配置。

使用 SHOW VLAN 命令验证 VLAN 配置。

步骤 5：在交换机 B 上创建 VLAN 100 和 VLAN 200。

步骤 6：在交换机 B 上验证配置。

使用 SHOW VLAN 命令验证 VLAN 配置。

步骤 7：给交换机 A 的 VLAN 100 和 VLAN 200 添加端口。

```
SWITCHA（CONFIG）#VLAN 100
SWITCHA（CONFIG-VLAN100）#SWITCHPORT INTERFACE ETHERNET 0/0/1-12
SWITCHA（CONFIG）#VLAN 200
SWITCHA（CONFIG-VLAN200）#SWITCHPORT INTERFACE ETHERNET 0/0/13-23
```

步骤 8：给交换机 B 的 VLAN 100 和 VLAN 200 添加端口。

```
SWITCHB（CONFIG）#VLAN 100
SWITCHB（CONFIG-VLAN100）#SWITCHPORT INTERFACE ETHERNET 0/0/1-12
SWITCHB（CONFIG）#VLAN 200
SWITCHB（CONFIG-VLAN200）#SWITCHPORT INTERFACE ETHERNET 0/0/13-23
```

步骤 9：给交换机 A 添加 VLAN 地址。

```
SWITCHA（CONFIG）#INTERFACE VLAN 100          //进入 VLAN 100 接口
SWITCHA（CONFIG-IF-VLAN100）#IP ADDRESS 192.168.10.1  255.255.255.0
SWITCHA（CONFIG-IF-VLAN100）#NO SHUTDOWN     //开启该端口
SWITCHA（CONFIG）#INTERFACE VLAN 200          //进入 VLAN 200 接口
SWITCHA（CONFIG-IF-VLAN200）#IP ADDRESS 192.168.20.1 255.255.255.0
SWITCHA（CONFIG-IF-VLAN200）#NO SHUTDOWN     //开启该端口
```

步骤 10：给交换机 B 添加 VLAN 地址。

```
SWITCHB（CONFIG）#INTERFACE VLAN 100          //进入 VLAN 100 接口
SWITCHB（CONFIG-IF-VLAN100）#IP ADDRESS 192.168.10.2 255.255.255.0
SWITCHB（CONFIG-IF-VLAN100）#NO SHUTDOWN     //开启该端口
```

```
SWITCHB（CONFIG）#INTERFACE VLAN 200        //进入VLAN 200接口
SWITCHB（CONFIG-IF-VLAN200）#IP ADDRESS 192.168.20.2 255.255.255.0
SWITCHB（CONFIG-IF-VLAN200）#NO SHUTDOWN     //开启该端口
```

步骤11：设置交换机A的Trunk端口。

```
SWITCHA（CONFIG）#INTERFACE ETHERNET 0/0/24  //进入端口24
SWITCHA（CONFIG-IF-ETHERNET0/0/24）# SWITCHPORT MODE TRUNK
SET THE PORT ETHERNET 0/0/24 MODE TRUNK SUCCESSFULLY
```

步骤12：设置交换机B的Trunk端口。

```
SWITCHB（CONFIG）#INTERFACE ETHERNET 0/0/24         //进入端口24
SWITCHB（CONFIG-IF-ETHERNET0/0/24）# SWITCHPORT MODE TRUNK
         SET THE PORT ETHERNET 0/0/24 MODE TRUNK SUCCESSFULLY
```

步骤13：验证。4台PC相互之间都能PING通。

任务验收

通过本任务的实施，了解VLAN间路由的基本原理、配置与实现，为实现网络的管理与维护做好准备工作。

评　价　内　容	评　价　标　准
VLAN间路由的原理和作用	能够正确理解VLAN间路由的基本原理和作用
VLAN间路由的实现方法	能够正确实现VLAN间路由，并理解VLAN间路由的使用环境
VLAN间路由的测试方法	在掌握VLAN间路由的实现后，测试配置是否正确

拓展练习

为交换机划分多个VLAN，实现不同VLAN间的三层路由功能。

任务二　配置RIP路由协议

任务描述

新兴学校现因招生规模的扩大，学校教职员工和学生不断增多，网络中心设备的数量也在逐步增多，网络管理员小赵发现原有的静态路由已经无法满足目前校园网的需求，因此，他决定在校园网的交换机之间使用RIP路由协议，实现网络的互连。

任务分析

由于校园网的规模开始扩大，小赵发现使用静态路由已经不合适了，但由于三层交换机的数量不多，所以他决定使用RIP路由协议。

实验拓扑如图2-37所示。

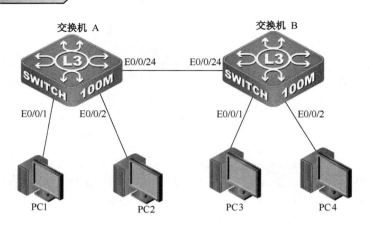

图 2-37　RIP 路由协议拓扑

交换机和 PC 的 IP 地址网络参数设置如表 2-19 所示。

表 2-19　交换机和 PC 的 IP 地址网络参数设置

设　备	端　口	IP 地　址	子 网 掩 码	网　关
交换机 A 的 VLAN 10	E0/0/1	192.168.0.1	255.255.255.0	无
交换机 A 的 VLAN 20	E0/0/2	192.168.1.1	255.255.255.0	无
交换机 A 的 VLAN 100	E0/0/24	192.168.100.1	255.255.255.0	无
交换机 B 的 VLAN 30	E0/0/1	192.168.2.1	255.255.255.0	无
交换机 B 的 VLAN 40	E0/0/1	192.168.3.1	255.255.255.0	无
交换机 B 的 VLAN 100	E0/0/24	192.168.100.2	255.255.255.0	无
PC1	E0/0/1	192.168.0.2	255.255.255.0	192.168.0.1
PC2	E0/0/2	192.168.1.2	255.255.255.0	192.168.1.1
PC3	E0/0/1	192.168.2.2	255.255.255.0	192.168.2.1
PC4	E0/0/2	192.168.3.2	255.255.255.0	192.168.3.1

任务实施

步骤 1：按图 2-37 连接网络拓扑结构。

步骤 2：按表 2-19 配置计算机的 IP 地址、子网掩码和网关。

步骤 3：根据拓扑图在交换机 A 上划分 VLAN 并添加相应的端口。

步骤 4：根据拓扑图在交换机 B 上划分 VLAN 并添加相应的端口。

步骤 5：在交换机 A 接口上配置 IP 地址参数，如表 2-19 所示。

步骤 6：在交换机 B 接口上配置 IP 地址参数，如表 2-19 所示。

步骤 7：查看配置路由协议之前的交换机 A 的路由表。

```
SWITCHA #SHO IP ROUTE
......
```

```
C        127.0.0.0/8 IS DIRECTLY CONNECTED, LOOPBACK
C        192.168.0.0/24 IS DIRECTLY CONNECTED, VLAN10
C        192.168.1.0/24 IS DIRECTLY CONNECTED, VLAN20
C        192.168.100.0/24 IS DIRECTLY CONNECTED, VLAN100
TOTAL ROUTES ARE : 4 ITEM（S）
```

步骤 8：查看路由协议之前的交换机 B 的路由表。

```
SWITCHB#SHO IP ROUTE
……
C        127.0.0.0/8 IS DIRECTLY CONNECTED, LOOPBACK
C        192.168.2.0/24 IS DIRECTLY CONNECTED, VLAN30
C        192.168.3.0/24 IS DIRECTLY CONNECTED, VLAN40
C        192.168.100.0/24 IS DIRECTLY CONNECTED, VLAN100
TOTAL ROUTES ARE : 4 ITEM（S）
```

步骤 9：配置路由协议前，同一个交换机的 VLAN 可以通信，不同交换机的 VLAN 无法通信，如图 2-38 所示。

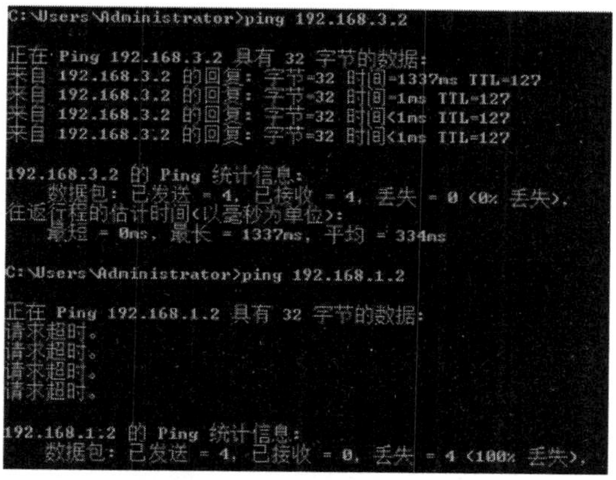

图 2-38　连通性测试效果图

步骤 10：在交换机 A 上配置 RIP 路由协议。

```
SWITCHA（CONFIG）# ROUTER RIP                //启用 RIP 路由协议
SWITCHA（CONFIG-ROUTER）#VERSION 1           //版本 1
SWITCHA（CONFIG-ROUTER）#NETWORK VLAN 10     //通告直连网络 VLAN 10
SWITCHA（CONFIG-ROUTER）#NETWORK VLAN 20     //通告直连网络 VLAN 20
SWITCHA（CONFIG-ROUTER）#NETWORK VLAN 100    //通告直连网络 VLAN 100
```

步骤 11：在交换机 B 上配置 RIP 路由协议。

```
SWITCHB（CONFIG）# ROUTER RIP
SWITCHB（CONFIG）#VERSION 1
SWITCHB（CONFIG-ROUTER）#NETWORK VLAN 30
SWITCHB（CONFIG-ROUTER）#NETWORK VLAN 40
SWITCHB（CONFIG-ROUTER）#NETWORK VLAN 100
```

步骤 12：查看交换机 A 的路由表。

```
SWITCHA #SHO IP ROUTE
……
```

```
C      127.0.0.0/8 IS DIRECTLY CONNECTED, LOOPBACK
C      192.168.0.0/24 IS DIRECTLY CONNECTED, VLAN10
C      192.168.1.0/24 IS DIRECTLY CONNECTED, VLAN20
R      192.168.2.0/24 [120/2] VIA 192.168.100.2, VLAN100, 00:00:47
R      192.168.3.0/24 [120/2] VIA 192.168.100.2, VLAN100, 00:00:47
C      192.168.100.0/24 IS DIRECTLY CONNECTED, VLAN100
TOTAL ROUTES ARE : 6 ITEM（S）
```

步骤 13：查看交换机 B 的路由表。

```
SWITCHB #SHO IP ROUTE
……
C      127.0.0.0/8 IS DIRECTLY CONNECTED, LOOPBACK
R      192.168.0.0/24 [120/2] VIA 192.168.100.1, VLAN100, 00:00:06
R      192.168.1.0/24 [120/2] VIA 192.168.100.1, VLAN100, 00:00:06
C      192.168.2.0/24 IS DIRECTLY CONNECTED, VLAN30
C      192.168.3.0/24 IS DIRECTLY CONNECTED, VLAN40
C      192.168.100.0/24 IS DIRECTLY CONNECTED, VLAN100
TOTAL ROUTES ARE : 6 ITEM（S）
```

步骤 14：配置了 RIP 协议后，验证网络的连通性，如图 2-39 所示。

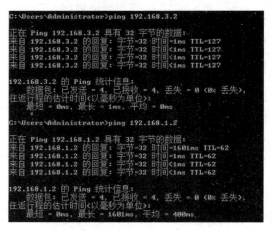

图 2-39 连通性测试效果图

任务验收

通过本任务的实施，了解 RIP 路由协议的原理、配置与实现，为实现网络的管理与维护做好准备工作。

评 价 内 容	评 价 标 准
RIP 路由协议的原理和作用	能够正确理解 RIP 路由协议的原理和作用
RIP 路由协议的实现方法	能够正确实现 RIP 路由协议的配置，并理解 RIP 路由协议的使用环境
RIP 路由协议的测试方法	在掌握 RIP 路由协议的原理后，测试配置是否正确

拓展练习

使用本项目任务二的拓扑结构图，实现默认路由协议的应用。

任务三　配置 OSPF 单区域

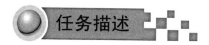

任务描述

新兴学校现因招生规模的扩大，学校教职员工和学生的增多，网络中心设备的数量也在逐步增多，网络管理员小赵发现原有的 RIP 路由协议已经无法满足目前校园网的需求，因此，他决定在校园网的交换机之间使用动态的 OSPF 路由协议，实现网络的互通。

任务分析

由于校园网的网络规模逐步扩大，小赵发现使用 RIP 路由协议已经不合适了，但由于三层交换机的数量不多，所以决定使用动态的 OSPF 路由协议来实现全网互通。

实验拓扑如图 2-37 所示。

交换机和 PC 的 IP 地址网络参数设置如表 2-20 所示。

表 2-20　交换机和 PC 的 IP 地址网络参数设置

设　　备	端　　口	IP 地　址	子　网　掩　码	网　　关
交换机 A 的 VLAN 10	E0/0/1	192.168.0.1	255.255.255.0	无
交换机 A 的 VLAN 20	E0/0/2	192.168.1.1	255.255.255.0	无
交换机 A 的 VLAN 100	E0/0/24	192.168.100.1	255.255.255.0	无
交换机 B 的 VLAN 30	E0/0/1	192.168.2.1	255.255.255.0	无
交换机 B 的 VLAN 40	E0/0/1	192.168.3.1	255.255.255.0	无
交换机 B 的 VLAN 100	E0/0/24	192.168.100.2	255.255.255.0	无
PC1	E0/0/1	192.168.0.2	255.255.255.0	192.168.0.1
PC2	E0/0/2	192.168.1.2	255.255.255.0	192.168.1.1
PC3	E0/0/1	192.168.2.2	255.255.255.0	192.168.2.1
PC4	E0/0/2	192.168.3.2	255.255.255.0	192.168.3.1

任务实施

步骤 1：按图 2-37 连接网络拓扑结构。

步骤 2：按表 2-20 配置计算机的 IP 地址、子网掩码和网关。

步骤 3：根据拓扑图在交换机 A 上划分 VLAN 并添加相应的端口。

步骤 4：根据拓扑图在交换机 B 上划分 VLAN 并添加相应的端口。

步骤 5：在交换机 A 接口上配置 IP 地址参数，如表 2-20 所示。

步骤 6：在交换机 B 接口上配置 IP 地址参数，如表 2-20 所示。

步骤 7：查看交换机 A 的路由表。

```
SWITCHA #SHOW IP ROUTE
CODES:K - KERNEL, C - CONNECTED, S - STATIC, R - RIP, B - BGP
      O - OSPF, IA - OSPF INTER AREA
      N1 - OSPF NSSA EXTERNAL TYPE 1, N2 - OSPF NSSA EXTERNAL TYPE 2
      E1 - OSPF EXTERNAL TYPE 1, E2 - OSPF EXTERNAL TYPE 2
      I - IS-IS, L1 - IS-IS LEVEL-1, L2 - IS-IS LEVEL-2, IA - IS-IS INTER AREA
      * - CANDIDATE DEFAULT   //路由类型代码
C    127.0.0.0/8 IS DIRECTLY CONNECTED, LOOPBACK
C    192.168.0.0/24 IS DIRECTLY CONNECTED, VLAN10
C    192.168.1.0/24 IS DIRECTLY CONNECTED, VLAN20
C    192.168.100.0/24 IS DIRECTLY CONNECTED, VLAN100
TOTAL ROUTES ARE : 4 ITEM（S）
SWITCHA #
```

步骤 8：查看交换机 B 的路由表。

```
SWITCHB #SHOW  IP ROUTE
……                            //路由类型代码部分省略
C    127.0.0.0/8 IS DIRECTLY CONNECTED, LOOPBACK
C    192.168.2.0/24 IS DIRECTLY CONNECTED, VLAN30
C    192.168.3.0/24 IS DIRECTLY CONNECTED, VLAN40
C    192.168.100.0/24 IS DIRECTLY CONNECTED, VLAN100
TOTAL ROUTES ARE : 4 ITEM（S）
```

步骤 9：配置路由协议前，同一个交换机的 VLAN 可以通信，不同交换机的 VLAN 无法通信，如图 2-40 所示。

图 2-40　连通性测试效果图

步骤 10：在交换机 A 上配置 OSPF 路由协议。

```
SWITCHA（CONFIG）#ROUTER OSPF 1              //启用 OSPF 协议，进程号为 1
SWITCHA（CONFIG-ROUTER）#NETWORK 192.168.0.0 0.0.0.255 AREA 0
```

```
//通告直连网络 192.168.0.0 在区域 0
SWITCHA（CONFIG-ROUTER）#NETWORK 192.168.1.0 0.0.0.255 AREA 0
SWITCHA（CONFIG-ROUTER）#NETWORK 192.168.100.0 0.0.0.255 AREA 0
```

步骤 11：在交换机 B 上配置 OSPF 路由协议并通告其直连网络。

```
SWITCHB（CONFIG）#ROUTER OSPF 1
SWITCHB（CONFIG-ROUTER）#NETWORK 192.168.2.0 0.0.0.255 AREA 0
SWITCHB（CONFIG-ROUTER）#NETWORK 192.168.3.0 0.0.0.255 AREA 0
SWITCHB（CONFIG-ROUTER）#NETWORK 192.168.100.0 0.0.0.255 AREA 0
```

步骤 12：查看交换机 A 的路由表。

```
SW-1#SHOW IP ROUTE
  //略去路由代码部分
C     127.0.0.0/8 IS DIRECTLY CONNECTED, LOOPBACK
C     192.168.0.0/24 IS DIRECTLY CONNECTED, VLAN10
C     192.168.1.0/24 IS DIRECTLY CONNECTED, VLAN20
O     192.168.2.0/24 [110/20] VIA 192.168.100.2, VLAN100, 00:00:06
O     192.168.3.0/24 [110/20] VIA 192.168.100.2, VLAN100, 00:00:06
C     192.168.100.0/24 IS DIRECTLY CONNECTED, VLAN100
TOTAL ROUTES ARE : 6 ITEM（S）
```

步骤 13：查看交换机 B 的路由表。

```
SW-2#SHOW IP ROUTE
……    //略去路由来源代码
C     127.0.0.0/8 IS DIRECTLY CONNECTED, LOOPBACK
O     192.168.0.0/24 [110/20] VIA 192.168.100.1, VLAN100, 00:00:28
O     192.168.1.0/24 [110/20] VIA 192.168.100.1, VLAN100, 00:00:28
C     192.168.2.0/24 IS DIRECTLY CONNECTED, VLAN30
C     192.168.3.0/24 IS DIRECTLY CONNECTED, VLAN40
C     192.168.100.0/24 IS DIRECTLY CONNECTED, VLAN100
TOTAL ROUTES ARE : 6 ITEM（S）
```

步骤 14：配置了 OSPF 协议后，验证网络的连通性，如图 2-41 所示。

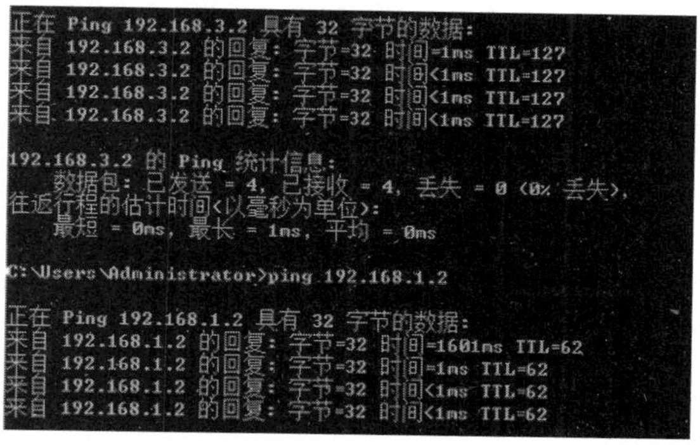

图 2-41　连通性测试效果图

任务验收

通过本任务的实施，了解 OSPF 路由协议的原理、配置与实现，为实现网络的管理与维护做好准备工作。

评 价 内 容	评 价 标 准
OSPF 路由协议的原理和作用	能够正确理解 OSPF 路由协议的原理和作用
OSPF 路由协议的实现方法	能够正确实现 OSPF 路由协议的配置，并理解 OSPF 路由协议的使用环境
OSPF 路由协议的测试方法	在掌握 OSPF 路由协议的实现后，测试配置是否正确

任务四　虚拟路由冗余协议

任务描述

　　新兴学校由于规模的扩大，为了保证学校内部网络访问外网 24 小时不间断，网络核心层原来采用了一台三层交换机，现决定采用默认网关进行冗余备份，以便在其中一台设备出现故障时，备份设备能够及时接管数据转发工作，为用户提供透明的切换，提高网络的稳定性，网络管理员小赵与飞越公司一起完成此项工作。

任务分析

　　虚拟路由器冗余协议（Virtual Router Redundancy Protocol，VRRP）是一种容错协议，运行于局域网的多台路由器上，它将几台路由器组织成一台"虚拟"路由器，或称为一个备份组（Standby Group）。在 VRRP 备份组内，总有一台路由器或以太网交换机是活动路由器（Master），它完成"虚拟"路由器的工作；该备份组中的其他路由器或以太网交换机作为备份路由器（Backup，可以不只一台），随时监控 Master 的活动。当原有的 Master 出现故障时，各 Backup 将自动选举出一个新的 Master 来接替其工作，继续为网段内各主机提供路由服务。由于此选举和接替阶段短暂而平滑，因此，网段内各主机仍然可以正常地使用虚拟路由器，可以不间断地与外界保持通信。

　　实验拓扑如图 2-42 所示。

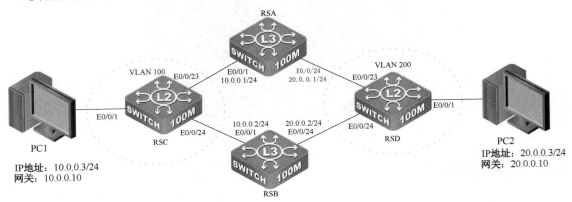

图 2-42　VRRP 配置

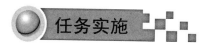

任务实施

步骤 1：按图 2-42 连接网络拓扑结构。

步骤 2：交换机和 PC 的 IP 地址网络参数设置如表 2-21 所示。

表 2-21　交换机和 PC 的 IP 地址网络参数设置

设　　备	接　　口	IP　地　址	子网掩码	Trunk 端　口
RSA	VLAN 100	10.0.0.1	255.255.255.0	E0/0/1
	VLAN 200	20.0.0.1		E0/0/24
RSB	VLAN 100	10.0.0.2	255.255.255.0	E0/0/1
	VLAN 200	20.0.0.2		E0/0/24
RSC	VLAN 100	不配置	不配置	无
RSD	VLAN 200	不配置	不配置	E0/0/23-24
交换机 B 的 VLAN 40	E0/0/1	192.168.3.1	255.255.255.0	无
交换机 B 的 VLAN 100	E0/0/24	192.168.100.2	255.255.255.0	无
PC1		10.0.0.3	255.255.255.0	10.0.0.10
PC2		20.0.0.3	255.255.255.0	20.0.0.10

步骤 3：配置交换机 RSA 的 VRRP。

```
RSA（CONFIG）#ROUTER VRRP 1                  //定义 VRRP 1 组
RSA（CONFIG-ROUTER）# VIRTUAL-IP 10.0.0.10   //虚拟网关地址为 10.0.0.10
RSA（CONFIG-ROUTER）#PRIORITY 150            //本机优先级为 150
RSA（CONFIG-ROUTER）# INTERFACE VLAN 100     //把 VLAN 100 的 SVI 接口加入 VRRP1 组
RSA（CONFIG-ROUTER）# ENABLE
RSA（CONFIG-ROUTER）# EXIT
RSA（CONFIG）#ROUTER VRRP2                    //定义 VRRP 2 组
RSA（CONFIG-ROUTER）# VIRTUAL-IP20.0.0.10     //虚拟网关地址为 20.0.0.10
RSA（CONFIG-ROUTER）#PRIORITY 150            //本机优先级为 150
RSA（CONFIG-ROUTER）# INTERFACE VLAN200      //把 VLAN 200 的 SVI 接口加入 VRRP2 组
RSA（CONFIG-ROUTER）# ENABLE
RSA（CONFIG-ROUTER）# EXIT
```

步骤 4：配置交换机 RSB 的 VRRP。

```
RSB（CONFIG）#ROUTER VRRP 1                   //定义 VRRP1 组
RSB（CONFIG-ROUTER）# VIRTUAL-IP10.0.0.10     //虚拟网关地址为 10.0.0.10
RSA（CONFIG-ROUTER）#PRIORITY 50             //本机优先级为 50
RSA（CONFIG-ROUTER）#PREEMPT-MODE FALSE      /*VRRP 默认为抢占模式，关闭优先级低的
RSB 的抢占模式，以保证高优先级的 RSA 在故障恢复后，能主动抢占为活动路由*/
RSB（CONFIG-ROUTER）# INTERFACE VLAN 100      //把 VLAN 100 的 SVI 接口加入 VRRP1 组
RSB（CONFIG-ROUTER）# ENABLE
RSB（CONFIG-ROUTER）# EXIT
RSB（CONFIG）#ROUTER VRRP 2                    //定义 VRRP 2 组
RSB（CONFIG-ROUTER）# VIRTUAL-IP 20.0.0.10    //虚拟网关地址为 20.0.0.10
RSA（CONFIG-ROUTER）#PRIORITY 50             //本机优先级为 50
```

```
RSA（CONFIG-ROUTER）#PREEMPT-MODE FALSE      //关闭优先级低的 RSB 的抢占模式
RSB（CONFIG-ROUTER）# INTERFACE VLAN200      //把 VLAN 200 的 SVI 接口加入 VRRP2 组
RSB（CONFIG-ROUTER）# ENABLE
```

步骤5：在交换机 RSA 上验证配置。

```
RSA# SHOW VRRP                              //显示 VRRP 信息
VRID 1                                      //VRRP 1 组
 STATE IS MASTER                            //状态为 MASTER
 VIRTUAL IP IS 10.0.0.10（NOT IP OWNER）    //虚拟 IP 地址为 10.0.0.10（非本地 IP 地址）
 INTERFACE IS VLAN100                       //参与接口为 VLAN 100
 PRIORITY IS 150                            //优先级为 150
 ADVERTISEMENT INTERVAL IS 1 SEC            //交换 VRRP 信息间隔为 1s
 PREEMPT MODE IS TRUE                       //抢占模式打开
VRID2                                       //VRRP 1 组
 STATE IS MASTER                            //状态为 MASTER
 VIRTUAL IP IS 20.0.0.10（NOT IP OWNER）    //虚拟 IP 地址为 20.0.0.10（非本地 IP 地址）
 INTERFACE IS VLAN200                       //参与接口为 VLAN 200
 PRIORITY IS 150                            //优先级为 150
 ADVERTISEMENT INTERVAL IS 1 SEC            //交换 VRRP 信息间隔为 1s
 PREEMPT MODE IS TRUE                       //抢占模式打开
```

由此可见：VRRP 已经成功建立，并且 Master 机器是 RSA。

步骤6：验证实验。在 PC1 上使用"PING 20.0.0.3 -T"命令，并在过程中拔掉 10.0.0.1 的网线，PC1 和 PC2 不需要做网络设置的改变就可以与对方通信，证明 VRRP 工作正常。

经验分享

在配置、使用 VRRP 时，可能会由于物理连接、配置错误等原因导致 VRRP 协议不能正常运行。因此，用户应注意以下要点。

首先，应该保证物理连接的正确无误。

其次，保证接口和链路协议是 UP 的（使用 show interface 命令查看状态）。

再次，确保在接口上已启动了 VRRP 协议。

最后，检查同一备份组内的不同路由器（或三层以太网交换机）认证是否相同；检查同一备份组内的不同路由器（或三层以太网交换机）配置的交换 VRRP 信息的时间是否相同；检查虚拟 IP 地址是否和接口真实 IP 地址在同一网段内。

任务验收

通过本任务的实施，了解虚拟路由冗余协议的原理、配置与实现，为实现网络的管理与维护做好准备工作。

评 价 内 容	评 价 标 准
虚拟路由冗余协议的原理和作用	能够正确理解虚拟路由冗余协议的原理和作用
虚拟路由冗余协议的实现方法	能够正确实现虚拟路由冗余协议的配置
虚拟路由冗余协议的测试方法	在掌握虚拟路由冗余协议的实现后，测试配置是否正确

项目六 访问控制列表

项目描述

新兴学校的规模不断扩大，教师的数量逐步增多，财务室等部门经常反映网速慢，好像有不明的机器试图访问该部门的机器，校园网需要使用访问控制列表来限制不同部门间的访问，以提高校园网办公系统的安全性。网络管理员小赵要配合飞越公司的现场工程师，实现校园网办公系统的安全性，并在实践中学习和掌握交换机的网络安全技术。

项目分析

根据学校网络实际需求，为提高校园网办公系统的安全性，可通过访问控制列表来限制不同部门间是否可以相互访问，使其不仅可以实现全部限制，还可以针对某一项服务而进行限制，从而使校园网的办公系统更加方便、灵活，以使部门高效、安全的访问。整个项目的认知与分析流程如图2-43所示。

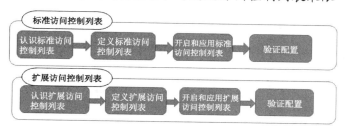

图 2-43 项目流程图

任务一 标准访问控制列表

任务描述

新兴学校有自己的校园内部网络，其中有财务部、网管中心、行政部等部门。为了保证公司的财务安全，网络管理员小赵和飞越公司需要禁止行政部门的教师访问财务部门的主机。

任务分析

应用了访问控制列表（Access Control List，ACL）之后，交换机会在相应端口上检查某一方向的数据包，如果数据包与ACL的某一条规则匹配成功，则应用该规则的动作：允许该数据包通过或者丢弃该数据包。标准ACL匹配规则元素只包括IP数据包的源IP地址，这意味着标准ACL只检查IP数据包的源IP地址。

实验拓扑如图2-44所示。

交换机和 PC 的 IP 地址网络参数设置如表 2-22 所示。

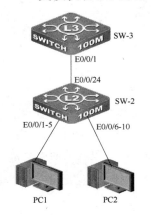

表 2-22　交换机和 PC 的 IP 地址网络参数设置

	VLAN（包括端口）	Trunk 端口	IP 地址	子网掩码	网关
SW-2	10（1～5）	E0/0/24			
	11（6～10）	E0/0/1			
SW-3	10		192.168.10.254	255.255.255.0	
	11		192.168.11.254	255.255.255.0	
PC1			192.168.10.1	255.255.255.0	192.168.10.254
PC2			192.168.11.1	255.255.255.0	192.168.11.254

图 2-44　学校内部网络结构图

 任务实施

步骤 1：按图 2-44 连接网络拓扑结构。

步骤 2：按表 2-22 配置计算机的 IP 地址、子网掩码和网关。

步骤 3：在三层交换机 SW-3 上根据表 2-22 配置 VLAN、Trunk 口，并为 VLAN 指定 IP 地址。

步骤 4：二层交换机 SW-2 的基本配置。配置交换机名称，根据表 2-22 创建相应的 VLAN 并为其添加 VLAN 端口、Trunk 口。

步骤 5：配置 PC1 和 PC2 的 IP 地址，在 PC1 上使用 PING 命令测试 PC1 与 PC2 的连通性，PC1 与 PC2 应可以正常连通。

步骤 6：在三层交换机 SW-3 上启用包过滤功能，设置默认行为是允许；定义 ACL 并应用。

```
SW-3 (CONFIG)#FIREWALL ENABLE              //开启访问控制列表的包过滤功能
SW-3 (CONFIG)#FIREWALL DEFAULT PERMIT      //设置默认行为是允许
SW-3 (CONFIG)#ACCESS-LIST 10 DENY 192.168.10.0 0.0.0.255//创建标准 ACL
SW-3 (CONFIG)#INTERFACE ETHERNET 0/0/1     //进入 E0/0/1 的接口配置模式
SW-3 (CONFIG-ETHERNET0/0/1)#IP ACCESS-GROUP 10 IN//在接口的入站方向应用 ACL
```

步骤 7：验证，在 PC1 上使用 PING 命令测试 PC1 与 PC2 的连通性。结果显示 PC1 不能访问 PC2，即 ACL 阻断了行政部门对财务部门的访问。

步骤 8：在 SW-3 上查看配置。

```
SW-3#SHOW ACCESS-GROUP              //查看三层交换机 ACL 的应用
INTERFACE NAME:ETHERNET0/0/1
    INGRESS ACCESS-LIST USED IS 10.
```

 知识链接

ACL 由一系列有序的 ACE 组成，每一个 ACE 都定义了匹配条件及行为。标准 ACL 只能针对源 IP 地址制定匹配条件，对于符合匹配条件的数据包，ACE 执行规定的行为：允许或拒绝。

如果在设备的入站方向上应用了 ACL，则设备在端口上收到数据包后，先进行 ACL 规定的检查。检查从 ACL 的第一个 ACE 开始，将 ACE 规定的条件和数据包内容进行匹配。如果第一个 ACE 没有匹配成功，则匹配下一个 ACE，以此类推。一旦匹配成功，则执行该 ACE 规定的行为。如果整个 ACL 中的所有 ACE 都没有匹配成功，则执行设备定义的默认行为。被 ACL 放行的数据包可进一步执行设备的其他策略，如路由转发。

如果路由器某接口出站方向应用了 ACL，则路由器先进行路由转发决策，发送到该接口的数据包应用 ACL 检查。检查过程与入站方向一致。

可以用编号来命名 IP 访问控制列表，也可以用名称来定义一个 IP 访问控制列表。如果使用编号来定义 ACL，则需要注意编号的范围。

标准 ACL 的编号为 1～99、1300～1999。

在全局配置模式下，配置编号的标准 ACL 语法如下。

access-list<num> {deny | permit} {{<sIpAddr><sMask>} | any-source | {host-source <sIpAddr>}}

该命令用于创建一条数字标准 IP 访问列表。如果该列表已经存在，则增加一条 ACE 表项；可以使用 "no access-list <num>" 命令来删除一条 ACE。

一般情况下，配置 ACL 应遵循以下步骤。

（1）启用设备包过滤功能并配置默认行为。

（2）定义 ACL 规则。

（3）绑定 ACL 到设备接口的某一方向上。

任务验收

通过本任务的实施，了解标准访问列表的原理、配置与实现，为实现网络的管理与维护做好准备工作。

评 价 内 容	评 价 标 准
标准访问控制列表的原理和作用	能够正确理解标准访问控制列表的原理和作用
标准访问控制列表的实现方法	能够正确实现标准访问控制列表的配置，并理解标准访问控制列表的使用环境
标准访问控制列表的测试方法	在掌握标准访问控制列表的实现后，测试配置是否正确

任务二　扩展访问控制列表

任务描述

新兴学校为了提高教师的办公效率，购买了专门的服务器，用于搭建学校的 OA 系统。网络管理员小赵和飞越公司基于安全上的考虑，禁止行政人员访问 FTP 服务，但允许行政人员访问学校服务器的其他服务。

任务分析

在交换机上配置扩展 ACL，禁止 VLAN 10 所属网段 192.168.10.0/24 访问 VLAN 100 所属网段 192.168.100.0/24 的 TCP 端口 20 和 21。在三层交换机上开启防火墙 ACL 检查功能，设置默认动作为 PERMIT（允许），并在 Trunk 端口入站方向应用 ACL。PC1 访问 Server FTP 服务器的数据包将被 ACL 丢弃，其他数据包则被放行。

实验拓扑如图 2-45 所示。

交换机和 PC 的 IP 地址网络参数设置，见表 2-23。

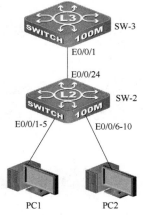

图 2-45　学校内部网络结构图

表 2-23　交换机和 PC 的 IP 地址网络参数设置

	VLAN	端　　口	IP　地　址	子网掩码	网　　关
SW-2	10	1～5			
	100	6～10			
SW-3	10		192.168.10.254	255.255.255.0	
	100		192.168.100.254	255.255.255.0	
PC1			192.168.10.1	255.255.255.0	192.168.10.254
Server			192.168.100.1	255.255.255.0	192.168.100.254

任务实施

步骤 1：按图 2-45 连接网络拓扑结构。

步骤 2：按表 2-23 配置计算机的 IP 地址、子网掩码和网关。

步骤 3：在 Server 上安装和配置 FTP 服务器、Web 服务器。

步骤 4：在三层交换机 SW-3 上根据表 2-23 配置 VLAN、Trunk 口，并为 VLAN 指定 IP 地址。

步骤 5：配置二层交换机 SW-2 的名称，根据表 2-23 创建相应的 VLAN 并添加 VLAN 端口、Trunk 口。

步骤 6：在三层交换机 SW-3 上启用包过滤功能，设置默认行为为允许；定义 ACL 并应用。

```
SW-3 (CONFIG)#FIREWALL ENABLE              //开启访问控制列表的包过滤功能
SW-3 (CONFIG)#FIREWALL DEFAULT PERMIT      //设置默认动作为允许
SW-3 (CONFIG)#ACCESS-LIST 100 DENY TCP 192.168.10.0 0.0.0.255 192.168.100.0
0.0.0.255 D-PORT 20
//创建编号为 100 的 ACL，拒绝 10.0.0.0～100.0.0.0 的 TCP 协议端口为 20 的访问
```

```
SW-3 (CONFIG)#ACCESS-LIST 100 DENY TCP 192.168.10.0 0.0.0.255 192.168.100.0
0.0.0.255 D-PORT 21
//创建编号为100的ACL，拒绝10.0.0.0～100.0.0.0的TCP协议端口为21的访问
SW-3 (CONFIG)#INTERFACE ETHERNET 0/0/1            //进入E0/0/1的接口配置模式
SW-3 (CONFIG-ETHERNET0/0/1)#IP ACCESS-GROUP 100 IN //在接口的入站方向应用ACL
```

步骤7：在 SW-3 上查看配置。

```
SW-3#SHOW FIREWALL//查看防火墙配置
FIREWALL STATUS: ENABLE.
FIREWALL DEFAULT RULE: PERMIT.
SW-3#SHOW ACCESS-LISTS   //查看三层交换机的ACL配置
ACCESS-LIST 100 (USED 1 TIME (S)) 2 RULE (S)
//当前应用的ACL编号为100（匹配成功1次，2条规则）
ACCESS-LIST 100 DENY TCP 10.0.0.0 0.0.0.255 192.168.100.0 0.0.0.255 D-PORT
D-PORT 20   //拒绝10.0.0.0～100.0.0.0的TCP协议端口为20的访问
ACCESS-LIST 100 DENY TCP 10.0.0.0 0.0.0.255 192.168.100.0 0.0.0.255 D-PORT
D-PORT 21   //拒绝10.0.0.0～100.0.0.0的TCP协议端口为21的访问
SW-3#SHOW ACCESS-GROUP                   //查看三层交换机的ACL应用
INTERFACE NAME:ETHERNET0/0/1             //接口名称：E0/0/1
   INGRESS ACCESS-LIST USED IS 100.      //应用访问控制列表100
```

 知识链接

与标准访问控制列表相比，扩展访问控制列表所检查的数据包元素要丰富得多，它不仅可以检查数据流的源 IP 地址，还可以检查目的 IP 地址、源端口地址和目的端口地址、协议类型。扩展 ACL 通常用于那些精确的、高级的访问控制。FTP 服务通常使用 TCP 协议的 20 和 21 端口，使用扩展访问控制可以精确匹配那些访问 FTP 服务的数据包并采取措施。

编号的扩展 ACL 为 100～199 和 2000～2699。

扩展 ACL 通常用在尽量靠近数据流源地址的位置。

任务验收

通过本任务的实施，了解扩展访问控制列表的原理、配置与实现，为实现网络的管理与维护做好准备工作。

评价内容	评价标准
扩展访问控制列表的原理和作用	能够正确理解扩展访问控制列表的原理和作用
扩展访问控制列表的实现方法	能够正确实现扩展访问控制列表的配置，并理解扩展访问控制列表的使用环境
扩展访问控制列表的测试方法	在掌握扩展访问控制列表的实现后，测试配置是否正确

项目七 动态主机配置协议

项目描述

新兴学校的办学规模不断扩大，教师的数量已经达到了 200 人，有些教师经常反映无法上网，主要原因是 IP 地址冲突，作为网络管理员的小赵并没有相关的经验去解决此问题，只能配合飞越公司的现场工程师，一起来解决学校现有的网络问题，他们需要在现有学校的网络设备上进行相关的设置。

项目分析

教师经常反映无法上网，计算机提示发生了 IP 地址冲突，小赵和飞越公司的现场工程师经过分析发现问题在于教师随意配置 IP 地址，他们决定在核心交换机上通过 DHCP 技术来使所有教师机动态获取 IP 地址，这样就不会出现 IP 地址冲突的情况了。此外，还需要考虑教师机是否不在同一个网段，从而导致有些计算机无法获取到 IP 地址，这可以通过 DHCP 中继代理来解决，但要注意是否有恶意用户试图伪装成 DHCP Server（发送 DHCPACK），这样会使非法信息访问 DHCP 服务器，导致公司网络不稳定。整个项目的认知与分析流程如图 2-46 所示。

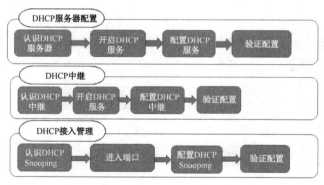

图 2-46 项目流程图

任务一 DHCP 服务器配置

任务描述

网络管理员小赵发现学校教师的计算机出现了"IP 地址冲突"问题，并且无法联网。小赵和飞越公司的现场工程师共同解决该问题，他们认为是有些教师擅自修改 IP 地址导致的，于是决定通过在现有的三层交换机上使用 DHCP 技术来解决该问题。

交换机

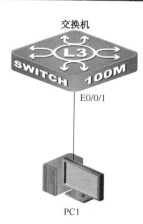

E0/0/1

PC1

图 2-47　交换机的 DHCP

任务分析

为每一台计算机手动分配一个 IP 地址,这样将会大大加重网络管理员的负担,也容易导致 IP 地址分配错误。有什么办法既能减少管理员的工作量、减小输入错误的可能,又能避免 IP 地址冲突呢?其实,这种想法非常正确,而且可以在不增加硬件的情况下实现。

实验拓扑如图 2-47 所示。

任务实施

步骤 1:按照图 2-47 正确连接拓扑结构。

步骤 2:为交换机设置名称并配置接口 IP 地址。

```
DCRS-5650-28>ENABLE                                      //进入特权模式
DCRS-5650-28#CONFIG                                      //进入全局配置模式
DCRS-5650-28 (CONFIG) #HOSTNAME SWITCHA                  //修改机器名
SWITCHA (CONFIG) #INTERFACE VLAN 1                       //进入 VLAN 模式
SWITCHA (CONFIG-IF-VLAN1) #IP ADDRESS 192.168.2.1 255.255.255.0//配置 IP 地址
SWITCHA (CONFIG-IF-VLAN1) #NO SHUTDOWN
SWITCHA (CONFIG-IF-VLAN1) #^Z                            //按 Ctrl+Z 组合键进入特权模式
```

步骤 3:DHCP 服务器的配置。

```
SWITCHA (CONFIG) #SERVICE DHCP                                   //启动 DHCP 服务
SWITCHA (CONFIG) #IP DHCP POOL TESTA                             //定义地址池
SWITCHA (DHCP-TESTA-CONFIG) #NETWORK 192.168.2.0 24             //定义网络号
SWITCHA (DHCP-TESTA-CONFIG) #LEASE 1                            //定义租期为 1 天
SWITCHA (DHCP-TESTA-CONFIG) #DEFAULT-ROUTER 192.168.2.1         //定义默认网关
SWITCHA (DHCP-TESTA-CONFIG) #DNS-SERVER 202.96.128.86           //定义 DNS 服务器
SWITCHA (DHCP-TESTA-CONFIG) #EXIT
SWITCHA (CONFIG) #IP DHCP EXCLUDED-ADDRESS 192.168.2.2 192.168.2.9
//排除 192.168.2.2-192.168.2.9 的地址
```

步骤 4:配置 PC 并验证其获得的地址。

(1)设置 PC 的 IP 地址,如图 2-48 所示。

(2)在 PC 的命令行窗口中输入"IP CONFIG/ALL"命令,验证效果如图 2-49 所示。

图 2-48　配置 PC 的 IP 地址

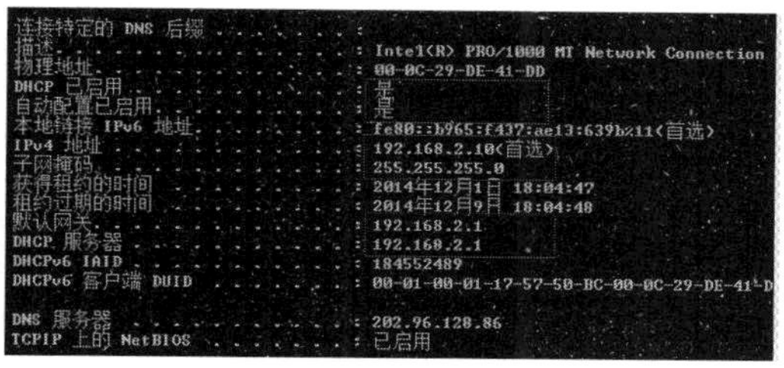

图 2-49　DHCP 验证效果图

任务验收

通过本任务的实施，了解三层交换机实现 DHCP 的原理、配置与实现，为实现网络的管理与维护做好准备工作。

评价内容	评价标准
DHCP 的原理和作用	能够正确理解 DHCP 的原理和作用
交换机上 DHCP 的实现方法	能够正确在交换机上实现 DHCP
DHCP 客户端的测试方法	在掌握 DHCP 的实现后，测试配置是否正确

拓展练习

使用本项目任务一的拓扑结构图，实现多网段 DHCP 客户机 IP 地址的获取。

任务二　DHCP 中继

任务描述

新兴学校教师的计算机因为工作的需要被分布在不同的 VLAN 中，现网络中有一台 DHCP 服务器要负责全网络的动态主机地址分配，在现有网络不改变的情况下，网络管理员小赵决定使用 DHCP 中继代理实现此功能。

任务分析

当 DHCP 客户机和 DHCP 服务器不在同一个网段时，由 DHCP 中继传递 DHCP 报文。增加 DHCP 中继功能的好处是不必为每个网段都设置 DHCP 服务器，同一个 DHCP 服务器可以为很多子网的客户机提供网络配置参数，既节约了成本又方便了管理。这就是 DHCP 中继功能。

实验拓扑如图 2-50 所示。

在交换机 A 上划分两个基于端口的 VLAN，即 VLAN 10、VLAN 100，如表 2-24 所示。

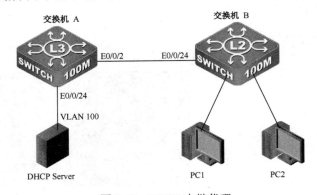

图 2-50　DHCP 中继代理

表 2-24 交换机 A 上划分的 VLAN

VLAN	IP 地 址	端口成员
10	192.168.10.1/24	1
100	10.1.157.100/24	24

交换机 B 恢复出厂设置，不做任何配置，当做 Hub 来使用。服务器的 IP 地址为 10.1.157.1/24，DHCP 服务器的地址池中的地址为 192.168.10.2/24～192.168.10.100/24。

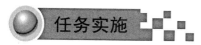任务实施

步骤 1：创建 VLAN 10 和 VLAN 100，并根据表 2-24 添加相应端口。

步骤 2：根据表 2-44 为交换机的 VLAN 10 和 VLAN 100 设置 IP 地址。

步骤 3：配置 DHCP 中继。

```
SWITcHA (CONFIG) #SERViCE DHcP
//启用 DHCP 服务
SWITcHA(CONFIG)#IP FORWARD-PROTOcOL UDP BOOTPS
//转发 UDP 协议
SWITcHA (CONFIG) #INTERFACE VLAN 10
//进入 VLAN 10 接口
SWITcHA (CONFIG-IF-VLAN10) #IP HELPER-ADDRESS
10.1.157.1//指定 DHCP 服务器地址
```

步骤 4：验证，其他客户端可以获得 IP 地址，如图 2-51 所示。

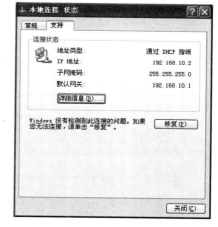

图 2-51 客户端获得正确的 IP 地址

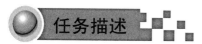任务验收

通过本任务的实施，了解 DHCP 中继代理的原理、配置与实现，为实现网络的管理与维护做好准备工作。

评 价 内 容	评 价 标 准
DHCP 中继代理的原理和作用	能够正确理解 DHCP 中继代理的原理和作用
DHCP 中继代理的实现方法	能够正确实现 DHCP 中继代理
DHCP 中继代理的测试方法	在掌握 DHCP 中继代理的实现后，测试配置是否正确

任务三 DHCP 接入管理

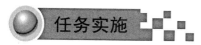任务描述

学校的网络管理员小赵发现有恶意用户试图伪装为 DHCP Server，这样会使非法信息能

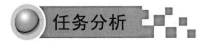

够访问 DHCP 服务器，导致学校网络的不稳定。

任务分析

非法信息访问 DHCP 服务器会使学校网络不稳定，小赵准备在交换机上通过设置 DHCP Snooping 来有效发现并阻止这种网络攻击，防止恶意用户伪装为 DHCP Server。

实验拓扑如图 2-52 所示。

（1）主机 A 向 DHCP Server 发起 DHCP 请求，交换机会记录下发起请求的端口和 MAC 地址。

（2）DHCP Server 返回分配给用户的 IP 地址，交换机会记录下 DHCP 返回的 IP 地址。

（3）交换机根据 DHCP Snooping 功能记录的信息，在相应的交换机端口上绑定合法的 IP 地址、MAC 地址信息。

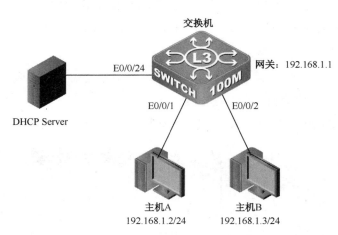

图 2-52　交换机 DHCP Snooping 拓扑

任务实施

步骤 1：按图 2-52 连接网络拓扑结构。

步骤 2：按图 2-52 配置计算机的 IP 地址、子网掩码和网关。

步骤 3：在交换机端口 E0/0/2 上启动 DHCP Snooping 功能。

```
SWITCH（CONFIG）#IP DHCP SNOOPING ENABLE
SWITCH（CONFIG）#IP DHCP SNOOPING BINDING ENABLE
SWITCH（CONFIG）#INTERFACE ETHERNET 0/0/1
SWITCH（CONFIG-ETHERNET0/0/1）#IP DHCP SNOOPING TRUST
//DHCP 服务器连接端口需设置为 TRUST
SWITCH（CONFIG-ETHERNET0/0/1）#EXIT
```

知识链接

DHCP Snooping 功能的实现原理：接入层交换机监控用户动态申请 IP 地址的全过程，记录用户的 IP 地址、MAC 地址和端口信息，并且在接入交换机上做多元素绑定，从而在根本上阻断非法 ARP 报文的传播。

任务验收

通过本任务的实施，了解 DHCP 接入管理的原理、配置与实现，为实现网络的管理与维护做好准备工作。

评　价　内　容	评　价　标　准
DHCP 接入管理的作用	掌握 DHCP 接入管理的作用
DHCP 接入管理的实现和测试方法	掌握 DHCP 接入管理的实现方法，并能进行正确的测试

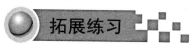 拓展练习

实现本学校网络设备安全配置，对全网的安全进行控制，并对网络设备的可信任端口进行 DHCP 监听。

单元知识拓展　配置 OSPF 多区域

 任务描述

新兴学校现因招生规模的扩大，学校教职员工和学生的增多，网络中心设备的数量也在逐步增多，网络管理员小赵发现原有的 OSPF 单区域路由协议已经无法满足目前校园网的需求，因此，他决定在校园网的交换机之间使用动态的 OSPF 多区域路由协议，实现网络的互连。

任务分析

由于校园网的网络规模不断扩大，小赵发现使用 OSPF 单区域路由协议收敛的速度比较慢，已经无法满足现在的校园网，这主要是因为三层交换机的数量不断增多，这时可以使用动态的 OSPF 多区域路由协议。

实验拓扑如图 2-53 所示

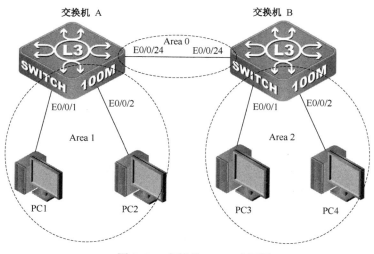

图 2-53　交换机 OSPF 多区域

交换机和 PC 的 IP 地址网络参数设置如表 2-25 所示。

表 2-25 交换机和 PC 的 IP 地址网络参数设置

设 备	端 口	IP 地 址	子网掩码	网 关
交换机 A 的 VLAN 10	E0/0/1	192.168.0.1	255.255.255.0	无
交换机 A 的 VLAN 20	E0/0/2	192.168.1.1	255.255.255.0	无
交换机 A 的 VLAN 100	E0/0/24	192.168.100.1	255.255.255.0	无
交换机 B 的 VLAN 30	E0/0/1	192.168.2.1	255.255.255.0	无
交换机 B 的 VLAN 40	E0/0/1	192.168.3.1	255.255.255.0	无
交换机 B 的 VLAN 100	E0/0/24	192.168.100.2	255.255.255.0	无
PC1	E0/0/1	192.168.0.2	255.255.255.0	192.168.0.1
PC2	E0/0/2	192.168.1.2	255.255.255.0	192.168.1.1
PC3	E0/0/1	192.168.2.2	255.255.255.0	192.168.2.1
PC4	E0/0/2	192.168.3.2	255.255.255.0	192.168.3.1

任务实施

步骤 1：按图 2-53 连接网络拓扑结构。

步骤 2：按表 2-25 配置计算机的 IP 地址、子网掩码和网关。

步骤 3：根据拓扑图在交换机 A、交换机 B 上划分 VLAN 并添加相应的端口。

步骤 4：在交换机 A、交换机 B 的接口上配置 IP 地址，如表 2-25 所示。

步骤 5：测试，配置路由协议前，同一个交换机的 VLAN 可以通信，不同交换机的 VLAN 无法通信。

步骤 6：在交换机 A 上配置 OSPF 路由协议。

```
SWITCHA#CONFIG
SWITCHA（CONFIG）#ROUTER OSPF 1
SWITCHA（CONFIG-ROUTER）#NETWORK 192.168.0.0 0.0.0.255 AREA 1
SWITCHA（CONFIG-ROUTER）#NETWORK 192.168.1.0 0.0.0.255 AREA 1
SWITCHA（CONFIG-ROUTER）#NETWORK 192.168.100.0 0.0.0.255 AREA 0
```

步骤 7：在交换机 B 上配置 OSPF 路由协议。

```
SWITCHB#CONFIG
SWITCHB（CONFIG）#ROUTER OSPF 1
SWITCHB（CONFIG-ROUTER）#NETWORK 192.168.2.0 0.0.0.255 AREA 2
SWITCHB（CONFIG-ROUTER）#NETWORK 192.168.3.0 0.0.0.255 AREA 2
SWITCHB（CONFIG-ROUTER）#NETWORK 192.168.100.0 0.0.0.255 AREA 0
```

步骤 8：查看交换机 A 的路由表。

```
SWITCHA#SHOW IP ROUTE
//省略路由代码部分
……//略去直连路由
O IA    192.168.2.0/24 [110/20] VIA 192.168.100.2, VLAN100, 00:00:20
//O IA 代表 OSPF 外部区域路由
O IA    192.168.3.0/24 [110/20] VIA 192.168.100.2, VLAN100, 00:00:20
//学习到外部区域路由
C       192.168.100.0/24 IS DIRECTLY CONNECTED, VLAN100
```

步骤 9：查看交换机 B 的路由表。

```
SWITCHB#SHOW IP ROUTE
......
O IA    192.168.0.0/24 [110/20] VIA 192.168.100.1, VLAN100, 00:00:06
//O IA 代表 OSPF 外部区域路由
O IA    192.168.1.0/24 [110/20] VIA 192.168.100.1, VLAN100, 00:00:06
//O IA 代表 OSPF 外部区域路由
......
```

步骤 10：配置了 OSPF 协议后，验证网络的连通性，学习到的路由生效。

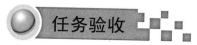

通过本任务的实施，了解 OSPF 多区域路由协议的原理、配置与实现，为实现网络的管理与维护做好准备工作。

评价内容	评价标准
OSPF 多区域路由协议的原理和作用	能够正确理解 OSPF 多区域路由协议的原理和作用
OSPF 多区域路由协议的实现方法	能够正确实现 OSPF 多区域路由协议的配置，并理解 OSPF 多区域路由协议的使用环境
OSPF 多区域路由协议的测试方法	在掌握 OSPF 多区域路由协议的实现后，测试配置是否正确

单元总结

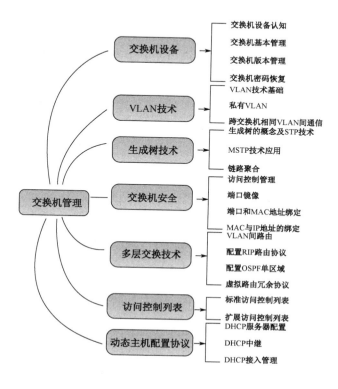

路由器管理

学习单元三

☆ 单元概要

（1）路由器的作用就是将各个网络彼此连接起来。路由器负责不同网络之间的数据包传送。IP 数据包的目的地可以是国外的 Web 服务器，也可以是局域网中的电子邮件服务器。路由器使用其路由表来确定转发数据包的最佳路径。这些数据包都是由路由器来负责及时传送的。在很大程度上，网际通信的效率取决于路由器的性能，即取决于路由器是否能以最有效的方式转发数据包。

（2）目前，在全国职业院校技能大赛中职组企业网搭建与应用项目中，对路由器的要求很多，考点包括路由器的配置与调试、静态路由协议、动态路由协议（RIP 和 OSPF）、单臂路由、DHCP 服务、QoS 和 ACL 等。因此，了解路由器技术，掌握路由器设备的基础管理和安全配置是学习路由器的基本内容和重要技能。

☆ 单元情境

新兴学校购置了一批神州数码路由器设备，以满足学校的扩容，并通过路由器接入 Internet。飞越公司在了解学校网络需求的基础上制定了详细的需求分析和方案，对路由器进行，正确且高效的配置，并启用了相应的安全策略，保障了学校的网络稳定、高效的运行。

项目一　路由器基础和广域网概述

项目描述

神州数码公司的 DCR-2626 路由器已经采购到位。在项目实施之前，网络管理员小赵先了解并认识了路由器设备，在实践中学习并掌握路由器的各种基本操作技巧，配合飞越公司的现场工程师，正确地安装并配置路由网络。

项目分析

根据新兴学校的实际网络需求，考虑到网络的兼容性，网络的部署应满足学校不断发展的需求和以后的扩展。详细了解路由器设备的功能后，结合学校的业务需求，可以确定整个网络的架构需要接入广域网，需要对路由器的安全进行设置。整个项目的认知与分析流程如图 3-1 所示。

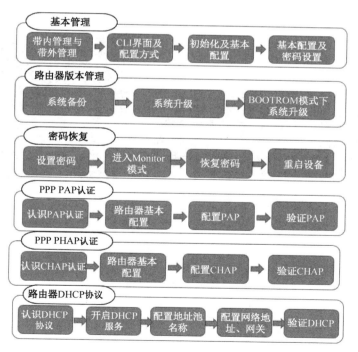

图 3-1　项目流程图

任务一　路由器认知

任务描述

飞越公司为新兴学校采购的神州数码公司的 DCR-2626 路由器已经到位，学校的网络管理员小赵配合飞越公司进行项目实施。在正式实施前，小赵要先了解购买的路由器，对路由器有深入的认识后，才能配合飞越公司进行项目的实施。

任务分析

首先对路由器的功能和外观做一个全面的了解，再对路由器的各个部件的作用进行深入的了解，这样有助于后面项目的正确和快速实施。

任务实施

一、路由器

路由器实际上是一台特殊用途的计算机，如图 3-2 所示。和常见的 PC 一样，路由器有 CPU、内存和 BOOT ROM。路由器没有键盘、硬盘和显示器。与计算机相比，路由器多了 NVRAM、Flash 及各种接口。其 CPU 如图 3-3 所示。

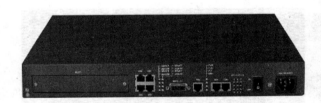

图 3-2　DCR-2626 路由器

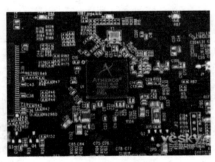

图 3-3　路由器 CPU

路由器各个部件的作用如下。

CPU：中央处理单元，和计算机一样，它是路由器的控制和运算部件。

RAM：内存，用于存储临时的运算结果。

NVRAM：非易失性 RAM，用于存储路由器的配置文件，路由器断电后，NVRAM 中的内容仍然保存。

ROM：只读存储器，存储了路由器的开机诊断程序、引导程序和特殊版本的 IOS（互联网操作系统）软件，当 ROM 中软件升级时需要更换芯片。

Flash：可擦除可编程的 ROM，用于存放路由器的 IOS。

Interface：接口，用于网络连接，路由器就是通过接口把不同的网络连接起来的。

二、路由器的接口

路由器的端口主要分为局域网端口、广域网端口和配置端口 3 类。路由器的局域网端口和交换机类似，此处不再赘述，下面着重介绍路由器的广域网端口和配置端口。

1. 广域网端口

广域网端口：路由器不仅能实现局域网之间的连接，还能实现局域网与广域网、广域网与广域网之间的连接。下面介绍几种常见的广域网接口。

（1）RJ-45 端口：利用 RJ-45 端口也可以建立广域网与 VLAN（虚拟局域网）之间，以及与远程网络或 Internet 的连接，如图 3-4 所示。当使用路由器为不同的 VLAN 提供路由时，可以直接利用双绞线连接至不同的 VLAN 端口。但要注意，这里的 RJ-45 端口所连接的网络一般是 100Mb/s 以上的快速以太网。

（2）Serial 高速同步串口：这种端口主要用于连接目前应用非常广泛的 DDN、帧中继（Frame Relay）、X.25、PSTN（模拟电话线路）等网络。在企业网之间有时也可通过 DDN 或 X.25 等广域网连接技术进行专线连接。这种同步端口一般要求速率非常高，因为一般通过这种端口所连接的网络的两端都要求实时同步，如图 3-5 所示。

2. 配置端口

路由器的配置端口有以下两个。

（1）Console 端口：Console 端口使用专用连线直接连接至计算机的串口，利用终端仿真程序（如 Windows 中的"超级终端"）进行路由器本地配置，路由器的端口多为 RJ-45 端口，如图 3-6 所示。

（2）AUX 端口：AUX 端口为异步端口，主要用于远程配置，也可用于拨号连接，还可以通过收发器与 Modem 进行连接。AUX 端口与 Console 端口通常同时存在，因为它们各自的用户不一样。

图 3-4　RJ-45 端口　　　　图 3-5　Serial 高速同步串口　　　图 3-6　Console 口和 AUX 口

 任务验收

通过本任务的实施，了解路由器的功能，了解各个部件及常用端口的作用。

评价内容	评价标准
路由器的功能	能正确说出路由器的功能
路由器各个部件的作用	能正确说出路由器各个部件的作用
路由器的常用接口	能正确描述路由器常见端口的作用，并正确认识各个端口

拓展练习

通过互联网查阅不同品牌的路由器，并进行比较，说出各个品牌的优缺点。

任务二　路由器的基本管理

任务描述

网络管理员小赵配合飞越公司使用神州数码的网络设备构建网络。由于他没有相关的管理经验，所以需先熟悉神州数码的网络设备，需要登录路由器，了解和掌握路由器的命令行操作、路由器的命名配置、路由器端口配置等基本操作。

任务分析

网络管理员小赵使用路由器自带的 Console 线将 DCR-2626 的 Console 口与 PC 的 COM 口连接起来，用交叉线将 DCR-2626 的 F0/0 与 PC 的网卡连接起来。

实验拓扑如图 3-7 所示。

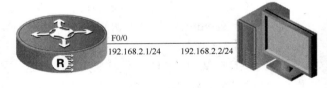

图 3-7　路由器基本配置拓扑图

任务实施

步骤 1：用 Console 线将路由器的 Console 口与 PC 的串口（COM）相连。

步骤 2：在 PC 上运行终端仿真程序。选择"开始"→"程序"→"附件"→"通讯"→"超级终端"选项，弹出串口属性对话框，设置终端的硬件参数，如图 3-8 所示。

步骤 3：为路由器加电，超级终端显示路由器的自检信息，自检结束后出现如下命令提示。

图 3-8　终端仿真配置

```
"PRESS RETURN TO GET STARTED"。
……
LOADING DCR-2626.BIN......
START DEcOMPRESS DCR-2626.BIN
################################################
######## DECOMPRESS 3587414 BYTE, PLEASE WAIT
SYSTEM UP..
DIGITALCHINA INTERNETWORK OPERATING SYSTEM
SOFTWARE
DCR-1700 SERIES SOFTWARE , VERSION 1.3.2E, RELEASE
```

```
SOFTWARE
   SYSTEM START UP OK
   ROUTER cONSOLE 0 IS NOW AVAILABLE
   PRESS RETURN TO GET STARTED
```

步骤 4：按 Enter 键进入用户配置模式。DCR 路由器出厂时没有定义密码，用户按 Enter 键可直接进入一般用户配置模式，可以使用权限允许范围内的命令。需要帮助时可以输入 "？"，再输入 ENABLE，按 Enter 键即可进入特权用户配置模式，在特权模式下，用户拥有最大的权限，可以任意配置，需要帮助时也可以输入 "？"。

```
   ROUTER>ENABLE                                    //进入特权模式
   ROUTER#2004-1-1 00:04:39 USER DEFAULT ENTER PRIVILEGE MODE FROM cONSOLE 0,  LEVEL
= 15
   ROUTER#?                                          //查看可用的命令
   ROUTER-A#cH?                                      //使用？帮助
   CHINESE -- HELP MESSAGE IN CHINESE
   CHMEM -- CHANGE MEMORY OF SYSTEM
   CHRAM -- CHANGE MEMORY
   ROUTER-A#cHINESE                                  //设置中文帮助
   ROUTER-A#?                                        //再次查看可用命令
   CD                                               //改变当前目录
   CHINESE                                          //中文帮助信息
```

步骤 5：设置路由器以太网接口地址并验证连通性。

```
   ROUTER>ENABLE                                    //进入特权模式
   ROUTER #CONFIG                                   //进入全局配置模式
   ROUTER_ CONFIG#INTERFAcE F0/0                    //进入接口模式
   ROUTER_CONFIG_F0/0#IP ADDRESS 192.168.2.1 255.255.255.0     //设置 IP 地址
   ROUTER_CONFIG_F0/0#NO SHUTDOWN
   ROUTER#SHOW INTERFAcE F0/0                       //验证
   FASTETHERNET0/0 IS UP, LINE PROTOcOL IS UP    //接口和协议都必须 UP
```

步骤 6：设置 PC 的 IP 地址并使用 PING 命令测试连通性。PC 可以与 F0/0 口正常连通。

步骤 7：更改主机名。

```
   ROUTER>ENABLE                                    //进入特权模式
   ROUTER#CONFIG
   ROUTER_CONFIG#HOSTNAME ROUTER-A                  //命名主机名为 ROUTER-A
   ROUTER-A_cONFIG#
```

步骤 8：设置特权模式密码。

```
   ROUTER-A_CONFIG#ENABLE PASSWORD 0 DIGITALCHINA         //0 表示明文
   ROUTER-A_CONFIG# AAA AUTHENTIcATION ENABLE DEFAULT ENABLE
   ROUTER-A_CONFIG#^Z
   ROUTER-A#2004-1-1 16:38:49 CONFIGURED FROM CONSOLE 0 BY DEFAULT
   ROUTER-A#EXIT
   ROUTER-A>ENABLE                                  //再次进入特权模式
   PASSWORD:                                        //需要输入密码
   AccESS DENY !
   ROUTER-A>ENABLE
   PASSWORD:                                        //注意，输入时不显示字符
   ROUTER-A#
```

任务验收

通过本任务的实施，了解路由器的基本管理，实施路由器的基本配置，为公司的扩建改造工程的施工做充分的准备。

评 价 内 容	评 价 标 准
路由器的管理方式	掌握路由器的基本管理方式，并能正确区分
路由器的基本配置命令	根据实际需求，灵活地使用路由器的基本配置命令

拓展练习

对学校刚购买的路由器进行修改主机名，设置 Console 密码、特权密码，设置路由器的时间为北京时间等操作。

任务三　路由器版本管理

任务描述

和使用计算机一样，当路由器应用环境发生改变，有新的技术加入支持、已知系统的漏洞、因操作失误导致系统丢失等情况发生时，路由器就需要进行版本的恢复/升级，现需要管理员小赵进一步掌握路由器版本的管理方法。

任务分析

根据之前任务已经掌握的知识点，先配置好路由器与 PC，如图 3-9 和表 3-1 所示。配置完毕后，先保存现有系统版本，再升级新的操作系统。路由器版本管理可以使用 TFTP 方式和 FTP 方式，也可使用 BOOTROM 模式下的升级方式。

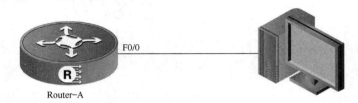

图 3-9　实验拓扑

表 3-1　配置表

路 由 器		PC	
接口	IP 地址	网卡	IP 地址
E0/0	192.168.100.1		192.168.100.100

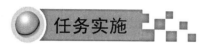

一、系统备份

步骤 1：查看路由器闪存中的文件。

```
ROUTER#DIR
DIRECTORY OF /:
0    DCR26V1.3.3H.BIN      <FILE>      5521461    TUE JAN  1 00:04:39 2002
    //系统镜像文件，一般为二进制文件，大小为 552461 字节
1    FUNCTION.MAP          <FILE>       792462    TUE JAN  1 00:04:58 2002
2    STARTUP-CONFIG        <FILE>          557    TUE JAN  1 00:09:48 2002
//路由器开机配置文件
FREE SPACE 2015232   //自由空间大小
```

步骤 2：配置 TFTP 服务器，以 Cisco TFTP Server 软件为例。下载并安装后，TFTP 主界面如图 3-10 所示。

在主界面中可看到该服务器的根目录是 D:\技能竞赛，服务器的 IP 地址也会自动出现，即 192.168.100.100。选择"查看"→"选项"选项，弹出"选项"对话框，可更改 TFTP 服务器的根目录，如图 3-11 所示。

图 3-10　主界面

图 3-11　"选项"对话框

步骤 3：配置路由器以太网接口的 IP 地址。

```
ROUTER_CONFIG#INT FA0/0
ROUTER_CONFIG_F0/0#IP ADD 192.168.100.1 255.255.255.0
ROUTER_CONFIG_F0/0#NO SHUT
```

步骤 4：验证 TFTP 服务器与路由器的连通性。

```
ROUTER#PING 192.168.100.100 //特权模式下 PING TFTP 服务器的 IP 地址
PING 192.168.100.100 （192.168.100.100）: 56 DATA BYTES
!!!!!  //出现 5 个"!"号，表示 PING 通
```

步骤 5：备份路由器配置文件。

将步骤 1 中看到的路由器系统版本备份到 TFTP 服务器中。

```
ROUTER#COPY FLASH:DCR26V1.3.3H.BIN TFTP: 192.168.100.100
//将路由器操作系统文件上传到 TFTP 服务器根目录中，不改名
REMOTE-SERVER IP ADDRESS[]?192.168.100.100
#####################################################################
TFTP:SUcCESSFULLY SEND 10785 BLOcKS , 5521461 BYTES
ROUTER#
```

二、在命令行模式下系统升级

步骤：由于实验环境所限，这里将下载的路由器操作系统作为升级版本升级到系统中。

```
ROUTER#COPY TFTP: FLASH:       //复制 TFTP 服务器上的文件到 Flash 中
SOURcE FILE NAME[]?DCR26V1.3.3H.BIN            //输入源文件名
REMOTE-SERVER IP ADDRESS[]?192.168.100.1      //输入目的主机地址
DESTINATION FILE NAME[DCR26V1.3.3H.BIN]?      //使用源文件名作为目的主机名
#####################################################################
TFTP:SUcCESSFULLY REcEIVE 9340 BLOcKS , 4782079 BYTES//传输完成，接收字节数
```

三、在 BOOTROM 模式下系统升级

当路由器的软件被破坏，无法启动的时候，可以在启动过程中按 Ctrl + Break 组合键。进入 Monitor 模式，使用 Zmodem 方式恢复文件。所谓 Zmodem 方式，是从路由器的 Console 端口以波特率规定的速率通过 PC 的串口传输文件的一种方式，不需要网线，但速度很慢。本实验以 TFTP 作为传输协议。

步骤 1：将路由器重启，在启动过程中按 Ctrl + Break 组合键，进入 Monitor 模式。

```
SYSTEM BOOTSTRAP, VERSION 0.1.8
SERIAL NUM:8IRT01V11B01000054 , ID NUM:000847
COPYRIGHT (c) 1996-2000 BY CHINA DIGITALcHINA CO.LTD
DCR-1700 PROcESSOR MPC860T @ 50MHZ
THE cURRENT TIME: 2067-9-12 4:44:13
                WELcOME TO DCR MULTI-PROTOOL 1700 SERIES ROUTER
```

步骤 2：设置 IP 地址，测试连通性。

```
MONITOR#IP ADDRESS 192.168.100.1 255.255.255.0  //在 ROM 模式下配置 IP 地址
MONITOR#PING 192.168.100.100                //测试到 TFTP 服务器的连通性
PING 192.168.100.100 WITH 48 BYTES OF DATA:
REPLY FROM 192.168.100.100: BYTES=48 TIME=10MS TTL=128
REPLY FROM 192.168.100.100: BYTES=48 TIME=10MS TTL=128
REPLY FROM 192.168.100.100: BYTES=48 TIME=10MS TTL=128
REPLY FROM 192.168.100.100: BYTES=48 TIME=10MS TTL=128
4 PAcKETS SENT, 4 PAcKETS REcEIVED //收到回复，目的机连通
```

步骤 3：在 PC 上启动 TFTP 服务，开始 COPY 过程。

```
MONITOR#cOPY TFTP: FLASH: 192.168.100.100        //复制 TFTP 服务器文件到 Flash 中
SOURcE FILE NAME[]?DCR26V1.3.3H.BIN              //源文件名
DESTINATION FILE NAME[DCR26V1.3.3H.BIN]?        //目的文件名
#####################################################################
TFTP:SUcCESSFULLY REcEIVE 7011 BLOcKS , 3589526 BYTES//传输成功
```

步骤 4：使用 REBOOT 命令重新启动设备。

通过本任务的实施，掌握路由器版本的下载及两种模式下路由器的版本升级操作。

评 价 内 容	评 价 标 准
路由器版本管理	在规定时间内，将所有实验用路由器的运行版本保存起来，并重复路由器在两种模式下的版本升级实验

从神州数码网站上下载最新的 DCR-2626 系统文件，对路由器进行升级。

任务四 路由器密码恢复

任务描述

学校的网络管理员小赵为刚购买的路由器设置了密码，由于比较匆忙，一段时间后忘记了密码，无法进入路由器，导致这台路由器无法正常配置。

任务分析

当忘记设备密码，或者之前的网络管理员离职但没做好交接工作，导致新的网络管理员不知道设备密码时，就需要掌握删除设备密码的相关知识了。

任务实施

步骤 1：将路由器 Console 端口连接到 PC 的串口（如 COM1 或 COM2）上。

步骤 2：启动超级终端，设置为 9600 波特率、8 个数据位、无奇偶校验、2 个停止位。

步骤 3：按 Ctrl+Break 组合键，进入 Monitor 模式。

```
SYSTEM BOOTSTRAP, VERSION 0.4.5
SERIAL NUM:8IRTC810B311000006, ID NUM:511690
COPYRIGHT 2011 BY DIGITAL CHINA NETWORKS（BEIJING）LIMITED
DCR-2626 SERIES 2626
PLEASE WAIT SYSTEM cHEcK RAM...
CHEcK RAM OK
              WELcOME TO DCR MULTI-PROTOcOL 2626 SERIES ROUTER
MONITOR#
```

步骤 4：在 Monitor 模式下，输入"DELETE STARTUP-CONFIG"命令。

```
MONITOR#DELETE ?
  WORD -- FILE NAME
<cR> -- DELETE STARTUP-CONFIG
```

```
MONITOR#DELETE
THIS FILE WILL BE ERASED, ARE YOU SURE?（Y/N）Y
```

步骤 5：在 Monitor 模式下，输入"REBOOT"命令重新启动路由器。

步骤 6：重新启动路由器后，路由器可以在没有密码的情况下登录成功。

```
ROUTER>JAN  1 00:00:46 INIT USER
ROUTER>
```

 经验分享

路由器的密码被清除后，路由器被恢复为出厂设置，以前的配置文件会全部丢失，所以一定要妥善保存密码。

任务验收

通过本任务的实施，了解路由器清除密码的相关知识，为以后的工作打下理论基础。

评 价 内 容	评 价 标 准
密码恢复技术	能将已忘记密码的路由器的密码清除，并能正常启动路由器

拓展练习

某公司的路由器特权密码被忘记了，请清除路由器特权模式的密码。

任务五　广域网概述

任务描述

新兴学校购买了路由器，为了学校更好地对外宣传，学校不仅组建了校园网，还要接入广域网，网络管理员小赵在学校接入广域网之前，要先对广域网的技术进行全面的了解。

任务分析

广域网跨越较大的地理区域，通常必须使用公共运营商提供的服务。路由器常用的广域网协议有 PPP、HDLC 和帧中继等。其中，PPP 是点对点的协议，是面向字符的控制协议；HDLC 是高级数据链路控制协议，是面向位的控制协议；帧中继表示帧中继交换网，它是 X.25 分组交换网的改进网络，以虚电路的方式工作。

任务实施

广域网（Wide Area Network，WAN）也称远程网。其覆盖的范围比局域网（LAN）和城

域网（MAN）广泛。广域网的通信子网主要使用分组交换技术来实现。广域网的通信子网利用公用分组交换网、卫星通信网和无线分组交换网，将分布在不同地区的局域网或计算机系统互连起来，达到资源共享的目的。例如，因特网是世界范围内最大的广域网。

广域网是由许多交换机组成的，交换机之间采用点到点线路连接，几乎所有的点到点通信方式都可以用来建立广域网，包括租用线路、光纤、微波、卫星信道。而广域网交换机实际上就是一台计算机，由处理器和输入/输出设备进行数据包的收发处理，如图 3-12 所示。

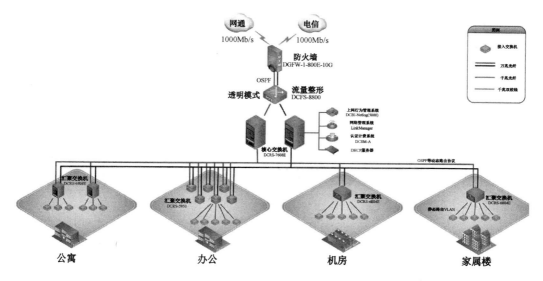

图 3-12　某学校网络拓扑图

HDLC 是一个在同步网上传输数据、面向比特的数据链路层协议，它是由国际标准化组织（ISO）根据 IBM 公司的同步数据链路控制（Synchronous Data Link Control，SDLC）协议扩展开发而成的。

PPP 是为在同等单元之间传输数据包等简单链路设计的链路层协议。这种链路提供全双工操作，并按照顺序传递数据包。设计目的主要是通过拨号或专线方式建立点对点连接发送数据，使其成为各种主机、网桥和路由器之间简单连接的一种共通的解决方案。

帧中继是一种用于连接计算机系统的、面向分组的通信方法。它主要用在公共或专用网上的局域网互连及广域网连接。大多数公共电信局提供帧中继服务，把它作为建立高性能的虚拟广域连接的一种途径。帧中继是进入带宽 56kb/s～1.544Mb/s 的广域分组交换网的用户接口。

异步传输模式（Asynchronous Transfer Mode，ATM）是一项数据传输技术，是实现 B-ISDN 业务的核心技术之一。ATM 是以信元为基础的一种分组交换和复用技术，它是一种为多种业务设计的、通用的、面向连接的传输模式。它适用于局域网和广域网，它具有高速数据传输率并支持多种类型，如声音、数据、传真、实时视频、CD 音频和图像的通信。

路由器在进行广域网协议的封装时，要注意 DCE 和 DTE 端的区别，所以要先了解 DCE 和 DTE 的概念。

DTE：数据终端设备，是广义的概念，PC 也可以是终端。一般广域网常用的 DTE 设备有路由器、终端主机。

DCE：数据通信设备，如 Modem 是连接 DTE 设备的通信设备。一般广域网常用的 DCE 设备有 CSU/DSU、广域网交换机、Modem。

DTE 和 DCE 的区别：DCE 提供时钟，DTE 不提供时钟，但它依靠 DCE 提供的时钟工作，如计算机和 Modem 之间。数据传输通常是经过 DTE-DCE，再经过 DCE-DTE 的路径。其实，对于标准的串行端口，通常从外观就能判断是 DTE 还是 DCE。DTE 是针头（俗称公头），DCE 是孔头（俗称母头），这样两种接口才能接在一起。

通过本任务的实施，了解广域网的相关技术和协议标准，为广域网的施工做充分的理论准备。

评 价 内 容	评 价 标 准
广域网技术概述	掌握广域网的基础概念、覆盖范围和局域网的区别
广域网协议标准	掌握广域网不同协议标准使用的场合和不同的协议标准的区别

通过 Internet 搜索不同广域网技术实现的网络拓扑结构图，加深对不同广域网技术的理解。

任务六　PPP PAP 认证

任务描述

新兴学校的招生规模不断扩大，教师的数量也越来越多，为了满足不断增长的带宽需求，网络管理员小赵申请了专线接入。学校的路由器与 ISP 进行链路协商时，需要验证身份。配置路由器以保证链路的建立，并考虑其安全性配置。

任务分析

WAN 专线链路建立时要进行安全验证，以保证链路的安全性。链路协商时，密码验证协议（Password Authentication Protocol，PAP）在设备之间传输用户名、密码，以实现用户身份的确认。飞越公司计划在路由器上配置 PPP PAP 认证，以实现链路的安全连接。

实验拓扑如图 3-13 所示。

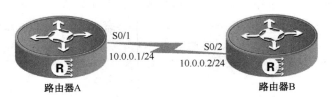

图 3-13　PAP 拓扑

步骤 1：按图 3-13 连接网络拓扑结构。

步骤 2：路由器 A 基本配置。

```
ROUTER>ENABLE                                              //进入特权模式
ROUTER#CONFIG                                              //进入全局配置模式
ROUTER_CONFIG#HOSTNAME ROUTERA                             //设置路由器名称
ROUTERA_CONFIG#USERNAME ROUTERB PASSWORD DIGITALB          //设置用户名和密码
ROUTERA_CONFIG#INTERFACE SERIAL 0/1                        //进入 S0/1 接口模式
ROUTERA_CONFIG_S0/1#IP ADDRESS10.0.0.1 255.255.255.0       //设置 IP 地址
ROUTERA_CONFIG_S0/1#PHYSICAL-LAYER SPEED 64000             //设置时钟频率
ROUTERA_CONFIG_S0/1#NO SHUTDOWN                            //开启端口
```

步骤 3：路由器 B 基本配置。

```
ROUTER>ENABLE                                              //进入特权模式
ROUTER#CONFIG                                              //进入全局配置模式
ROUTER_CONFIG#HOSTNAME ROUTERB                             //设置路由器名称
ROUTERB_CONFIG#USERNAME ROUTERA PASSWORD DIGITALA          //设置用户名和密码
ROUTERB_CONFIG#INTERFACE S0/2                              //进入 S0/2 接口模式
ROUTERB_CONFIG_S0/2#IP ADDRESS10.0.0.2 255.255.255.0       //设置 IP 地址
ROUTERB_CONFIG_S0/2#NO SHUTDOWN                            //开启端口
```

步骤 4：测试路由器 A 与路由器 B 的连通性。

```
ROUTERB# PING 10.0.0.1
PING10.0.0.1 (10.0.0.1): 56 DATA BYTES
!!!!!
---10.0.0.1 PING STATISTICS ---
5 PACKETS TRANSMITTED, 5 PACKETS RECEIVED, 0% PACKET LOSS
ROUND-TRIP MIN/AVG/MAX = 20/20/20 MS
ROUTERB#
```

步骤 5：在路由器 A 上配置 PAP 验证。

```
ROUTERA_CONFIG#INTERFACE S0/1                              //进入 S0/1 接口模式
ROUTERA_CONFIG_S0/1#ENCAPSULATION PPP                      //封装点对点协议
ROUTERA_CONFIG_S0/1#PPP AUTHENTICATION PAP                 //设置认证方式为 PAP
ROUTERA_CONFIG_S0/1#PPP PAP SENT-USERNAME ROUTERA PASSWORD DIGITALA
//发送认证时使用的用户名和密码
ROUTERA_CONFIG#AAA AUTHENTICATION PPP DEFAULT LOCAL
//设置 PPP 认证方式为本地用户认证
ROUTERA_CONFIG_S0/1#NO SHUTDOWN                            //开启端口
```

步骤 6：在路由器 B 上配置 PAP 验证。

```
ROUTERB_CONFIG#INTERFACE S0/2                              //进入 S0/2 接口模式
ROUTERB_CONFIG_S0/2#ENCAPSULATION PPP                      //封装点对点协议
ROUTERB_CONFIG_S0/2#PPP AUTHENTICATION PAP                 //设置认证方式为 PAP
```

```
ROUTERB_CONFIG_S0/2#PPP PAP SENT-USERNAME ROUTERB PASSWORD DIGITALB
//发送认证时使用的用户名和密码
ROUTERB_CONFIG#AAA AUTHENTICATION PPP DEFAULT LOCAL
//设置 PPP 认证方式为本地用户认证
```

步骤 7：查看路由器 B 上的接口信息。

```
ROUTERB#SHOW IP INTERFACE BRIEF
//查看接口的简要信息，包括接口名称、IP 地址、连接状态和协议状态
INTERFACE               IP-ADDRESS          METHOD PROTOCOL-STATUS
ASYNC0/0                UNASSIGNED          MANUAL DOWN
SERIAL0/1               UNASSIGNED          MANUAL DOWN
SERIAL0/2               10.0.0.2            MANUAL UP
FASTETHERNET0/0         UNASSIGNED          MANUAL UP
FASTETHERNET0/3         UNASSIGNED          MANUAL DOWN
```

步骤 8：在路由器 A 上查看配置。

```
ROUTERA#SHOW INTERFACE S0/1                //查看路由器 A 的 S0/1 接口信息
SERIAL0/1 IS UP, LINE PROTOCOL IS UP
//端口 S0/1 连接状态为 UP，协议状态为 UP，正常转发
............
```

步骤 9：在路由器 B 上查看配置。

```
ROUTERB#SHOW INTERFACE S0/2                //查看路由器 B 的 S0/2 接口信息
SERIAL0/2 IS UP, LINE PROTOCOL IS UP       //连接状态和协议状态都是正常，即 UP
......
```

步骤 10：测试路由器 A 与路由器 B 的连通性。

```
ROUTERA#PING 10.0.0.2
PING 10.0.0.2 (10.0.0.2): 56 DATA BYTES
!!!!!
--- 10.0.0.2 PING STATISTICS ---
5 PACKETS TRANSMITTED, 5 PACKETS RECEIVED, 0% PACKET LOSS
ROUND-TRIP MIN/AVG/MAX = 20/22/30 MS
```

知识链接

　　PPP 支持两种认证方式：PAP 和 CHAP。PAP 是指验证双方通过两次握手完成验证过程，它是一种用于对试图登录到点对点协议服务器上的用户进行身份验证的方法。由被验证方主动发出验证请求，发送的验证包含用户名和密码。由验证方验证后做出回复，通过验证或验证失败。在验证过程中用户名和密码以明文的方式在链路上传输。

　　PAP 是一种简单的明文验证方式。网络接入服务器（Network Access Server，NAS）要求用户提供用户名和口令，PAP 以明文方式返回用户信息。很明显，这种验证方式的安全性较差，第三方可以很容易地获取被传送的用户名和口令，并利用这些信息与 NAS 建立连接获取 NAS 提供的所有资源。所以，一旦用户密码被第三方窃取，PAP 将无法提供避免受到第三方攻击的保障措施。

 任务验收

通过本任务的实施，了解 PPP 的相关技术和 PAP 的验证方法，实施 PAP 的工作情况，为 PPP 的施工做充分的理论学习和实践。

评价内容	评价标准
PPP 技术概述	掌握 PPP 的基础概念、原理和认证方法
PAP 协议标准	掌握 PAP 的协议标准，其使用的场合、认证原理及方法

拓展练习

在图 3-14 所示的拓扑中，对路由器做适当配置，实现 PAP 认证。

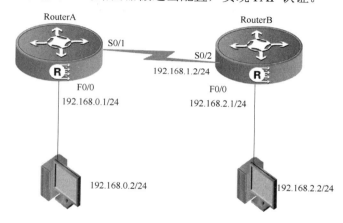

图 3-14　实现 PAP 认证

任务七　PPP CHAP 认证

任务描述

新兴学校的网络管理员小赵考虑到学校增强 WAN 链路安全性的需求，准备修改学校专线接入的验证方式，将以前 PPP 的 PAP 认证方式改为相对安全的 PPP 的 CHAP 认证，以满足日益增长的安全需求。

任务分析

挑战握手后验证协议（Challenge Hand Authentication Protocol，CHAP）使用 3 次握手机制来启动一条链路和周期性地验证远程结点。与 PAP 认证相比，CHAP 认证更具安全性。CHAP

只在网络上传送用户名而不传送口令，因此安全性更高。

实验拓扑如图 3-15 所示。其基本配置如表 3-2 所示。

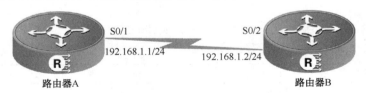

图 3-15　CHAP 拓扑

表 3-2　路由器基本配置

路由器主机名	接　口	接口地址	配置时钟
路由器 A	S0/1	192.168.1.1/24	PHYSICAL-LAYER SPEED 64000
路由器 B	S0/2	192.168.1.2/24	

任务实施

步骤 1：按图 3-15 连接网络拓扑结构。

步骤 2：按表 3-2 对两台路由器进行基本配置，并开启互连接口。

步骤 3：查看路由器 A 的接口信息。

```
ROUTERA#SHOW IP INTERFACE BRIEF            //查看路由器 A 的接口信息
INTERFACE           IP-ADDRESS             METHOD PROTOCOL-STATUS
ASYNC0/0            UNASSIGNED             MANUAL DOWN
SERIAL0/1           192.168.1.1            MANUAL UP   //接口状态为 UP
SERIAL0/2           UNASSIGNED             MANUAL DOWN
FASTETHERNET0/0     UNASSIGNED             MANUAL DOWN
```

步骤 4：测试路由器 A 与路由器 B 的连通性。

```
RROUTERB#PING 192.168.1.1
PING 192.168.1.1 (192.168.1.1): 56 DATA BYTES
!!!!!  //没有验证，双方可以互通
--- 192.168.1.1 PING STATISTICS ---
```

步骤 5：在路由器 A 上配置 CHAP 验证。

```
ROUTERA_CONFIG#USERNAME ROUTERB PASSWORD DIGITAL      //设置用户名和密码
ROUTERA_CONFIG#AAA AUTHENTICATION PPP DEFAULT LOCAL
//设置 PPP 认证方式为本地用户认证
ROUTERA_CONFIG#INTERFACE S0/1                         //进入 S0/1 接口模式
ROUTERA_CONFIG_S0/1#ENCAPSULATION PPP                 //封装点对点协议
ROUTERA_CONFIG_S0/1#PPP AUTHENTICATION CHAP           //设置认证方式为 CHAP
RROUTERA_CONFIG_S0/1#PPP CHAP HOSTNAME ROUTERA        //发送给对方的用户名
RROUTERA_CONFIG_S0/1#PPP CHAP PASSWORD DIGITAL        //发送给对方的密码
```

步骤 6：查看路由器 A 的串口信息。

```
ROUTERA#SHOW INTERFACE S0/1               //查看路由器 A 的 S0/1 接口信息
SERIAL0/1 IS UP, LINE PROTOCOL IS DOWN
//连接状态正常，加了验证后协议状态为 DOWN
```

步骤 7：在路由器 B 上配置 CHAP 验证。

```
RROUTERB_CONFIG#USERNAME RROUTERA PASSWORD DIGITAL        //设置用户名和密码
RROUTERB_CONFIG#AAA AUTHENTICATION PPP DEFAULT LOCAL      //PPP 认证方式为本地
ROUTERB_CONFIG#INTERFACE S0/2                             //进入 S0/2 接口模式
ROUTERB_CONFIG_S0/2#ENCAPSULATION PPP                     //封装点对点协议
ROUTERB_CONFIG_S0/2#PPP AUTHENTICATION CHAP               //设置认证方式为 CHAP
RROUTERB_CONFIG_S0/2#PPP CHAP HOSTNAME RROUTERB           //发送给对方的用户名
ROUTERB_CONFIG_S0/2#PPP CHAP PASSWORD DIGITAL             //发送给对方的密码
```

步骤 8：查看路由器 A 的串口信息。

```
ROUTERA#SHOW INTERFACE S0/1                      //查看路由器 A 的 S0/1 接口信息
SERIAL0/1 IS UP, LINE PROTOCOL IS UP             //配置双向验证后状态为 UP
```

知识链接

　　CHAP 对 PAP 进行了改进，不再直接通过链路发送明文口令，而是使用挑战口令以哈希算法对口令进行加密。因为服务器端存有客户的明文口令，所以服务器可以重复客户端进行的操作，并将结果与用户返回的口令进行对照。CHAP 为每一次验证任意生成一个挑战字串来防止受到再现攻击。在整个连接过程中，CHAP 将不定时地向客户端重复发送挑战口令，从而避免第三方冒充远程客户进行攻击。

　　通过本任务的实施，了解 PPP 的 CHAP 的验证方法，实施 CHAP 的工作情况，为 PPP 的施工准备好充分的理论学习和实践经验。

评 价 内 容	评 价 标 准
CHAP 协议标准	掌握 CHAP 的协议标准，其使用的场合、认证原理及方法
CHAP 与 PAP 的区别	掌握 CHAP 与 PAP 认证方法的区别

　　在图 3-14 所示的拓扑中，对路由器做适当配置，实现 CHAP 认证。

任务八　地址转换

任务描述

　　新兴学校有几百名教师，为了满足不断增长的业务需求，每位教师都要连接 Internet，而学校只从 ISP 申请了一个公有 IP 地址，为了解决这个问题，网络管理员小赵决定使用 NAT 的地址复用功能使学校内部所有用户的主机都能访问外网。

任务分析

学校内部有很多台主机要连接外网，而公司只向 ISP 申请了一个合法的 IP 地址。可以使用基于动态 NAT 的地址复用功能，使多个用户共用一个合法的 IP 地址与外网进行通信。

实验拓扑如图 3-16 所示。

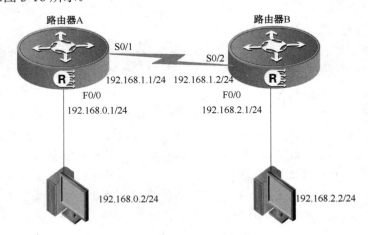

图 3-16 使用 NAPT 访问外网

任务实施

步骤 1：按图 3-16 连接网络拓扑结构。

步骤 2：按图 3-16 配置计算机的 IP 地址、子网掩码和网关。

步骤 3：设置路由器 A 的接口 IP 地址和 DCE 的时钟频率。

```
ROUTER>ENABLE                                              //进入特权模式
ROUTER #CONFIG                                             //进入全局配置模式
ROUTER _CONFIG#HOSTNAME ROUTER-A                          //修改机器名
ROUTER-A cONFIG#INTERFACE S1/1                            //进入接口模式
ROUTER-A cONFIG S1/0#IP ADDRESS 192.168.1.1 255.255.255.0   //配置 IP 地址
ROUTER-A cONFIG S1/0#PHYSICAL-LAYER SPEED 64000          //配置 DCE 时钟频率
ROUTER-A cONFIG S1/0#NO SHUTDOWN
```

步骤 4：设置路由器 B 的接口 IP 地址。

```
ROUTER>ENABLE
ROUTER#cONFIG
ROUTER cONFIG#HOSTNAME ROUTER-B
ROUTER-B cONFIG#INTERFACE S1/0
ROUTER-B cONFIG S1/0#IP ADDRESS 192.168.1.2 255.255.255.0
ROUTER-B cONFIG S1/0#NO SHUTDOWN
```

步骤 5：配置路由器 A 的 NAT。

```
ROUTER-A#CONF
ROUTER-A CONFIG#IP ACCESS-LIST STANDARD 1    //定义访问控制列表
ROUTER-A CONFIG STD NAcL#PERMIT 192.168.0.0 255.255.255.0
```

```
//定义允许转换的源地址范围
ROUTER-A_CONFIG_STD_NAcL#EXIT
ROUTER-A_CONFIG#IP NAT POOL OVERLD 192.168.1.10 192.168.1.20 255.255.255.0
//定义名为 OVERLD 的转换地址池
ROUTER-A_CONFIG#IP NAT INSIDE SOURCE LIST 1 POOL OVERLD OVERLOAD
//将 ACL 允许的源地址转换成 OVERLD 中的地址，并做 PAT 的地址复用
ROUTER-A_CONFIG#INT F0/0
ROUTER-A_CONFIG_F0/0#IP NAT INSIDE                    //定义 F0/0 为内部接口
ROUTER-A_CONFIG_F0/0#INT S1/1
ROUTER-A_CONFIG_S1/1#IP NAT OUTSIDE                   //定义 S1/1 为外部接口
ROUTER-A_CONFIG_S1/1#EXIT
ROUTER-A_CONFIG#IP ROUTE 0.0.0.0 0.0.0.0 192.168.1.2  //配置路由器的默认路由
```

步骤 6：查看路由器 B 的路由表。

```
ROUTER-B#SH IP ROUTE
……//省略路由来源的表示代码
C 192.168.1.0/24 IS DIRECTLY CONNECTED,  SERIAL1/0
C 192.168.2.0/24 IS DIRECTLY CONNECTED,  FASTETHERNET0/0
//注意，并没有到 192.168.0.0 的路由
```

步骤 7：测试网络连通情况，如图 3-17 所示。

```
C:\Documents and Settings\Administrator>ping 192.168.2.2

Pinging 192.168.2.2 with 32 bytes of data:

Reply from 192.168.2.2: bytes=32 time=23ms TTL=126
Reply from 192.168.2.2: bytes=32 time=21ms TTL=126
Reply from 192.168.2.2: bytes=32 time=21ms TTL=126
Reply from 192.168.2.2: bytes=32 time=21ms TTL=126

Ping statistics for 192.168.2.2:
    Packets: Sent = 4, Received = 4, Lost = 0 (0% loss),
```

图 3-17   测试效果图

步骤 8：查看地址转换表。

```
ROUTER-A#SH IP NAT TRANSLATION        //查看地址转换
PRO. DIR  INSIDE LOCAL     INSIDE GLOBAL      OUTSIDE LOCAL  OUTSIDE GLOBAL
OUT 192.168.0.3:512  192.168.1.10:12512  192.168.1.2:12512  192.168. 1.2:12512
//   内部本地地址        内部全局地址        外部本地地址       外部全局地址
```

 知识链接

网络地址转换（Network Address Translation，NAT）是将 IP 包头中的地址进行转换的一种技术，通常用在末节网络的边界网关设备上，用于支持使用私有 IP 地址的内部主机访问外部公网。应用了 NAT 技术，公司不必为每一台内部主机分配公有地址即可访问因特网，这大大节约了公有 IP 地址，极大地缓解了 IPv4 地址不足的压力。

NAT 的实现方式有 3 种，即静态转换、动态转换和端口多路复用。

端口多路复用地址转换把内部地址映射到外部网络的一个 IP 地址的不同端口上，从而实现多对一的映射。端口多路复用地址转换对于节省 IP 地址是最为有效的。

与 NAT 相关的一些术语如下。

内部本地地址（Inside Local Address）：指网络内部主机的 IP 地址，该地址通常是未注册

的私有 IP 地址。

内部全局地址（Inside Global Address）：指内部本地地址在外部网络表现出来的 IP 地址，通常是注册的、合法的 IP 地址，是 NAT 对内部本地地址转换后的结果。

外部本地地址（Outside Local Address）：指在内部网络中看到的外部网络主机的 IP 地址。

外部全局地址（Outside Global Address）：指外部网络主机的 IP 地址。

任务验收

通过本任务的实施，了解地址转换的相关技术和实现方法，实施 NAT 技术中的端口多路复用地址转换技术，为接入 Internet 的实施准备好充分的理论基础和实践经验。

评 价 内 容	评 价 标 准
NAT 概述	掌握 NAT 的基本概念、实现方式、实现原理
端口多路复用	掌握端口多路复用的原理和实现方法、专业术语和验证方法

拓展练习

背景和需求：某公司对互联网的访问需求逐步提升，新申请了一段合法 IP 地址用于连接互联网。作为网络管理员，需要对路由器上的 NAT 进行重新规划和设置，如图 3-18 所示。

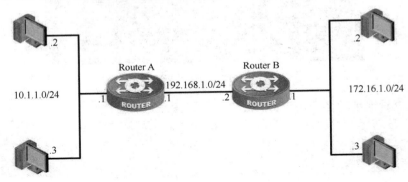

图 3-18　拓扑结构

完成标准：网络正常连通；内部网络经过 NAT 后，每个小组的内部 PC 都能与外部地址通信。使用 "SHOW IP NAT TRANSLATIONS" 命令可以查看到相应的地址转换。

任务九　路由器 DHCP 协议

任务描述

管理员小赵发现学校教师的计算机发生了 "IP 地址冲突"，并且无法联网，小赵和飞越公司共同来解决该问题。他们认为是有些教师擅自修改 IP 地址导致的，于是想通过在现有的路由器上使用 DHCP 技术来解决该问题。

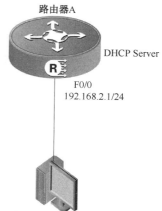

路由器A

DHCP Server

F0/0
192.168.2.1/24

任务分析

若小赵为每一台计算机都手动分配一个 IP 地址，则会大大加重其负担，也容易导致 IP 地址分配错误，可以通过在现有的路由器上使用 DHCP 技术来解决该问题，这样既能减少管理员的工作量、减小输入错误的可能，又能避免 IP 地址冲突。

实验拓扑如图 3-19 所示。

任务实施

步骤 1：按图 3-19 正确连接拓扑结构。

图 3-19　DHCP 拓扑结构

步骤 2：为路由器设置主机名称，并配置接口 IP 地址。

```
ROUTER_CONFIG#HOSTNAME ROUTER-A                              //修改机器名
ROUTER-A_CONFIG#INTERFACE F0/0                               //进入接口模式
ROUTER-A_CONFIG_ F0/0#IP ADDRESS 192.168.2.1 255.255.255.0  //配置 IP 地址
ROUTER-A_CONFIG_ F0/0#NO SHUTDOWN
```

步骤 3：DHCP 服务器的配置。

```
ROUTER-A#CONF
ROUTER-A_CONFIG#IP DHCPD POOL 1                              //定义地址池
ROUTER-A_CONFIG_DHCP#NETWORK 192.168.2.0 255.255.255.0      //定义网络号
ROUTER-A_CONFIG_DHCP#RANGE 192.168.2.10 192.168.2.20        //定义地址范围
ROUTER-A_CONFIG_DHCP#LEASE 1                                 //定义租约为 1 天
ROUTER-A_CONFIG_DHCP#EXIT
ROUTER-A_CONFIG#IP DHCPD ENABLE                             //启动 DHCP 服务
```

步骤 4：在路由器上使用"SHOW IP DHCP BINDING"命令来查看已分配 IP 地址的信息，也可设置为 PC 自动获取 IP 地址，验证获取地址是否符合配置，如图 3-20 所示。

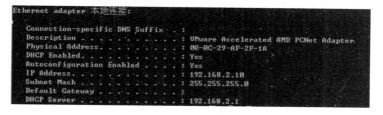

图 3-20　DHCP 验证效果图

任务验收

通过本任务的实施，了解 DHCP 的相关技术和协议标准，观察实施 DHCP 的工作情况，为局域网动态分配 IP 地址的技术准备好充分的理论学习和实践经验。

评 价 内 容	评 价 标 准
DHCP 协议概述	掌握 DHCP 协议的概念和工作原理
DHCP 协议标准	掌握 DHCP 协议的标准
DHCP 协议实现方法	掌握 DHCP 协议的实现步骤和方法

 **拓展练习**

在路由器上配置不同网段的 DHCP 地址池，并通过 PC 获取 IP 地址来测试配置是否正确。

项目二　路由协议

项目描述

新兴学校的路由器设备已经采购到位，采购的设备中有神州数码公司的 DCR-2626 路由器。网络管理员小赵了解与比较当前的路由器设备后，准备对学校现在的网络进行升级改造。小赵配合飞越公司，在不影响学校网络正常运转的情况下进行了周密的计划和部署。

项目分析

根据新兴学校的实际网络需求，对正常运行的网络进行扩充，考虑到网络的兼容性，购买了神州数码公司的路由器，网络的部署应满足学校不断发展的需求和未来的扩展。

详细了解路由器设备的功能后，结合学校的业务需求，可以确定整个网络的架构需要使用路由协议，来实现部门之间的互相通信。整个项目的认知与分析流程如图 3-21 所示。

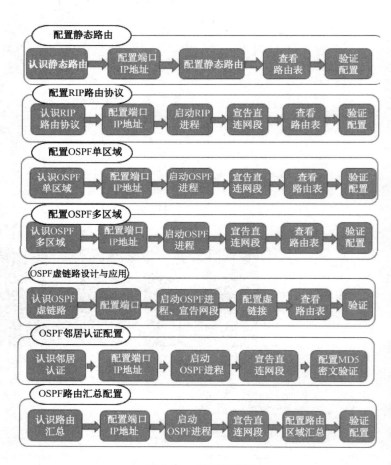

图 3-21　项目流程图

任务一　配置静态路由

任务描述

新兴学校的路由器不多，只有两台路由器用来搭建学校的内部网络，实现内部网络的互相访问，为了满足学校的需求，需要实现此功能。

任务分析

由于新兴学校的网络规模较小，所以使用静态路由比较适合目前学校的网络运转。如果使用动态路由，则路由器会发送路由更新信息，这样会占用网络带宽。

实验拓扑如图 3-22 所示。

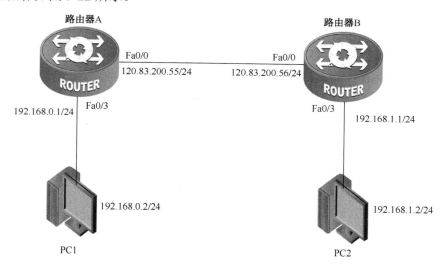

图 3-22　学校网络拓扑

任务实施

步骤 1：按图 3-22 连接网络拓扑结构。
步骤 2：按图 3-22 设置计算机的 IP 地址、子网掩码和网关。
步骤 3：根据拓扑图配置路由器 A 的主机名和接口 IP 地址。
步骤 4：根据拓扑图配置路由器 B 的主机名和接口 IP 地址。
步骤 5：查看路由器 A 的路由表。

```
ROUTER-A#SHOW IP ROUTE
……
C 120.83.200.0/24 IS DIREcTLY cONNEcTED,  FASTETHERNET0/0     //直连的路由
C 192.168.0.0/24 IS DIREcTLY cONNEcTED,  SERIAL1/1            //直连的路由
```
步骤 6：查看路由器 B 的路由表。

```
ROUTER-B#SHOW IP ROUTE
……
C 120.83.200.0/24 IS DIREcTLY cONNEcTED, FASTETHERNET0/0    //直连的路由
C 192.168.1.0/24 IS DIREcTLY cONNEcTED, SERIAL1/1           //直连的路由
```

步骤 7：使用 PING 命令测试网络的连通性。

（1）在 PC1 上 PING 192.168.1.2，网络未通。

（2）在 PC2 上 PING 192.168.0.2，网络未通。

步骤 8：在路由器 A 上配置静态路由。

```
ROUTER-A_cONFIG#IP ROUTE 192.168.1.0 255.255.255.0 120.83.200.56
// 120.83.200.56 为下一跳地址，指向从路由器送出后的下一个接口地址
```

步骤 9：在路由器 B 上配置静态路由。

```
ROUTER-B_cONFIG#IP ROUTE 192.168.0.0 255.255.255.0 120.83.200.55
//静态路由指出去往 192.168.0.0/24 网络的下一跳地址为 120.83.200.55
```

步骤 10：查看路由器 A 的路由表。

```
ROUTER-A#SHOW IP ROUTE
……
C 192.168.0.0/24 IS DIREcTLY cONNEcTED, FASTETHERNET0/3
C 120.83.200.0/24 IS DIREcTLY cONNEcTED, FASTETHERNET0/0
S 192.168.1.0/24 [1, 0] VIA 120.83.200.56   //出现到 192.168.1.0/24 的静态路由
```

步骤 11：查看路由器 B 的路由表。

```
ROUTER-B#SHOWIP ROUTE
……
C 192.168.1.0/24 IS DIREcTLY cONNEcTED, FASTETHERNET0/3
C 120.83.200.0/24 IS DIREcTLY cONNEcTED, FASTETHERNET0/0
S 192.168.0.0/24 [1, 0] VIA 120.83.200.55    //注意，静态路由的管理距离是 1
```

步骤 12：再次验证网络的连通性。

（1）在 PC1 上 PING 192.168.1.2，网络已正常通信。

（2）在 PC2 上 PING 192.168.0.2，网络已正常通信。

 知识链接

静态路由是一种特殊的路由，由网络管理员手工配置。

在网络的拓扑结构发生变化时，路由器的路由信息不会发生改变，需要网络管理员手工修改路由信息。

 任务验收

通过本任务的实施，了解静态路由的原理、配置与实现后，为实现网络的管理与维护做好准备工作。

评价内容	评价标准
静态路由命令格式	能够正确理解静态路由的命令含义
静态路由实现方法	能够正确实现静态路由，并理解静态路由的使用环境
静态路由测试方法	在掌握静态路由的实现后，测试配置是否正确

拓展练习

使用本项目任务一的拓扑结构，实现默认路由协议的应用。

任务二 配置 RIP 协议

任务描述

新兴学校因为发展需要，新购买了路由器，网络管理员小赵发现原来的静态路由已经不适合现在的学校需求了，因此，小赵配合飞越公司，准备在学校的路由器之间使用动态的 RIP 协议，实现学校网络的互连。

任务分析

由于学校的网络规模因为业务的需要开始扩大，因此使用现在的静态路由协议已经不合适了。但因为路由器的数量并不太多，所以决定使用动态的 RIP 协议。网络拓扑如图 3-23 所示。其网络参数如表 3-3 所示。

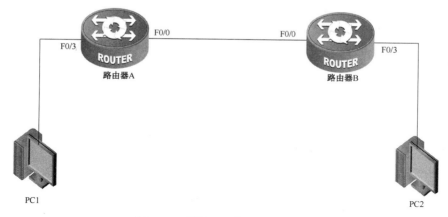

图 3-23 利用 RIP 实现网络的连通

表 3-3 交换机和 PC 的 IP 地址网络参数设置

设 备	端 口	IP 地 址	子 网 掩 码	网 关
路由器 A	F0/0	192.168.1.1	255.255.255.0	无
	F0/3	192.168.10.1	255.255.255.0	无
路由器 B	F0/0	192.168.1.2	255.255.255.0	无
	F0/3	192.168.20.1	255.255.255.0	无
PC1		192.168.10.2	255.255.255.0	192.168.10.1
PC2		192.168.20.2	255.255.255.0	192.168.20.1

任务实施

步骤 1：按图 3-23 连接网络拓扑结构。

步骤 2：按表 3-3 设置计算机的 IP 地址、子网掩码和网关。

步骤 3：根据表 3-3 配置路由器 A 的名称及其接口 IP 地址。

步骤 4：根据表 3-3 配置路由器 B 的名称及其接口 IP 地址。

步骤 5：查看路由器 A 的路由表。

```
ROUTER-A#SHOW IP ROUTE
……//省略路由代码表示部分，以下相同
C    192.168.1.0/24      IS DIRECTLY CONNECTED, FASTETHERNET0/0
C    192.168.10.0/24     IS DIRECTLY CONNECTED, FASTETHERNET0/3
```

步骤 6：查看路由器 B 的路由表。表中只有直连路由。

```
ROUTER-B#SHOW IP ROUTE
……
VRF ID: 0
C    192.168.1.0/24      IS DIRECTLY CONNECTED, FASTETHERNET0/0
C    192.168.20.0/24     IS DIRECTLY CONNECTED, FASTETHERNET0/3
```

步骤 7：配置路由协议前，验证网络的连通性。

（1）在 PC1 上 PING 192.168.20.2，网络不通。

（2）在 PC2 上 PING 192.168.10.2，网络不通。

步骤 8：在路由器 A 上配置 RIPv1 协议。

```
ROUTER-A_CONFIG#ROUTER RIP                      //启动 RIP
ROUTER-A_CONFIG_RIP #NETWORK 192.168.10.0       //宣告直连网段
ROUTER-A_CONFIG_RIP #NETWORK 192.168.1.0        //宣告直连网段
```

步骤 9：在路由器 B 上配置 RIPv1 协议。

```
ROUTER-B _CONFIG#ROUTER RIP                     //启动 RIP 协议
ROUTER- B _CONFIG_RIP #NETWORK 192.168.1.0      //宣告直连网段
ROUTER- B _CONFIG_RIP #NETWORK 192.168.20.0     //宣告直连网段
```

步骤 10：查看路由器 A 的路由表。

```
ROUTER-A#SHOW IP ROUTE
C    192.168.1.0/24      IS DIRECTLY CONNECTED, FASTETHERNET0/0
C    192.168.10.0/24     IS DIRECTLY CONNECTED, FASTETHERNET0/3
R    192.168.20.0/24     [120, 1] VIA 192.168.1.2（ON FASTETHERNET0/0）
//从路由器 B 学习到的路由，类型为 R
```

步骤 11：查看路由器 B 的路由表。

```
ROUTER-B#SHOW IP ROUTE
……
C    192.168.1.0/24      IS DIRECTLY CONNECTED, FASTETHERNET0/0
C    192.168.20.0/24     IS DIRECTLY CONNECTED, FASTETHERNET0/3
R    192.168.10.0/24     [120, 1] VIA 192.168.1.1（ON FASTETHERNET0/0）
//从路由器 A 学习到的路由，类型为 R
```

步骤 12：配置路由协议后，验证网络的连通性。

（1）在 PC1 上 PING 192.168.20.2，网络已通，如图 3-24 所示。

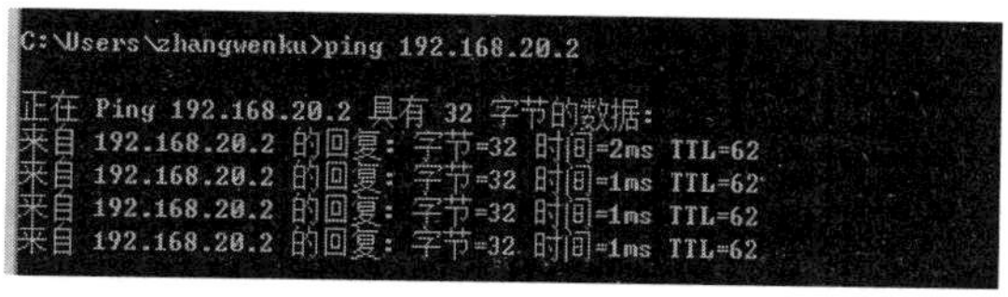

图 3-24 连通性测试效果图

（2）在 PC2 上 PING 192.168.10.2，网络已通。

知识链接

路由信息协议（Routing Information Protocol，RIP）是应用较早、使用较普遍的内部网关协议（Interior Gateway Protocol，IGP），适用于小型同类网络的一个自治系统内的路由信息传递。RIP 的管理距离为 120。RIP 是一种距离矢量协议。它使用"跳数"来衡量到达目的地址的路由距离，取值为 1～15，数值 16 表示无穷大。

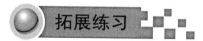

任务验收

通过本任务的实施，了解动态路由协议 RIP 的原理、配置与实现，为实现网络的管理与维护做好准备工作。

评 价 内 容	评 价 标 准
动态路由命令格式	能够正确理解动态路由命令的含义
动态路由实现方法	能够正确实现动态路由，并理解动态路由适用的环境
动态路由测试方法	在掌握动态路由的实现后，测试配置是否正确

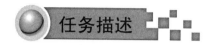

拓展练习

使用本项目任务二的拓扑结构，将 IP 地址改为 172.16.0.0/24，实现 RIPv2 路由协议的应用。

任务三　配置 OSPF 单区域

任务描述

新兴学校因规模越来越大，新购买的路由器也在逐渐增多，已经达到了 10 台。网络管理员小赵发现原有的 RIP 已不再适合现在学校的应用了，因此，小赵配合飞越公司，决定在学校的路由器之间使用动态的 OSPF 路由协议实现网络的互连。

任务分析

由于学校的网络规模越来越大，网络管理员发现使用 OSPF 路由协议非常适合，因为 OSPF

路由协议可以快速收敛，并且出现环路的可能性不大，适用于新兴学校校园网。

实验拓扑如图 3-25 所示。其网络参数如表 3-4 所示。

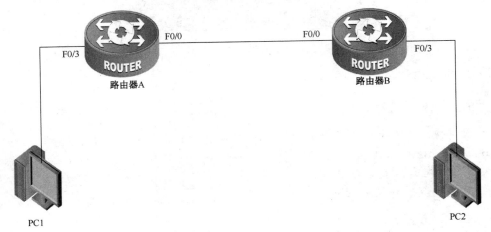

图 3-25   配置 OSPF 单区域的拓扑

表 3-4   路由器和 PC 的 IP 地址网络参数设置

设　备	端　口	IP　地　址	子 网 掩 码	网　关
路由器 A	F0/0	172.16.1.1	255.255.255.0	无
	F0/3	172.16.0.1	255.255.255.0	无
路由器 B	F0/0	172.16.1.2	255.255.255.0	无
	F0/3	172.16.2.1	255.255.255.0	无
PC1		172.16.0.2	255.255.255.0	172.16.0.1
PC2		172.16.2.2	255.255.255.0	172.16.2.1

任务实施

步骤 1：按图 3-25 连接网络拓扑结构。

步骤 2：按表 3-4 配置计算机的 IP 地址、子网掩码和网关。

步骤 3：根据表 3-4 配置路由器 A 的名称及其接口 IP 地址。

步骤 4：根据表 3-4 配置路由器 B 的名称及其接口 IP 地址。

步骤 5：查看路由器 A 的路由表。

```
ROUTER-A#SHOW IP ROUTE
C     172.16.1.0/24        IS DIRECTLY CONNECTED, FASTETHERNET0/0
C     172.16.0.0/24        IS DIRECTLY CONNECTED, FASTETHERNET0/3
```

步骤 6：查看路由器 B 的路由表。

```
ROUTER-B#SHOW IP ROUTE
C     172.16.1.0/24        IS DIRECTLY CONNECTED, FASTETHERNET0/0
C     172.16.2.0/24        IS DIRECTLY CONNECTED, FASTETHERNET0/3
```

步骤 7：配置路由协议前，验证网络的连通性。

（1）在 PC1 上 PING 172.16.0.2，网络不通。

（2）在 PC2 上 PING 172.16.2.2，网络不通。

步骤 8：在路由器 A 上配置 OSPF 路由协议。

```
ROUTER-A_CONFIG#ROUTER OSPF 1 //启用 OSPF 路由协议进程 1
ROUTER-A_CONFIG_OSPF_1#NETWORK 172.16.0.0 255.255.255.0 AREA 0
//宣告直连网络，但要匹配准备的子网掩码，说明所在的区域
ROUTER-A_CONFIG_OSPF_1#NETWORK 172.16.1.0 255.255.255.0 AREA 0//宣告直连网络
```

步骤 9：在路由器 B 上配置 OSPF 路由协议。

```
ROUTER-B_CONFIG#ROUTER OSPF 1  //启用 OSPF 路由进程 1
ROUTER-B_CONFIG_OSPF_1#NETWORK 172.16.1.0 255.255.255.0 AREA 0//通告直连网络
ROUTER-B_CONFIG_OSPF_1#NETWORK 172.16.2.0 255.255.255.0 AREA 0
```

步骤 10：查看路由器 A 的路由表。

```
ROUTER-A#SHOW IP ROUTE
……
C    172.16.0.0/24       IS DIRECTLY CONNECTED, FASTETHERNET0/3
C    172.16.1.0/24       IS DIRECTLY CONNECTED, FASTETHERNET0/0
O    172.16.2.0/24       [110, 2] VIA 172.16.1.2 (ON FASTETHERNET0/0)
```

步骤 11：查看路由器 B 的路由表。

```
ROUTER-B#SHOW IP ROUTE
O    172.16.0.0/24       [110, 2] VIA 172.16.1.1 (ON FASTETHERNET0/0)
C    172.16.1.0/24       IS DIRECTLY CONNECTED, FASTETHERNET0/0
C    172.16.2.0/24       IS DIRECTLY CONNECTED, FASTETHERNET0/3
```

步骤 12：验证网络的连通性。

（1）在 PC1 上 PING 172.16.2.2，网络
已通。

（2）在 PC2 上 PING 172.16.0.2，网络
已通，如图 3-26 所示。

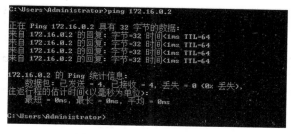

图 3-26　连通性测试效果图

任务验收

通过本任务的实施，了解动态路由协议
OSPF 单区域的原理、配置与实现，为实现网络的管理与维护做好准备工作。

评　价　内　容	评　价　标　准
动态路由 OSPF 命令格式	能够正确理解动态路由命令的含义
动态路由 OSPF 实现方法	能够正确实现动态路由，并理解动态路由适用的环境
动态路由 OSPF 测试方法	在掌握动态路由实现后，测试配置是否正确

任务四　配置 OSPF 多区域

任务描述

新兴学校的规模越来越大，路由器的数量也在逐渐增多，已经达到了 10 台。由于学校网

络较大，为了提高路由收敛速度，发现原有的 OSPF 单区域的路由协议已不再适合现在学校的应用了。学校的网络管理员小赵和飞越公司决定使用 OSPF 多区域路由协议。

任务分析

在大中型网络中，为了实现路由的快速收敛，可以使用 OSPF 路由协议，并将路由器配置在不同的区域中，实现层次化的网络结构。因此，可以在学校的路由器之间使用动态的 OSPF 多区域路由协议，实现网络的互连。

实验拓扑如图 3-27 所示。其网络参数如表 3-5 所示。

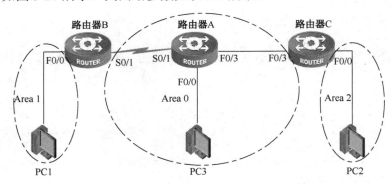

图 3-27　配置 OSPF 多区域

表 3-5　交换机和 PC 的 IP 地址网络参数设置

设　　备	端　　口	IP　地　址	子网掩码	网　关	所属区域
路由器 A	S0/1	192.168.4.1	255.255.255.0	无	0
	F0/0	192.168.3.1	255.255.255.0	无	2
	F0/3	192.168.5.1	255.255.255.0	无	1
路由器 B	S0/1	192.168.4.2	255.255.255.0	无	0
	F0/0	192.168.1.1	255.255.255.0	无	0
路由器 C	F0/0	192.168.2.1	255.255.255.0	无	1
	F0/3	192.168.5.2	255.255.255.0	无	1
PC1		192.168.1.2	255.255.255.0	192.168.1.1	0
PC2		192.168.2.2	255.255.255.0	192.168.2.1	1
PC3		192.168.3.2	255.255.255.0	192.168.3.1	2

任务实施

步骤 1：按图 3-27 连接网络拓扑结构。

步骤 2：按表 3-5 设置计算机的 IP 地址、子网掩码和网关。

步骤 3：根据表 3-5 配置路由器 A、路由器 B、路由器 C 的名称及其接口 IP 地址。

步骤 4：查看路由器 A 的路由表。

```
ROUTER-A#SHOW IP ROUTE
······
C     192.168.3.0/24        IS DIRECTLY CONNECTED,  FASTETHERNET0/0
C     192.168.4.0/24        IS DIRECTLY CONNECTED,  SERIAL0/1
C     192.168.5.0/24        IS DIRECTLY CONNECTED,  FASTETHERNET0/3
```

步骤 5：查看路由器 B 的路由表。

```
ROUTER-B#SHOW IP ROUTE
······
C     192.168.1.0/24        IS DIRECTLY CONNECTED,  FASTETHERNET0/0
C     192.168.4.0/24        IS DIRECTLY CONNECTED,  SERIAL0/1
```

步骤 6：查看路由器 C 的路由表。

```
ROUTER-C#SHOW IP ROUTE
······
C     192.168.2.0/24        IS DIRECTLY CONNECTED,  FASTETHERNET0/0
C     192.168.5.0/24        IS DIRECTLY CONNECTED,  FASTETHERNET0/3
```

步骤 7：配置路由协议前，验证网络的连通性。

（1）在 PC1 上 PING 192.168.2.2 和 192.168.3.2，网络不通。

（2）在 PC2 上 PING 192.168.1.2 和 192.168.3.2，网络不通。

（3）在 PC3 上 PING 192.168.1.2 和 192.168.2.2，网络不通。

步骤 8：在路由器 A 上配置 OSPF 的多区域。

```
ROUTER-A#CONF
ROUTER-A_CONFIG#ROUTER OSPF 1
ROUTER-A_CONFIG_OSPF_1#NETWORK 192.168.3.0 255.255.255.0 AREA 0
ROUTER-A_CONFIG_OSPF_1#NETWORK 192.168.4.0 255.255.255.0 AREA 0
ROUTER-A_CONFIG_OSPF_1#NETWORK 192.168.5.0 255.255.255.0 AREA 0
```

步骤 9：在路由器 B 上配置 OSPF 的多区域。

```
ROUTER-B#CONFIG
ROUTER-B_CONFIG#ROUTER OSPF 1
ROUTER-B_CONFIG_OSPF_1#NETWORK 192.168.1.0 255.255.255.0 AREA 1
ROUTER-B_CONFIG_OSPF_1#NETWORK 192.168.4.0 255.255.255.0 AREA 0
```

步骤 10：在路由器 C 上配置 OSPF。

```
ROUTER-C#CONFIG
ROUTER-C_CONFIG#ROUTER OSPF 1
ROUTER-C_CONFIG_OSPF_1#NETWORK 192.168.2.0 255.255.255.0 AREA 2
ROUTER-C_CONFIG_OSPF_1#NETWORK 192.168.5.0 255.255.255.0 AREA 0
```

步骤 11：查看路由器 A 的路由表。

```
ROUTER-A#SHOW IP ROUTE
······
O IA  192.168.1.0/24        [110, 1601] VIA 192.168.4.2 (ON SERIAL0/1)
O IA  192.168.2.0/24        [110, 2] VIA 192.168.5.2 (ON FASTETHERNET0/3)
C     192.168.3.0/24        IS DIRECTLY CONNECTED,  FASTETHERNET0/0
C     192.168.4.0/24        IS DIRECTLY CONNECTED,  SERIAL0/1
C     192.168.5.0/24        IS DIRECTLY CONNECTED,  FASTETHERNET0/3
```

步骤 12：查看路由器 B 的路由表。

```
ROUTER-B#SHOW IP ROUTE
······
```

```
C       192.168.1.0/24      IS DIRECTLY CONNECTED, FASTETHERNET0/0
O IA    192.168.2.0/24      [110, 1602] VIA 192.168.4.1（ON SERIAL0/1）
O       192.168.3.0/24      [110, 1601] VIA 192.168.4.1（ON SERIAL0/1）
C       192.168.4.0/24      IS DIRECTLY CONNECTED, SERIAL0/1
O       192.168.5.0/24      [110, 1601] VIA 192.168.4.1（ON SERIAL0/1）
```

步骤 13：查看路由器 C 的路由表。

```
ROUTER-C#SHOW IP ROUTE
……
O IA    192.168.1.0/24      [110, 1602] VIA 192.168.5.1（ON FASTETHERNET0/3）
C       192.168.2.0/24      IS DIRECTLY CONNECTED, FASTETHERNET0/0
O       192.168.3.0/24      [110, 2] VIA 192.168.5.1（ON FASTETHERNET0/3）
O       192.168.4.0/24      [110, 1601] VIA 192.168.5.1（ON FASTETHERNET0/3）
C       192.168.5.0/24      IS DIRECTLY CONNECTED, FASTETHERNET0/3
```

步骤 14：配置路由协议后，验证网络的连通性。

（1）在 PC1 上 PING 192.168.2.2 和 192.168.3.2，网络已通，如图 3-28 所示。

（2）在 PC2 上 PING 192.168.1.2 和 192.168.3.2，网络已通，如图 3-29 所示。

图 3-28　连通性测试效果图（一） 　　　　　图 3-29　连通性测试效果图（二）

（3）在 PC3 上 PING 192.168.1.2 和 192.168.2.2，网络已通。

知识链接

在配置 OSPF 多区域时，先在各个路由器上配置接口 IP 地址，再配置 OSPF 多区域；先配置骨干区域（Area 0），再配置其他区域。

任务验收

通过本任务的实施，了解动态路由协议 OSPF 多区域的原理、配置与实现，为实现网络的管理与维护做好准备工作。

评 价 内 容	评 价 标 准
OSPF 多区域原理	能够正确理解动态路由 OSPF 的实现原理
OSPF 实现方法	能够正确实现动态路由，并理解动态路由使用的环境
OSPF 测试方法	在掌握动态路由 OSPF 的实现后，测试配置是否正确

任务五　OSPF 虚链路设计与应用

任务描述

新兴学校由于规模的扩大，内部增加了一个大的部门，需将这个部门单独划分为一个区域，即在现有 OSPF 多区域的基础上，新加入一个区域，但新加入的区域无法连接骨干区域，网络管理员小赵配合飞越公司要实现此项需求。

任务分析

如果非骨干区域无法和骨干区域直接连接，则必须使用虚链路连接来保持非骨干区域同骨干区域的连接，使骨干区域自身也保持连通。虚链路只能作为一种应急的临时策略来使用。

实验拓扑如图 3-30 所示。其网络参数如图 3-30 所示。

图 3-30　配置虚链路

表 3-6　路由器 IP 地址网络参数设置

路 由 器 A		路 由 器 B		路 由 器 C	
S0/3（DCE）	172.16.24.1	S0/3（DTE）	172.16.24.2	F0/0	172.16.25.2
		F0/0	172.16.25.1		
Loopback 0	10.10.10.1				

任务实施

步骤 1：按图 3-30 连接网络拓扑结构。

步骤 2：根据表 3-6 配置路由器 A、B、C 的主机名称和接口 IP 地址。

步骤 3：将路由器 A 相应接口按照拓扑加入 Area1、Area2。

```
ROUTER-A_CONFIG#ROUTER OSPF  2
ROUTER-A_CONFIG_OSPF_1#NETWORK 10.10.10.0 255.255.255.0 AREA 2
ROUTER-A_CONFIG#ROUTER OSPF  1
ROUTER-A_CONFIG_OSPF_1#NETWORK 172.16.24.0 255.255.255.0 AREA 1
```

步骤 4：将路由器 B 相应接口按照拓扑加入 Area0、Area1。

```
ROUTER-B_CONFIG#ROUTER OSPF 1
ROUTER-B_CONFIG_OSPF_1#NETWORK 172.16.24.0 255.255.255.0 AREA 1
ROUTER-B_CONFIG#ROUTER OSPF  0
ROUTER-B_CONFIG_OSPF_1#NETWORK 172.16.25.0 255.255.255.0 AREA 0
```

步骤 5：将路由器 C 相应接口按照拓扑加入 Area0。

```
ROUTER-C_CONFIG#ROUTER OSPF0
ROUTER-C_CONFIG_OSPF_0# NETWORK 172.16.25.0 255.255.255.0 AREA 0
```

步骤 6：查看路由器 C 上的路由表。

```
ROUTER-C_CONFIG_OSPF_1#SH IP ROUTE
C         12.10.10.0/24       S DIREcTLY cONNEcTED, LOOPBACK0
O IA      172.16.24.0/24      [110, 1601] VIA 172.16.25.1（ON FASTETHERNET0/0）
C         172.16.25.0/24      IS DIREcTLY cONNEcTED, FASTETHERNET0/0
```
//只有 Area1 传递来的 OSPF 路由，没有路由器 A 的 Loopback 接口路由

步骤 7：为路由器 A 配置虚链接。

```
ROUTER-A_CONFIG#ROUTER OSPF 1
ROUTER-A_CONFIG_OSPF_1#AREA 1 VIRTUAL-LINK 11.10.10.1//注意，都是 ROUTER-ID
```

步骤 8：为路由器 B 配置虚链接。

```
ROUTER-B_CONFIG#ROUTER OSPF 1
ROUTER-B_CONFIG_OSPF_1#AREA 1 VIRTUAL-LINK 10.10.10.1
```
//注意，使用 ROUTER-ID

步骤 9：在路由器 B 上查看虚链路状态。

```
ROUTER-B_CONFIG_OSPF_1#SH IP OSPF VIRTUAL-LINK
VIRTUAL LINK NEIGHBOR ID 10.10.10.1（UP）
RUN AS DEMAND-CIRcUIT
  TRANSAREA: 1, COST IS 1600
  HELLO INTERVAL IS 10, DEAD TIMER IS 40  RETRANSMIT IS 5
  INTF ADJAcENcY STATE IS IPOINT_TO_POINT
```
/*观察到已经建立起一条虚链路，虚链路在逻辑上等同于一条物理的按需链路，即只有在两端路由器的配置有变动的时候才能更新*/

步骤 10：查看路由器 C 上的路由表和 OSPF 数据库。

```
ROUTER-C_CONFIG_OSPF_1#SH IP ROUTE  //查看路由表
O IA     10.10.10.1/32       [110, 1602] VIA 172.16.25.1（ON FASTETHERNET0/0）
C        12.10.10.0/24       IS DIREcTLY cONNEcTED, LOOPBAcK0
O IA     172.16.24.0/24      [110, 1601] VIA 172.16.25.1（ON FASTETHERNET0/0）
O IA     172.16.24.2/32      [110, 3201] VIA 172.16.25.1（ON FASTETHERNET0/0）
C        172.16.25.0/24      IS DIREcTLY cONNEcTED, FASTETHERNET0/0
```
/*已经学到了路由器 A 的 LOOPBACK 接口路由。注意，其 METRIC 值为 1602，虚链路的 METRIC 等同于所经过的全部链路开销之和，在这个网络中，METRIC=1（LOOPBACK）+到达 Area1 的开销 1061=1062*/

```
ROUTER-C_CONFIG_OSPF_1#SHOW IP OSPF DATABASE  //查看 OSPF 数据库
------------------------------------------------------
OSPF PROcESS: 1  //OSPF 路由进程为1
（ROUTER ID: 12.10.10.1）//ROUTER ID
AREA: 0 //区域
            ROUTER LINK STATES //链路状态数据库
LINK ID       ADV ROUTER      AGE       SEQ NUM    CHEcKSUM LINK COUNT
10.10.10.1    10.10.10.1      1    (DNA) 0X80000003 0X0BAB    1
11.10.10.1    11.10.10.1      435        0X80000005 0XF8FA    2
12.10.10.1    12.10.10.1      935        0X80000004 0X2B15    1
            NET LINK STATES    //链路状态
```

```
    LINK ID          ADV ROUTER        AGE        SEQ NUM      CHEcKSUM
    172.16.25.2      12.10.10.1        935        0X80000002 0X9070
                     SUMMARY NET LINK STATES //汇总链路状态
    LINK ID          ADV ROUTER        AGE        SEQ NUM      CHEcKSUM
    10.10.10.1       10.10.10.1        41    (DNA) 0X80000002 0X45B9
    172.16.24.0      11.10.10.1        864        0X80000003 0XcD34
    172.16.24.0      10.10.10.1        41    (DNA) 0X80000002 0XD82B
    172.16.24.2      10.10.10.1        41    (DNA) 0X80000002 0Xc43D
    --------------------------------------------------------------------
/*这里的（DNA）就是 DONOTAGE，说明使用的是不老化 LSA，即虚链路是无需 HELLO 包控制的*/
```

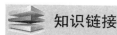 **知识链接**

虚链路必须配置在 ABR 上，在本任务的网络中，ABR 是路由器 A 和路由器 B。配置时是对端的 ROUTER-ID，不是 IP 地址。虚链路被看做网络设计失败的一种补救手段，它不仅可以让没有和骨干区域直连的非骨干区域在逻辑上建立一条链路，还可以连接两个分离的骨干区域。但是虚链路的配置会造成日后维护和排错的困难，所以在进行网络设计的时候，不能将虚链路考虑进去。

 任务验收

通过本任务的实施，掌握 OSPF 虚链路的基本原理和配置，包括 OSPF 虚链路的原理、作用和意义，以及 OSPF 虚链路的实现方法和验证方法等。

评 价 内 容	评 价 标 准
虚链路的原理	能正确理解虚链路的原理和作用
虚链路的实现方法	掌握虚链路的配置方法，能正确配置虚链路
虚链路的验证方法	能对配置后的虚链路进行验证

任务六　OSPF 路由协议邻居认证配置

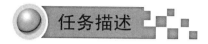 任务描述

新兴学校的路由器都使用了 OSPF 路由协议，现为了安全起见，想对相同区域的路由器启用身份验证功能，这样只有经过身份验证的同一区域的路由器才能互相通告路由的信息，进行同步更新。网络管理员小赵需要配合飞越公司实现此功能。

任务分析

与 RIP 相同，OSPF 也有认证机制，为了安全，可以在相同 OSPF 区域的路由器上启用身份验证功能，只有经过身份验证的同一区域的路由器才能互相通告路由信息。这样做可以增

加网络安全性，当对 OSPF 进行重新配置时，不同口令可以配置在新口令和旧口令的路由器上，防止它们在共享的公共广播网络中互相通信。

实验拓扑如图 3-31 所示。路由器各接口地址如表 3-7 所示。

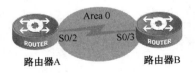

图 3-31　OPSF 认证配置

表 3-7　路由器各接口地址

路 由 器 A		路 由 器 B	
S0/2	172.16.24.1/24	S0/3	172.16.24.2/24
Loopback0	10.10.10.1/24	Loopback0	11.10.10.1/24

任务实施

步骤 1：按图 3-31 连接网络拓扑结构。

步骤 2：根据表 3-7 配置路由器 A、路由器 B 的主机名称和接口 IP 地址。

步骤 3：将路由器 A、路由器 B 相应接口按照拓扑加入 Area0。

```
ROUTER-A_CONFIG#ROUTER OSPF 1
ROUTER-A_CONFIG_OSPF_1#NETWORK 172.16.24.0 255.255.255.0 AREA 0
ROUTER-B_CONFIG#ROUTER OSPF 1
ROUTER-B_CONFIG_OSPF_1#NETWORK 172.16.24.0 255.255.255.0 AREA 0
```

步骤 4：为路由器 A 接口配置 MD5 密文验证。

```
ROUTER-A_CONFIG# INTERFAcE S0/2
ROUTER-A_CONFIG_S0/2#IP OSPF MESSAGE-DIGEST-KEY 1 MD5 DCNU
//采用 MD5 加密，密码为 DCNU
ROUTER-A_CONFIG_S0/2#IP OSPF AUTHENTICATION MESSAGE-DIGEST
//在路由器 A 上配置好后，启用 DEBUG IP OSPF PAcKET 可以看到：
2002-1-1 00:02:39 OSPF: SEND HELLO TO 224.0.0.5 ON SERIAL0/2
2002-1-1 00:02:39        HELLOINT 10 DEAD 40 OPT 0X2 PRI 1 LEN 44
2002-1-1 00:02:49 OSPF: REcV IP_SOCKET_RECV_PACKET MESSAGE
2002-1-1 00:02:49 OSPF: ENTERING OSPF_REcV
2002-1-1 00:02:49 OSPF: REcV A PAcKET FROM SOURcE: 172.16.24.2 DEST 224.0.0.5
2002-1-1 00:02:49 OSPF: ERR REcV PACKET, AUTH TYPE NOT MATcH
2002-1-1 00:02:49 OSPF: ERROR! EVENTS 21
/*这是因为路由器 A 发送了 KEY-ID 为 1 的 KEY，但是路由器 B 上还没有配置验证，所以会出现验证
类型不匹配的错误*/
```

步骤 5：为路由器 B 接口配置 MD5 密文验证。

```
ROUTER-B:
ROUTER-B_CONFIG# INTERFAcE S0/3
ROUTER-B_CONFIG_S0/3#IP OSPF MESSAGE-DIGEST-KEY 1 MD5 DCNU //定义 KEY 和密码
ROUTER-B_CONFIG_S0/3#IP OSPF AUTHENTICATION MESSAGE-DIGEST //定义认证类型为 MD5
```

步骤 6：查看邻居关系。

```
ROUTER-A#SH IP OSPF NEIGHBOR      //查看 OSPF 邻居
OSPF PROcESS: 1                   //OSPF 进程号
AREA: 0                           //区域编号
NEIGHBOR ID    PRI  STATE         DEADTIME   NEIGHBOR ADDR   INTERFAcE
```

```
11.10.10.1          1      FULL/-              37          172.16.24.2      SERIAL0/2
    //邻居关系已经建立，可以看到邻居的 ROUTER-ID、IP 地址、互连的本地接口
```

　　步骤 7：删除接口认证的配置，进行 OSPF 区域密文验证。

```
ROUTER-A_CONFIG_OSPF_1#AREA 0 AUTHENTICATION MESSAGE-DIGEST
ROUTER-B_CONFIG_OSPF_1#AREA 0 AUTHENTICATION MESSAGE-DIGEST
```

　　步骤 8：查看邻居关系。

```
ROUTER-A:
    ROUTER-A#SH IP OSPF NEIGHBOR
-------------------------------------------------------------------------
OSPF PROCESS: 1
AREA: 0
NEIGHBOR ID        PRI    STATE          DEADTIME    NEIGHBOR ADDR    INTERFACE
11.10.10.1          1     FULL/-            37        172.16.24.2      SERIAL0/2
-------------------------------------------------------------------------
                    //邻居关系已经建立
```

 经验分享

　　认证方式除密文外，还有明文方式。区域验证是在 OSPF 路由进程下启用的，一旦启用，这台路由器所有属于这个区域的接口都会启用。接口验证是在接口下启用的，只影响路由器的一个接口。密码都是在接口上配置的。

 任务验收

　　通过本任务的实施，掌握 OSPF 路由协议邻居认证的基本原理和配置方法，包括邻居认证的原理和作用、邻居认证的配置要领和方法等。

评 价 内 容	评 价 标 准
邻居认证的原理	能正确理解邻居认证的原理和作用
邻居认证的实现方法	掌握邻居认证的配置方法，能正确配置邻居认证
邻居认证的验证方法	能对配置后的邻居认证进行验证

任务七　OSPF 路由协议路由汇总配置

 任务描述

　　新兴学校的信息中心终于改造完毕，但发现 OSPF 区域中的子网是连续的，区域边缘路由器向外传播给路由信息时，可以采用路由总结功能，将这些连续的子网总结为一条路由并传播给其他区域，在其他区域内的路由器看到这个区域的路由只有一条，这样可以节省路由时所需的网络带宽。网络管理员小赵要配合飞越公司实现此需求。

任务分析

在 OSPF 骨干区域当中，一个区域的所有地址都会被通告。但是如果某个子网不稳定，那么它在每次改变状态的时候，都会在整个网络中泛洪。为了解决这个问题，可以对网络地址进行汇总。

图 3-32　OSPF 路由汇总

实验拓扑如图 3-32 所示。其参数配置如表 3-8 所示。

表 3-8　路由器接口参数配置表

路 由 器 A		路 由 器 B	
S0/2	172.16.24.1/24	S0/3	172.16.24.2/24
Loopback0	10.10.10.1/24	Loopback0	11.10.10.1/24
Loopback 1	1.1.0.1/24	Loopback 1	2.1.0.1/24
Loopback2	1.2.0.1/24	Loopback2	2.2.0.1/24
Loopback3	1.3.0.1/24	Loopback3	2.3.0.1/24
Loopback4	1.4.0.1/24	Loopback4	2.4.0.1/24
Loopback5	1.5.0.1/24	Loopback5	2.5.0.1/24
Loopback6	1.6.0.1/24	Loopback6	2.6.0.1/24

任务实施

步骤 1：按图 3-32 连接网络拓扑结构。

步骤 2：根据表 3-8 为路由器 A、路由器 B 配置 Loopback 接口 1～6。

步骤 3：将路由器 A、路由器 B 相应接口按照拓扑加入 Area0。

```
ROUTER-A_CONFIG#ROUTER OSPF 1
ROUTER-A_CONFIG_OSPF_1#NETWORK 172.16.24.0 255.255.255.0 AREA 0
ROUTER-B:
ROUTER-B_CONFIG#ROUTER OSPF 1
ROUTER-B_CONFIG_OSPF_1#NETWORK 172.16.24.0 255.255.255.0 AREA 0
```

步骤 4：把路由器 B 配置为 ABR。

```
ROUTER-B_CONFIG_OSPF_1#NETWORK 2.1.0.0 255.255.255.0 AREA 1
ROUTER-B_CONFIG_OSPF_1#NETWORK 2.2.0.0 255.255.255.0 AREA 1
ROUTER-B_CONFIG_OSPF_1#NETWORK 2.3.0.0 255.255.255.0 AREA 1
ROUTER-B_CONFIG_OSPF_1#NETWORK 2.4.0.0 255.255.255.0 AREA 1
ROUTER-B_CONFIG_OSPF_1#NETWORK 2.5.0.0 255.255.255.0 AREA 1
ROUTER-B_CONFIG_OSPF_1#NETWORK 2.6.0.0 255.255.255.0 AREA 1
```

步骤 5：查看路由器 A 上的 OSPF 路由表和数据库。

```
ROUTER-A_CONFIG#SH IP ROUTE
……//此处直连路由省略
O IA  2.1.0.1/32        [110, 1601] VIA 172.16.24.2（ON SERIAL0/2）
O IA  2.2.0.1/32        [110, 1601] VIA 172.16.24.2（ON SERIAL0/2）
O IA  2.3.0.1/32        [110, 1601] VIA 172.16.24.2（ON SERIAL0/2）
```

```
O IA    2.4.0.1/32              [110, 1601] VIA 172.16.24.2 (ON SERIAL0/2)
O IA    2.5.0.1/32              [110, 1601] VIA 172.16.24.2 (ON SERIAL0/2)
O IA    2.6.0.1/32              [110, 1601] VIA 172.16.24.2 (ON SERIAL0/2)
C       10.10.10.0/24           IS DIRECTLY CONNECTED, LOOPBACK0
C       172.16.24.0/24          IS DIRECTLY CONNECTED, SERIAL0/2
ROUTER-A_CONFIG#SHOW IP OSPF DATABASE
      ……//略去部分提示信息
                 SUMMARY NET LINK STATES
LINK ID         ADV ROUTER      AGE        SEQ NUM    CHECKSUM
2. 3.0.1        11.10.10.1      34         0X80000002 0X67AF
2. 4.0.1        11.10.10.1      34         0X80000002 0X5BBA
2. 5.0.1        11.10.10.1      34         0X80000002 0X4FC5
2. 1.0.1        11.10.10.1      34         0X80000002 0X7F99
2. 6.0.1        11.10.10.1      34         0X80000002 0X43D0
2. 2.0.1        11.10.10.1      34         0X80000002 0X73A4
---------------------------------------------------------------------------
//可以发现路由表和数据库都很大，为了解决这个问题，要在ABR上将此部分配置为域内路由汇总
```

步骤6：在路由器B上设置域内路由汇总。

```
ROUTER-B_CONFIG_OSPF_1#AREA 1 RANGE 2.0.0.0 255.248.0.0
//通过计算得出汇总的地址是2.0.0.0/13
ROUTER-B_CONFIG_OSPF_1#EXIT
ROUTER-B_CONFIG#IP ROUTE 2.0.0.0 255.248.0.0 NULL0
/*在进行区域汇总的时候，为了防止路由黑洞，一般会为这条汇总地址增加一条静态路由并指向空接口
(NULL) */
```

步骤7：再次查看路由器A上的路由表和数据库，比较汇总结果。

```
ROUTER-A_CONFIG#SH IP ROUTE
      ……//直连路由省略
O IA    2.0.0.0/13              [110, 1601] VIA 172.16.24.2 (ON SERIAL0/2)
C       10.10.10.0/24           IS DIRECTLY CONNECTED, LOOPBACK0
C       172.16.24.0/24          IS DIRECTLY CONNECTED, SERIAL0/2
//观察到从原来的6条路由汇总成了一条13位的路由
ROUTER-A_CONFIG#SH IP OSPF DATABASE
      ……

ROUTER LINK STATES
LINK ID         ADV ROUTER      AGE        SEQ NUM    CHECKSUM LINK COUNT
10.10.10.1      10.10.10.1      936        0X80000003 0X8C03   2
11.10.10.1      11.10.10.1      843        0X80000004 0X7E0D   2
                 SUMMARY NET LINK STATES
LINK ID         ADV ROUTER      AGE        SEQ NUM    CHECKSUM
2. 0.0.0        11.10.10.1      162        0X80000001 0X7BA7
---------------------------------------------------------------------------
// LSA-3也只剩下一条，大大减小了路由表和数据库的大小
```

经验分享

在实际环境中，通常做精确的汇总。区域汇总就是区域之间的地址汇总，一般配置在ABR上；外部汇总指一组外部路由通过重新发布进入OSPF，将这些外部路由进行汇总，一般配置在ASBR上。

任务验收

通过本任务的实施，掌握 OSPF 路由协议路由汇总的基本原理，包括路由汇总的作用、原理和方法等，并通过相关技术实现路由汇总。

评 价 内 容	评 价 标 准
路由汇总的作用	能正确理解路由汇总的原理和作用
路由汇总的实现方法	掌握路由汇总的实现方法，能正确配置路由汇总
路由汇总的验证方法	能对配置后的路由汇总进行验证

项目三　路由重分发与策略路由的选择

项目描述

由于新兴学校的规模不断扩大，将在同市的另一个地方开办分校，现需要将两个校区的网络连接起来，但发现两个校区的路由器采用的网络协议不同，于是准备使用重分发技术来实现此功能。

由于学校办学规模的扩大，学校网络出口有两条专线，分别是网通和电信。按理来说，学校的网络出口多了，应该在对外访问的时候速度更快。但是运行一段时间后发现网络速度并没有绝对加快，于是决定按照地域进行划分，负责主校区的业务从网通出口连接外网，分校区的业务从电信出口连接外网。

项目分析

根据学校的现有网络需求，对两个校区进行连接，考虑到网络的兼容性，使用重分发技术可以实现此功能。由于学校业务地域范围大，负责主校区的业务从网通出口连接外网，分校区的业务从电信出口连接外网，通过使用策略路由可以实现此功能。

网络管理员小赵配合飞越公司对此进行了周密的计划和部署，决定使用重分发技术和策略路由技术来实现主校区和分校区网络、部门之间的互相通信。整个项目的认知与分析流程如图 3-33 所示。

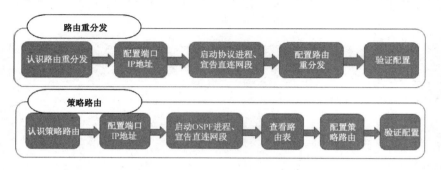

图 3-33　项目流程图

任务一 路由重分发

任务描述

新兴学校创办了分校区，现在需要在两个校区之间建立网络连接，但是由于两个校区所采用的网络协议不同，主校区使用了 OSPF 路由协议，分校区使用了 RIP 协议，使得建立连接的工作出现了困难。

任务分析

RIP 和 OSPF 协议是目前应用最广泛的路由协议，两种协议交接的场合也很多见，两种协议的重分布是比较常见的配置。主校区原来采用的网络协议为 OSPF，而分校区采用的路由协议是 RIP，采用 RIP 和 OSPF 的重分发技术可以解决此问题。

实验拓扑如图 3-34 所示。其接口配置如表 3-9 所示。

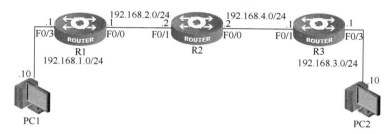

图 3-34 RIP 和 OSPF 的重发布

表 3-9 路由器接口配置信息表

路由器 接口	R1	R2	R3
F0/0	192.168.2.1	192.168.2.2	192.168.4.1
F0/1		192.168.4.2	
F0/3	192.168.1.1		192.168.3.1

任务实施

步骤 1：配置基础网络环境，如表 3-9 所示。。
步骤 2：配置 R1 路由环境。

```
R1_CONFIG#ROUTER RIP
R1_CONFIG_RIP#NETWORK 192.168.1.0 255.255.255.0
R1_CONFIG_RIP#NETWORK 192.168.2.0 255.255.255.0
R1_CONFIG_RIP#VERSION 2
```

步骤 3：配置 R2 路由环境。

```
R2_CONFIG#ROUTER RIP
R2_CONFIG_RIP#VERSION 2
R2_CONFIG_RIP#NETWORK 192.168.2.0 255.255.255.0
R2_CONFIG_RIP#EXIT
R2_CONFIG#ROUTER OSPF 1
R2_CONFIG_OSPF_1#NETWORK 192.168.4.0 255.255.255.0 AREA 0
R2_CONFIG_OSPF_1#EXIT
```

步骤 3：配置 R3 路由环境。

```
R3_CONFIG#ROUTER OSPF 1
R3_CONFIG_OSPF_1#NETWORK 192.168.4.0 255.255.255.0 AREA 0
R3_CONFIG_OSPF_1#NETWORK 192.168.3.0 255.255.255.0 AREA 0
```

步骤 4：查看 R1 路由表。

```
R1_CONFIG#SH IP ROUTE
    ......
C    192.168.1.0/24      IS DIREcTLY cONNEcTED,  FASTETHERNET0/3
C    192.168.2.0/24      IS DIREcTLY cONNEcTED,  FASTETHERNET0/0
R1_CONFIG#
```

步骤 5：查看 R2 路由表。

```
R2_CONFIG#SH IP ROUTE
......
R    192.168.1.0/24      [120, 1] VIA 192.168.2.1（ON FASTETHERNET0/0）
C    192.168.2.0/24      IS DIREcTLY cONNEcTED,  FASTETHERNET0/0
O    192.168.3.0/24      [110, 2] VIA 192.168.4.1（ON FASTETHERNET0/1）
C    192.168.4.0/24      IS DIREcTLY cONNEcTED,  FASTETHERNET0/1
R2_CONFIG#
```

步骤 6：查看 R3 路由表。

```
R3_CONFIG#SH IP ROUTE
    ......
C    192.168.3.0/24      IS DIREcTLY cONNEcTED,  FASTETHERNET0/3
C    192.168.4.0/24      IS DIREcTLY cONNEcTED,  FASTETHERNET0/0
```
/*从上面的路由表可以发现，只有 R2 的路由表是完整的，R1 和 R3 都因为 R2 没有将对方的信息传递出去而得不到远端网络的消息，所以问题的关键是 R2*/

步骤 7：在 R2 中启用动态路由的重分发布过程，首先要将 RIP 协议重分发到 OSPF 协议。

```
R2_CONFIG#ROUTER OSPF 1
R2_CONFIG_OSPF_1#REDISTRIBUTE RIP
R2_CONFIG_OSPF_1#EXIT
R2_CONFIG#
```

步骤 8：此时查看 R3 的路由表。

```
R3#SH IP ROUTE
O E2 192.168.1.0/24      [150, 100] VIA 192.168.4.2（ON FASTETHERNET0/0）
C    192.168.3.0/24      IS DIREcTLY cONNEcTED,  FASTETHERNET0/3
C    192.168.4.0/24      IS DIREcTLY cONNEcTED,  FASTETHERNET0/0
```
/*从 R3 路由表可以看到，R3 学习到了一条 OSPF 自治系统外部路由（从 RIP 协议注入），其默认的初始度量值是 100。但同时也观察到，这个路由表依然是不完整的，R2 的直连网络 192.168.2.0 还是没有学习到*/

步骤 9：在 R2 中将直连路由在 OSPF 进程中重分发。

```
R2_CONFIG#ROUTER OSPF 1
R2_CONFIG_OSPF_1#REDISTRIBUTE cONNEcT //重分发直连路由
```

步骤 10：再次查看 R3 的路由表。

```
R3#SH IP ROUTE
O E2    192.168.1.0/24    [150, 100] VIA 192.168.4.2 (ON FASTETHERNET0/0)
O E2    192.168.2.0/24    [150, 100] VIA 192.168.4.2 (ON FASTETHERNET0/0)
C       192.168.3.0/24    IS DIRECTLY CONNECTED, FASTETHERNET0/3
C       192.168.4.0/24    IS DIRECTLY CONNECTED, FASTETHERNET0/0
/*R3 已经完整了，但 R1 依然没有变化，它的路由表完整性是依赖于 R2 通过 RIP 协议传递的，而 RIP
协议传递的消息并没有包含其他远端网络*/
```

步骤 11：在 R2 的 RIP 进程中重分发。

```
R2_CONFIG#ROUTER RIP
R2_CONFIG_RIP#REDISTRIBUTEOSPF 1
R2_CONFIG_RIP#REDISTRIBUTE CONNECT
R2_CONFIG_RIP#EXIT
```

步骤 12：查看 R1 的路由表。

```
R1_CONFIG#SH IP ROUTE
......
C       192.168.1.0/24    IS DIRECTLY CONNECTED, FASTETHERNET0/3
C       192.168.2.0/24    IS DIRECTLY CONNECTED, FASTETHERNET0/0
R       192.168.3.0/24    [120, 1] VIA 192.168.2.2 (ON FASTETHERNET0/0)
R       192.168.4.0/24    [120, 1] VIA 192.168.2.2 (ON FASTETHERNET0/0)
R1_CONFIG#
```

此时，从终端测试连通性，可以连通，实验完成。

任务验收

通过本任务的实施，掌握路由器重分发的基本原理和配置，包括重分布的原理、实现方法和配置、测试方法等。

评 价 内 容	评 价 标 准
重分发作用	能正确理解重分发的原理和作用
重分发实现方法	掌握重分发的配置方法，能正确配置重分发
重分发验证方法	能对配置后的重分发进行验证

拓展练习

使用本项目任务一的拓扑结构，将 OSPF 路由协议改为静态路由，实现重分发的应用。

任务二　策略路由

任务描述

新兴学校因业务地域范围较大，有主校区和分校区，在图 3-35 所示的拓扑中，PC1 主要负责主校区的业务，PC2 主要负责分校区的业务。学校网络出口有两条专线，分别是联通和电信。按理来说，学校的网络出口多了，应该在对外访问的时候速度更快。但是运行一段时间后发现网络速度并没有绝对加快。

任务分析

从局域网到广域网的流量有时需要进行分流，即区别不同用户并进行负载均衡。有时，这种目标是通过对不同的源地址进行区别对待完成的，通过策略路由的方法就可以解决此问题。网络管理员小赵没有相关的网络维护经验，要配合飞越公司来实现此需求。

实验拓扑如图 3-35 所示。

按照表 3-10 配置网络基础环境，全网使

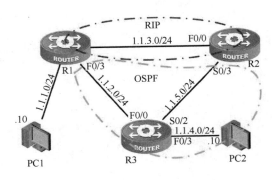

图 3-35　基于源地址的策略路由

用 OSPF 单区域完成路由的连通，在 R3 中使用策略路由，使来自 1.1.4.10 的源地址的数据从 1.1.2.1 转发，而来自 1.1.4.20 的源地址的数据从 1.1.5.2 转发。跟踪从 1.1.4.10 到 1.1.1.10 的数据路由。将 1.1.4.10 改为 1.1.4.20，再次跟踪路由。

表 3-10　路由器接口配置信息表

路由器 接口	R1	R2	R3
F0/0	1.1.3.1/24	1.1.3.2/24	1.1.2.2/24
F0/3	1.1.2.1/24	无	1.1.4.1/24
S0/2	无	无	1.1.5.2/24
S0/3	无	1.1.5.1/24	无
Loopback0	1.1.1.1/24	无	无

任务实施

步骤 1：按表 3-10 配置路由器 R1、R2、R3 的基础网络环境。

步骤 2：测试 R2 链路连通性。使用 PING 命令测试 1.1.3.1 和 1.1.5.2，确保网络正常连通。

步骤 3：测试 R3 链路连通性。使用 PING 命令测试 1.1.2.1，确保网络正常连通。

步骤 4：配置 R1 路由环境，使用 OSPF 单区域配置。

```
R1_CONFIG#ROUTER OSPF 1        //启用路由进程
R1_CONFIG_OSPF_1#NETWORK 1.1.3.0 255.255.255.0 AREA 0 //通告直连网络
R1_CONFIG_OSPF_1#NETWORK 1.1.2.0 255.255.255.0 AREA 0 //通告直连网络
R1_CONFIG_OSPF_1#REDISTRIBUTE cONNEcT              //重分发直连网络
```

步骤 5：配置 R2 路由环境，使用 OSPF 单区域配置。

```
R2_CONFIG#ROUTER OSPF 1
R2_CONFIG_OSPF_1#NETWORK 1.1.3.0 255.255.255.0 AREA 0
R2_CONFIG_OSPF_1#NETWORK 1.1.5.0 255.255.255.0 AREA 0
```

```
R2_CONFIG_OSPF_1#REDISTRIBUTE cONNEcT
```

步骤 6：配置 R3 路由环境，使用 OSPF 单区域配置。

```
R3_CONFIG#ROUTER OSPF 1
R3_CONFIG_OSPF_1#NETWORK 1.1.2.0 255.255.255.0 AREA 0
R3_CONFIG_OSPF_1#NETWORK 1.1.5.0 255.255.255.0 AREA 0
R3_CONFIG_OSPF_1#EXIT
R3_CONFIG#ROUTER OSPF 1
R3_CONFIG_OSPF_1#REDISTRIBUTE cONNEcT
```

步骤 7：查看 R1 路由表。

```
R1#SH IP ROUTE
......
C       1.1.1.0/24          IS DIREcTLY cONNEcTED,  LOOPBAcK0
C       1.1.2.0/24          IS DIRECTLY cONNEcTED,  FASTETHERNET0/3
C       1.1.3.0/24          IS DIREcTLY cONNEcTED,  FASTETHERNET0/0
O E2    1.1.4.0/24          [150, 100] VIA 1.1.2.2（ON FASTETHERNET0/3）
O       1.1.5.0/24          [110, 1601] VIA 1.1.2.2（ON FASTETHERNET0/3）
```

步骤 8：查看 R2 路由表。

```
R2#SH IP ROUTE
......
O E2    1.1.1.0/24          [150, 100] VIA 1.1.3.1（ON FASTETHERNET0/0）
O       1.1.2.0/24          [110, 2] VIA 1.1.3.1（ON FASTETHERNET0/0）
C       1.1.3.0/24          IS DIREcTLY cONNEcTED,  FASTETHERNET0/0
O E2    1.1.4.0/24          [150, 100] VIA 1.1.3.1（ON FASTETHERNET0/0）
C       1.1.5.0/24          IS DIREcTLY cONNEcTED,  SERIAL0/3
```

步骤 9：查看 R3 路由表。

```
R3#SH IP ROUTE
......
O E2    1.1.1.0/24          [150, 100] VIA 1.1.2.1（ON FASTETHERNET0/0）
C       1.1.2.0/24          IS DIREcTLY cONNEcTED,  FASTETHERNET0/0
O       1.1.3.0/24          [110, 2] VIA 1.1.2.1（ON FASTETHERNET0/0）
C       1.1.4.0/24          IS DIREcTLY cONNEcTED,  FASTETHERNET0/3
C       1.1.5.0/24          IS DIREcTLY cONNEcTED,  SERIAL0/2
```

步骤 10：在 R3 中使用策略路由。使来自 1.1.4.10 源地址的数据从 1.1.2.1 转发，而来自 1.1.4.20 源地址的数据从 1.1.5.1 转发。

```
R3_CONFIG#IP ACCESS-LIST STANDARD FOR_10        //标准 ACL 名称为 FOR_10
R3_CONFIG_STD_NACL#PERMIT 1.1.4.10              //匹配条件为源地址 1.1.4.10
R3_CONFIG_STD_NACL#EXIT
R3_CONFIG#IP ACCESS-LIST STANDARD FOR_20        //标准 ACL 名称为 FOR_20
R3_CONFIG_STD_NACL#PERMIT 1.1.4.20              //匹配条件为源地址 1.1.4.20
R3_CONFIG_STD_NACL#EXIT
R3_CONFIG#ROUTE-MAP SOURCE_PBR 10 PERMIT        //定义策略图名称为 SOURCE_PBR
R3_CONFIG_ROUTE_MAP#MATCH IP ADDRESS FOR_10     //匹配源地址为 FOR_10 的流量
R3_CONFIG_ROUTE_MAP#SET IP NEXT-HOP 1.1.2.1     //下一跳为 1.1.2.1
R3_CONFIG_ROUTE_MAP#EXIT
R3_CONFIG#ROUTE-MAP SOURcE_PBR 20 PERMIT        //定义策略图
R3_CONFIG_ROUTE_MAP#MATcH IP ADDRESS FOR_20     //匹配条件为 FOR_20 指定的源地址
R3_CONFIG_ROUTE_MAP#SET IP NEXT-HOP 1.1.5.1     //为符合条件的流量指定下一跳地址
```

```
R3_CONFIG_ROUTE_MAP#EXIT
R3_CONFIG#INTERFAcE FASTETHERNET 0/3
R3_CONFIG_F0/3#IP POLIcY ROUTE-MAP SOURcE_PBR //在F0/3接口上启用策略图
```

步骤11：分别从符合源地址条件的两个终端测试，结果如下。

```
------------------------1.1.4.10------------------------------
C:\DOcUMENTS AND SETTINGS\ADMINISTRATOR>IPcONFIG
WINDOWS IP CONFIGURATION
ETHERNET ADAPTER 本地连接:
        CONNEcTION-SPEcIFIc DNS SUFFIX . :
        IP ADDRESS. . . . . . . . . . . : 1.1.4.10
        SUBNET MASK . . . . . . . . . . : 255.255.255.0
        DEFAULT GATEWAY . . . . . . . . : 1.1.4.1
C:\DOcUMENTS AND SETTINGS\ADMINISTRATOR>TRAcERT 1.1.1.1
TRAcING ROUTE TO 1.1.1.1 OVER A MAXIMUM OF 30 HOPS
   1    <1 MS<1 MS<1 MS  1.1.4.1
   2     1 MS<1 MS<1 MS  1.1.1.1
TRAcE cOMPLETE.
C:\DOcUMENTS AND SETTINGS\ADMINISTRATOR>
C:\>IPcONFIG
WINDOWS IP CONFIGURATION
------------------------1.1.4.20------------------------------
ETHERNET ADAPTER 本地连接:
        CONNEcTION-SPEcIFIc DNS SUFFIX . :
        IP ADDRESS. . . . . . . . . . . : 1.1.4.20
        SUBNET MASK . . . . . . . . . . : 255.255.255.0
        DEFAULT GATEWAY . . . . . . . . : 1.1.4.1
C:\>TRAcERT 1.1.1.1
TRAcING ROUTE TO 1.1.1.1 OVER A MAXIMUM OF 30 HOPS
   1    <1 MS<1 MS<1 MS  1.1.4.1
   2    16 MS   15 MS   15 MS 1.1.5.1
   3    15 MS   14 MS   15 MS 1.1.1.1
TRAcE cOMPLETE.
```

可以看出，不同源地址的路由已经发生了改变。

任务验收

通过本任务的实施，掌握路由器策略路由的基本原理和配置，包括重分分的原理、实现方法和配置、测试方法等。

评价内容	评价标准
策略路由的作用	能正确理解策略路由的原理和作用
策略路由的实现方法	掌握策略路由的配置方法，能正确配置策略路由
策略路由方法验证	能对配置后的策略路由进行验证

项目四　访问控制列表高级应用

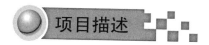

项目描述

新兴学校对现在的网络进行升级改造后，学校的网络已经可以正常运行，但学校的个别教师经常反映网速慢，也有些教师上班期间做一些与工作无关的事情，导致工作效率低。

项目分析

网络管理员小赵配合飞越公司测试和监听后，发现有个别教师上班期间经常下载和观看一些视频，导致其他教师无法正常使用网络。根据学校目前的实际网络需求，对正常运行的网络稍加限制，就可以解决此问题。小赵详细了解路由器设备的功能后，确定当前网络的现状需要使用访问控制列表和 QoS 来确保学校每位教师都有足够的带宽工作，如图 3-36 所示。

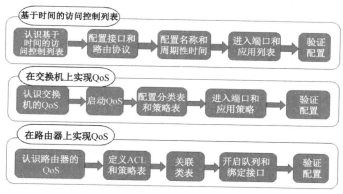

图 3-36　项目流程图

任务一　基于时间的访问控制列表

任务描述

新兴学校为了保证教师上班时间（周一至周五的 8:00～12:00 和 13:30～17:30）的工作效率，要求 192.168.1.0 网段的教师上班时间不能访问 IP 地址为 192.168.3.2 的 Web 服务器上的网站，下班以后访问网络不受限制。

任务分析

学校为了保证上班时间的工作效率，在上班时间内限制员工访问某 Web 服务器网站，下班以后访问网络不受限制。此要求可以使用基于时间的访问控制列表来实现。

实验拓扑如图 3-37 所示。其 IP 地址配置如表 3-11 所示。

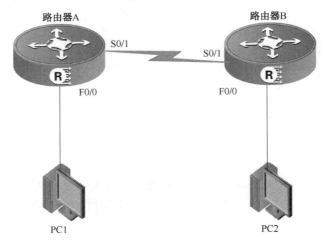

图 3-37　路由安全通信实验拓扑

表 3-11　IP 地址配置表

接　　口	IP 地址	子网掩码
路由器 A 的 F0/0 接口	192.168.1.1	255.255.255.0
路由器 B 的 F0/0 接口	192.168.3.1	255.255.255.0
路由器 A 的 S0/1 接口	192.168.2.1	255.255.255.0
路由器 B 的 S0/1 接口	192.168.2.2	255.255.255.0
PC1	192.168.1.2	255.255.255.0
PC2	192.168.3.2	255.255.255.0

任务实施

步骤 1：按图 3-37 连接网络拓扑结构。

步骤 2：按表 3-11 配置网络的基础环境。

步骤 3：在路由器 A 上配置静态路由。

```
ROUTERA_cONFIG#IP ROUTE 192.168.3.0 255.255.255.0 192.168.2.2  //设置静态路由
```

步骤 4：查看路由器 A 的静态路由表。

```
ROUTERA#SHOW IP ROUTE              //查看路由器 A 的路由表
......
C    192.168.1.0/24      IS DIREcTLY cONNEcTED, FASTETHERNET0/0
C    192.168.2.0/24      IS DIREcTLY cONNEcTED, SERIAL0/1
S    192.168.3.0/24      [1, 0] VIA 192.168.2.2 (ON SERIAL0/1)
```

步骤 5：根据表 3-11 配置路由器 B 的名称、接口 IP 地址。

步骤 6：在路由器 B 上配置静态路由。

```
ROUTERB_cONFIG#IP ROUTE 192.168.1.0 255.255.255.0 192.168.2.1//设置静态路由
```

步骤 7：查看路由器 B 的路由表。

```
ROUTERB#SHOW IP ROUTE          //查看路由器 B 的路由表
S      192.168.1.0/24          [1, 0] VIA 192.168.2.1（ON SERIAL0/1）
C      192.168.2.0/24          IS DIRECTLY CONNECTED,  SERIAL0/1
C      192.168.3.0/24          IS DIRECTLY CONNECTED,  FASTETHERNET0/0
```

步骤 8：在 PC1 上测试其与 PC2 的连通性，如图 3-38 所示。

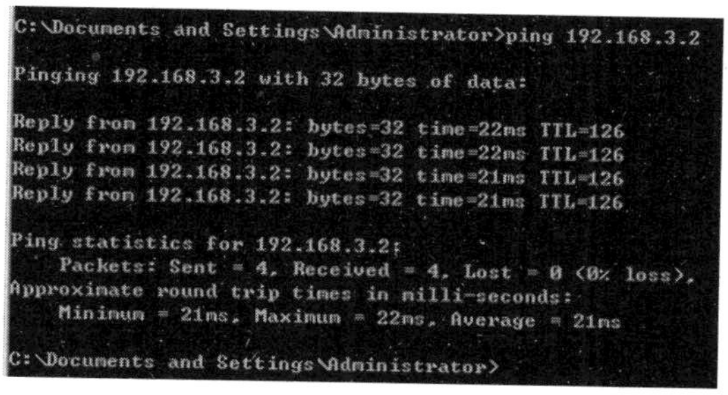

图 3-38   测试效果

步骤 9：配置禁止访问网页的时间。

```
ROUTERA_CONFIG#TIME-RANGE SHANGBAN //建立时间表 SHANGBAN
ROUTERA_CONFIG_TIME_RANGE#PERIODIC WEEKDAYS 8:00 TO 12:00   //设置周期性时间
ROUTERA_CONFIG_TIME_RANGE#PERIODIC WEEKDAYS 13:30 TO 17:30 //设置周期性时间
ROUTERA_CONFIG_TIME_RANGE#EXIT          //退出时间表设置模式
```

步骤 10：查看时间表。

```
ROUTERA#SHOW TIME-RANGE          //查看时间表
TIME-RANGE ENTRY: SHANGBAN （INACTIVE）
     PERIODIC WEEKDAYS 08:00 TO 12:00
     PERIODIC WEEKDAYS 13:30 TO 17:30
```

步骤 11：配置基于时间的访问控制列表。

```
ROUTERA_CONFIG#IP ACCESS-LIST EXTENDED DENYWANGYE
//建立基于时间的访问控制列表 DENYWANGYE
ROUTERA_CONFIG_EXT_NACL#DENY TCP 192.168.1.0 255.255.255.0 192.168.3.2
255.255.255.255 EQ80 TIME-RANGE SHANGBAN
//拒绝 192.168.1.0 网段在规定时间内访问 192.168.3.2 上的网页
ROUTERA_CONFIG_EXT_NACL#PERMIT IP ANY ANY    //允许所有 IP 数据包通过
ROUTERA_CONFIG_EXT_NACL#EXIT                    //退出访问列表配置模式
```

步骤 12：查看路由器 A 上的访问控制列表。

```
ROUTERA#SHOW IP ACCESS-LISTS                    //查看访问控制列表
EXTENDED IP ACCESS LIST DENYWANGYE
 DENY  TCP 192.168.1.0 255.255.255.0 192.168.3.2 255.255.255.255 EQ WWW
TIME-RANGE SHANGBAN
 PERMIT IP ANY ANY
```

步骤 13：将列表绑定到相应端口上。

```
ROUTERA_CONFIG#INTERFACE FASTETHERNET0/0//进入 F0/0 接口模式
ROUTERA_CONFIG_F0/0#IP ACCESS-GROUP DENY WANGYE IN
```

任务验收

通过本任务的实施，掌握基于时间的 ACL 的基本原理和配置，包括建立时间段、查看时间段、配置和应用 ACL 等。

评价内容	评价标准
基于时间的 ACL 原理	掌握基于时间的 ACL 的工作原理
建立时间段	能理解时间段的组成，并使用命令正确建立时间段
查看时间段	能使用命令正确查看时间段
应用 ACL	能正确应用基于时间的 ACL

任务二　在交换机上实现 QoS

任务描述

新兴学校的教师经常反映网速慢，无法正常地在网上寻找资料进行备课，为了保证教师上班时间每位教师都有足够的带宽访问互联网，可以通过 QoS 来对每位教师的带宽进行限制。网络管理员小赵要配合飞越公司通过 QoS 来实现此需求。

任务分析

QoS（Quality of Service，服务质量）是指一个网络能够利用各种各样的技术向选定的网络通信提供更好的服务的能力。QoS 是服务品质保证，提供稳定、可预测的数据传送服务，来满足使用程序的要求，QoS 不能产生新的带宽，但它可以将现有的带宽资源进行最佳的调整和配置，即可以根据应用的需求及网络管理的设置来有效地管理网络带宽。

任务实施

在骨干交换机的端口上，将所有网段的报文带宽限制为 1Mb/s，突发值设为 12KB，超过带宽的该网段内的报文一律丢弃。

```
S1A（CONFIG）#AccESS-LIST 1 PERMIT ANY        //定义标准 ACL，编号为 1，匹配任何地址
S1A（CONFIG）#MLS QoS                          //启用 QoS
S1A（CONFIG）#CLASS-MAP C1                     //定义流量类 CLASS-MAP，名称为 C1
S1A（CONFIG-CLASSMAP-C1）#MATcH ACCESS-GROUP 1   //匹配 ACL 1
S1A（CONFIG-CLASSMAP-C1）#EXIT
S1A（CONFIG）#POLICY-MAP P1                     //定义策略 P1
S1A（CONFIG-POLICYMAP-P1）#CLASS C1             //匹配 CLASS C1
S1A（CONFIG-POLICYMAP-P1-CLASS-C1）#POLICE  1000 12 EXCEED-ACTION DROP
//定义报文带宽限制为 1Mb/s，突发值为 12KB，超出限制的数据包被丢弃
S1A（CONFIG）#INTERFAcE ETHERNET 0/0/2
S1A（CONFIG-IF-ETHERNET0/0/2）#SERVICE-POLICY INPUT P1    //在接口上应用 P1 策略
```

知识链接

QoS 即服务质量，是网络的一种安全机制，是用来解决网络延迟和阻塞等问题的一种技术。在正常情况下，如果网络只用于特定的无时间限制的应用系统，则并不需要 QoS，如 Web 应用或 E-mail 设置等，但对关键应用和多媒体应用十分必要。当网络过载或拥塞时，QoS 能确保重要业务量不受延迟或丢弃，同时保证网络的高效运行。

任务验收

通过本任务的实施，掌握在交换机上实现 QoS 的基本原理和配置，包括 QoS 的概念、原理和配置方法等。

评 价 内 容	评 价 标 准
QoS 原理	掌握 QoS 的基本原理
QoS 配置	能正确地在交换机上实现 QoS 的配置

任务三　在路由器上实现 QoS

任务描述

新兴学校由于招生规模的扩大，学校的教师越来越多，为了保证学校的服务器有足够的带宽使每位老师都可以使用。网络管理员小赵配合飞越公司，通过 QoS 来实现此需求。

任务分析

网络资源总是有限的，只要存在抢夺网络资源的情况，就会出现服务质量的要求。服务质量是相对于网络业务而言的，在保证某类业务的服务质量的同时，可能就在损害其他业务的服务质量。

任务实施

在骨干路由器上配置 QoS 策略，保证公司中的服务器能获得 1Mb/s 以上的网络带宽。

```
ROUTERA_CONFIG#IP ACCESS-LIST STANDARD QoS  //定义名为 QoS 的访问控制列表
ROUTERA_CONFIG_STD_NACL# PERMIT 172.16.2.2 255.255.255.255
ROUTERA_CONFIG_STD_NACL#EXIT
ROUTERA_CONFIG#CLASS-MAP SERVER MATCH ACCESS-GROUP QOS
 //定义名为 SERVER 的类表，匹配的列表为 QOS
ROUTERA_CONFIG#POLICY-MAP QULITY              //定义名为 QULITY 的策略表
ROUTERA_CONFIG_PMAP#CLASS SERVER BANDWIDTH 1024
                                              //关联类表 SERVER，设定带宽为 1Mb/s
ROUTERA_CONFIG_PMAP#INTERFACE F0/3            //进入接口模式
ROUTERA_CONFIG_F0/3#FAIR-QUEUE                //开启公平队列
ROUTERA_CONFIG_F0/3#SERVICe-POLICYQULITY      //将策略表绑定到接口上
```

任务验收

通过本任务的实施，掌握在路由器上实现 QoS 的基本原理和配置，包括 QoS 的概念、原理和配置等。

评 价 内 容	评 价 标 准
QoS 原理	掌握 QoS 的基本原理
QoS 配置	能正确地在路由器上实现 QoS 的配置

单元知识拓展　配置静态路由和 RIP 路由的重分发

任务描述

新兴学校创办了分校区，现在需要在两个校区之间建立网络连接，但是两个校区所采用的网络协议不同，主校区使用了 RIP 路由协议，分校区使用了静态路由协议，使得建立连接的工作出现了困难。

任务分析

RIP 和 OSPF 协议是目前使用较频繁的路由协议，两种协议交接的场合也很多见，两种协议的重分发是比较常见的配置。主校区原来所采用的网络协议为 RIP，而分校区采用的路由协议是静态路由，采用 RIP 和静态路由重分发技术可以解决此问题。网络管理员小赵没有相关的网络维护经验，需要配合飞越公司来实现此需求。

实验拓扑如图 3-39 所示。其配置信息如表 3-12 所示。

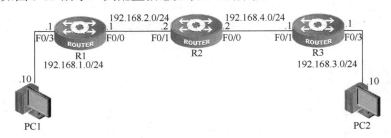

图 3-39　静态路由和 RIP 路由的重分发

表 3-12　路由器接口配置信息

路 由 器 接 口	R1	R2	R3
F0/0	192.168.2.1	192.168.2.2	192.168.4.1
F0/1		192.168.4.2	
F0/3	192.168.1.1		192.168.3.1

配置基础网络环境,如图 3-39 所示。R2 使用静态路由到达 192.168.1.0 网络,通过 RIP 协议学习到 192.168.3.0 网络。R2 中只增加了 192.168.4.0 网络。R1 使用默认路由 192.168.2.2 到达其他远程网络。R3 使用 RIP 协议与 R2 交互学习网络信息。在 R2 中做静态路由和 RIP 路由的重分发。

任务实施

步骤 1:配置路由器 R1、R2、R3 的名称、接口地址,搭建基础网络环境。

步骤 2:配置 R1 路由环境,R1 主要使用静态路由。

```
R1_CONFIG#IP ROUTE 192.168.4.0 255.255.255.0 192.168.2.2
R1_CONFIG#IP ROUTE 192.168.3.0 255.255.255.0 192.168.2.2
```

也可以添加如下所示的默认路由。

```
R1_CONFIG#IP ROUTE 0.0.0.0 0.0.0.0 192.168.2.2
```

这两种方法在本实验中的效果是一样的。

步骤 3:配置 R2 路由,在 F0/0 一侧使用静态路由,在 F0/1 一侧使用 RIP 协议。

```
R2_CONFIG#IP ROUTE 192.168.1.0 255.255.255.0 192.168.2.1
R2_CONFIG#EXIT
R2_CONFIG#ROUTER RIP
R2_CONFIG_RIP#NETWORK 192.168.4.0 255.255.255.0
R2_CONFIG_RIP#VER 2
```

步骤 4:配置 R3 路由器,使用 RIP 协议完成路由环境的搭建。

```
R3_CONFIG#ROUTER RIP
R3_CONFIG_RIP#NETWORK 192.168.4.0 255.255.255.0
R3_CONFIG_RIP#NETWORK 192.168.3.0 255.255.255.0
R3_CONFIG_RIP#VER 2
```

步骤 5:查看 R1 的路由表。

```
R1_CONFIG#SH IP ROUTE
......
S    0.0.0.0/0          [1, 0] VIA 192.168.2.2 (ON FASTETHERNET0/0)
C    192.168.1.0/24     IS DIRECTLY CONNECTED, FASTETHERNET0/3
C    192.168.2.0/24     IS DIRECTLY CONNECTED, FASTETHERNET0/0
S    192.168.3.0/24     [1, 0] VIA 192.168.2.2 (ON FASTETHERNET0/0)
S    192.168.4.0/24     [1, 0] VIA 192.168.2.2 (ON FASTETHERNET0/0)
```

上面的路由表是笔者既添加静态路由又添加默认路由时的路由信息,如果只添加默认路由,则没有后两条静态路由;如果只添加静态路由,则没有最上面的默认路由。

步骤 6:查看 R2 的路由表。

```
R2_CONFIG#SH IP ROUTE
......
S    192.168.1.0/24     [1, 0] VIA 192.168.2.1 (ON FASTETHERNET0/0)
C    192.168.2.0/24     IS DIRECTLY CONNECTED, FASTETHERNET0/0
R    192.168.3.0/24     [120, 1] VIA 192.168.4.1 (ON FASTETHERNET0/1)
C    192.168.4.0/24     IS DIRECTLY CONNECTED, FASTETHERNET0/1
R2_CONFIG#
```

步骤 7：查看 R3 的路由表。

```
R3_CONFIG#SH IP ROUTE
C     192.168.3.0/24        IS DIREcTLY cONNEcTED, FASTETHERNET0/3
C     192.168.4.0/24        IS DIREcTLY cONNEcTED, FASTETHERNET0/0
R3_CONFIG#
```

分析结果可知，此时只有 R1 和 R2 的路由表是完整的，因为 R1 使用了静态路由，而 R2 与 R3 建立了完整的 RIP 更新环境。对 R3 来说，由于 R2 没有把左侧网络的情况添加到路由进程中，因此 R3 无法得到新消息。

步骤 8：添加一个直连路由的重分发命令给 R2。

```
R2_CONFIG#ROUTER RIP
R2_CONFIG_RIP#REDISTRIBUTE cONNEcT
R2_CONFIG_RIP#EXIT
```

步骤 9：在 R3 路由器中查看路由表。

```
R3_CONFIG#SH IP ROUTE
......
R     192.168.2.0/24        [120，1] VIA 192.168.4.2（ON FASTETHERNET0/0）
C     192.168.3.0/24        IS DIREcTLY cONNEcTED, FASTETHERNET0/3
C     192.168.4.0/24        IS DIREcTLY cONNEcTED, FASTETHERNET0/0
```

可以看出，经过直连路由的重分发，R2 将其直连网段 192.168.2.0 发布给了 R3，但没有将静态路由发布给 R3。

步骤 10：如果 R3 需要获得完整的路由，则需要在 R2 中添加静态路由的重分发。

```
R2_CONFIG#ROUTER RIP
R2_CONFIG_RIP#REDISTRIBUTE STATIc
R2_CONFIG_RIP#EXIT
```

步骤 11：再次从 R3 中查看结果。

```
R3_CONFIG#SH IP ROUTE
......
R     192.168.1.0/24        [120，1] VIA 192.168.4.2（ON FASTETHERNET0/0）
R     192.168.2.0/24        [120，1] VIA 192.168.4.2（ON FASTETHERNET0/0）
C     192.168.3.0/24        IS DIREcTLY cONNEcTED, FASTETHERNET0/3
C     192.168.4.0/24        IS DIREcTLY cONNEcTED, FASTETHERNET0/0
```

至此，通过对静态路由区域和直连路由的重分发，已将 RIP 环境完整地搭建起来。

任务验收

通过本任务的实施，掌握路由器重分发的基本原理和配置，包括重分布的原理、实现方法和配置、测试方法等。

评 价 内 容	评 价 标 准
重分发的作用	能正确理解重分发的原理和作用
重分发的实现方法	掌握重分发的配置方法，能正确配置重分发
重分发方法验证	能对配置后的重分发进行验证

单 元 总 结

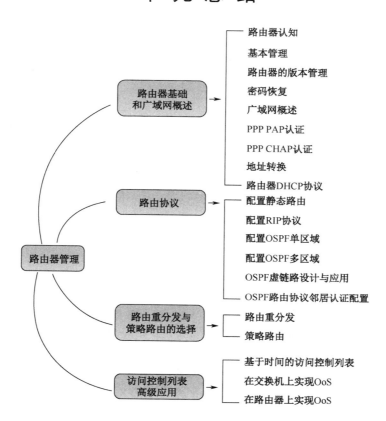

- 路由器基础和广域网概述
  - 路由器认知
  - 基本管理
  - 路由器的版本管理
  - 密码恢复
  - 广域网概述
  - PPP PAP认证
  - PPP CHAP认证
  - 地址转换
  - 路由器DHCP协议
- 路由协议
  - 配置静态路由
  - 配置RIP协议
  - 配置OSPF单区域
  - 配置OSPF多区域
  - OSPF虚链路设计与应用
  - OSPF路由协议邻居认证配置
- 路由重分发与策略路由的选择
  - 路由重分发
  - 策略路由
- 访问控制列表高级应用
  - 基于时间的访问控制列表
  - 在交换机上实现OoS
  - 在路由器上实现OoS

路由器管理

防火墙管理

学习单元四

☆ 单元概要

（1）防火墙是内网和外网之间的保护墙，是网络稳定、高效运行的安全保障。对于网络管理与维护人员而言，了解防火墙的应用及配置方法是非常必要的。了解防火墙的特性和功能、正确配置防火墙，不仅能够对内网的网络资源、上网行为进行有效管理，还能实时检测和防御外部网络的威胁与攻击。

（2）目前，在全国职业院校技能大赛中职组网络搭建与应用项目中，使用的硬件防火墙是神州数码品牌的 DCFW-1800S-H-V2 智能安全网关设备。该防火墙可以工作在透明模式、路由模式和混合模式下，支持双机热备份、防 DOS 攻击等功能，大大提高了局域网的安全性和可靠性；还支持有效的 QoS 策略，如控制内网用户的 P2P 流量，这些都可提高网络的通信服务质量。

（3）学会防火墙的基本功能与策略配置后，可以为局域网的高效运行提供可靠的保障。为了进一步实现不同办公地点的内网用户互访，还需要掌握基于防火墙的点到点 IPSec VPN 配置方法；可能需要在防火墙上配置 SSL、L2TP 等二层 VPN 服务，提供拨入功能，以便远程办公和出差人员随时访问局域网。

☆ 单元情境

新兴学校的路由与交换设备已经安装调试成功，功能符合既定目标，完全满足学校的办公自动化和学习共享需求。但是由于个别学生存在不规范的上网行为或者不均衡的资源访问，造成局域网的性能下降，影响了办公效率。为保证局域网的稳定高效运行，学校决定再采购两台防火墙，用于实现对局域网上网行为的管理并保证对 Internet 的合理访问。为实现两个校区办公网络的无缝对接，还准备在防火墙上建立安全快捷的 VPN 通信隧道，实现内网用户的互访和远程办公人员的拨入。

项目一 硬件防火墙的配置与管理

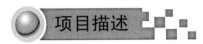 **项目描述**

　　新兴学校已经搭建好局域网并且接入 Internet，校内办公和对外宣传都已迁移到新部署的局域网上。为进一步提高局域网的安全性和可靠性，避免因为网络资源瓶颈或外部网络威胁影响学校业务，又采购了两台 DCFW-1800S-H-V2 型硬件防火墙，为网络的安全运行提供可靠保障。作为网络管理员，小赵需要尽快熟悉这款防火墙的性能及配置方法，正确实现防火墙的流量控制与外部防御功能。

项目分析

　　作为网络管理人员，在接收到这样的项目后，首先应当理清工作思路。对于从未接触过的防火墙设备，应从物理设备认知入手，了解其接口状态及带内、带外管理方法，熟悉防火墙的透明模式、路由模式及混合模式的应用情景及初始配置。掌握其配置方法以后，再启用对内网用户的 P2P 流量管理，对外网的防 DOS 攻击等管理手段。为了提高可靠性，还要启用双机热备份的冗余措施。整个项目的认知与分析流程如图 4-1 所示。

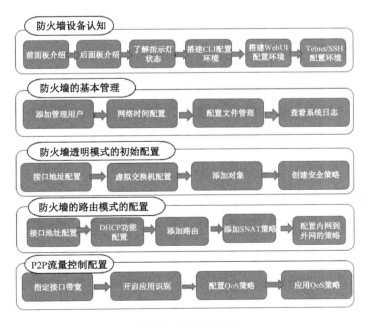

图 4-1　项目流程图

> **知识链接**
>
> 在网络中，"防火墙"是一种将内部网和外部网（如 Internet）分开的方法，它实际上是一种隔离技术。防火墙是在两个网络中通信时执行的一种访问控制尺度，它允许用户"同意"的人和数据进入网络，同时将用户"不同意"的人和数据拒之门外，最大限度地阻止网络中的黑客来访问自己的网络。换句话说，如果不通过防火墙，公司内部的人就无法访问 Internet，Internet 中的人也无法和公司内部的人进行通信。

任务一　防火墙的基本知识

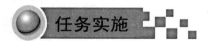

任务描述

分析新兴学校网络需求，集成商飞越公司采购的 DCFW-1800S-H-V2 硬件防火墙已经进场，网络管理员小赵需要确认设备的工作状态是否正常，并完成硬件防火墙的连接和安装上架任务。

任务分析

初次接触一台新的硬件设备，小赵需要认识硬件防火墙的物理外观，观察前后面板的接口、指示灯状态，认真阅读防火墙出厂的随机文档，确认设备工作状态正常后安装上架。

任务实施

一、认识防火墙的外观

DCFW-1800S-H-V2 硬件防火墙属于神州数码 DCFW-1800 系列安全网关家族中的一员，外形尺寸为 442.0mm×240.7mm×44.0mm，可以安装在 19 英寸标准机柜中使用，也可以独立使用。

1. 前面板

DCFW-1800S-H-V2 防火墙前面板有 5 个千兆口、1 个配置口、1 个 CLR 按键、1 个 USB 接口及状态指示灯，设备的前面板如图 4-2 所示。

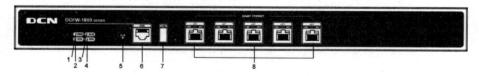

图 4-2　DCFW-1800S-H-V2 前面板示意图

对应的指示灯及接口的意义如表 4-1 所示。

表 4-1　DCFW-1800S-H-V2 前面板标识说明

序　号	标识及说明	序　号	标识及说明	序　号	标识及说明
1	PWR：电源指示灯	4	VPN：VPN 状态指示灯	7	USB：USB 接口
2	STA：状态指示灯	5	CLR：CLR 按键	8	E0/0～E0/4：以太网口
3	ALM：警告指示灯	6	CON：配置口		

2．指示灯的状态

从图 4-2 可以看出，DCFW-1800S-H-V2 防火墙前面板上有 4 个指示灯每个以太网接口对应一个 LINU 指示灯和一个 ACT 指示灯。它们所呈现的颜色、对应的状态及其代表的含义如表 4-2 所示。

表 4-2　DCFW-1800S-H-V2 前面板指示灯的含义

指　示　灯	颜色/状态	含　义
PWR	绿色常亮	系统电源工作正常
	橙色常亮	电源工作异常
	红色常亮	电源工作异常，此时系统进入关闭状态
	熄灭	系统没有供电或处于关闭状态
STA	绿色常亮	系统处于启动状态
	橙色常亮	系统已启动并且正常工作
	红色常亮	系统启动失败或者系统异常
ALM	红色常亮	系统告警
	绿色闪烁	系统处于等待状态
	熄灭	系统正常
	橙色闪烁	系统正在使用试用许可证
	橙色	系统的试用许可证已过期，无合法许可证
VPN	绿色常亮	VPN 隧道已连接
	橙色常亮	VPN 功能开启，无隧道连接
	熄灭	VPN 功能未启动
LINK	绿色常亮	端口与对端设备通过网线连接正常
	熄灭	端口与对端设备无连接或连接失败
ACT	黄色闪烁	端口处于收发数据状态
	熄灭	端口无数据传输

知识分享

DCFW-1800S-H-V2 防火墙安装过程包括安装挂耳与安装机柜，具体过程与路由器、交换机相同，可以参见前面学习单元中交换机的安装与上架。线缆连接包括地线连接、配置电缆连接、以太网电缆连接及电源线连接，连接方法分别与路由器相同，连接完检查接口指示灯状态，指示灯正常即可使用。

二、搭建防火墙的配置环境

初次使用防火墙时，首先需要对防火墙设备进行安装配置。没有接入网络之前，网络管

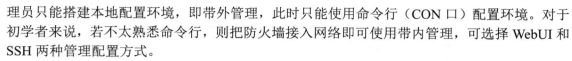

理员只能搭建本地配置环境，即带外管理，此时只能使用命令行（CON 口）配置环境。对于初学者来说，若不太熟悉命令行，则把防火墙接入网络即可使用带内管理，可选择 WebUI 和 SSH 两种管理配置方式。

1. 命令行配置及配置模式

命令行环境配置比较快捷、方便，省去了查找页面的烦琐，适合熟悉命令的管理员使用。搭建配置环境的步骤如下。

步骤 1：用配置电缆将计算机的串口与 DCFW-1800 系列防火墙的配置口连接起来，如图 4-3 所示。

步骤 2：在计算机上运行终端仿真程序（Windows XP/Windows 2000 等的超级终端），建立与防火墙的连接。将终端通信参数设置为 9600 比特率、8 位数据位、1 位停止位、无奇偶校验和无流量控制。

步骤 3：为防火墙设备加电。设备会进行硬件自检，并且自动进行系统初始化配置。如果系统启动成功，则会出现登录提示"LOGIN："。在提示后输入默认管理员名称"ADMIN"并按 Enter 键，界面出现密码提示"PASSWORD"，输入默认密码"ADMIN"并按 Enter 键，此时，用户便可成功登录并且进入 CLI 界面，如图 4-4 所示。

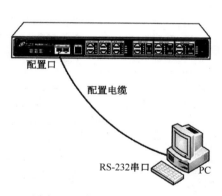

图 4-3　命令行配置环境

图 4-4　超级终端

步骤 4：输入如上信息即可进入防火墙的执行模式，该模式的提示符如下所示，包含一个数字符号（#）。

```
DCFW-1800#
```

步骤 5：在执行模式下，输入 CONFIGURE 命令，可进入全局配置模式。该模式的提示符如下所示。

```
DCFW-1800（CONFIG）#
```

步骤 6：防火墙的不同模块功能需要在其对应的命令行模式下进行配置。在全局配置模式下输入特定的命令即可进入相应的子模块配置模式。例如，运行 INTERFACE E0/0 命令，进入 E0/0 接口配置模式，此时的提示符变更为 DCFW-1800（CONFIG-IF-ETH0/0）#。

防火墙常用配置模式间的切换命令如表 4-3 所示。

表 4-3 防火墙常用配置模式间的切换命令

模　式	命　令
执行模式到全局配置模式	CONFIGURE
全局配置模式到子模块配置模式	不同功能使用不同的命令进入各自的命令配置模式
退回到上一级命令模式	EXIT
从任何模式回到执行模式	END

2. 搭建 WebUI 配置环境

DCFW-1800S-H-V2 防火墙的 E0/0 接口配有默认 IP 地址 192.168.1.1/24，该接口的各种管理功能均为开启状态。初次使用防火墙时，网络管理员可以通过该接口访问防火墙的 WebUI 页面。可按照以下步骤登录防火墙。

步骤 1：将管理 PC 的 IP 地址设置为与 192.168.1.1/24 同网段，并且用网线将管理 PC 与防火墙的 E0/0 接口连接起来。

步骤 2：打开管理 PC 的 Web 浏览器，在地址栏中输入 http://192.168.1.1 并按 Enter 键。打开登录页面，如图 4-5 所示。

图 4-5 防火墙登录页面

步骤 3：输入管理员的名称和密码。DCFW-1800 系列防火墙提供的默认管理员名称和密码均为"ADMIN"。

步骤 4：单击"登录"按钮，进入防火墙的主页。此时，用户可以根据需求对防火墙的功能进行配置，如图 4-6 所示。

图 4-6 防火墙管理主页面

步骤 5：在主页面上部显示了防火墙硬件平台型号和软件系统版本的配置情况。注意，本书中防火墙软件系统采用的是 V4.5R3 版本。

3. 搭建 Telnet 和 SSH 配置环境

按照图 4-7 所示的实验拓扑搭建实验环境。

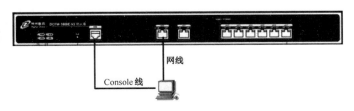

图 4-7 实验环境

步骤 1：利用 CON 口配置模式进入防火墙管理命令行，运行 MANAGE

TELNET 命令，开启被连接接口的 Telnet 管理功能。

```
FW-1800#CONFIGURE
DCFW-1800（CONFIG)#INTERFAcE ETHERNET 0/0
DCFW-1800（CONFIG-IF-ETH0/0)#MANAGE TELNET
```

步骤 2：运行 MANAGE SSH 命令，开启 SSH 管理功能。

```
DCFW-1800（CONFIG-IF-ETH0/0)#MANAGE SSH
```

步骤 3：配置 PC 的 IP 地址为 192.168.1.*，尝试进行 PC 到防火墙的 Telnet 连接，如图 4-8 所示。

图 4-8　PC 尝试与防火墙的 Telnet 连接

步骤 4：Telnet 连接成功后，按照提示输入默认的管理员用户口令和密码（ADMIN），登录到防火墙，出现防火墙执行模式提示符，如图 4-9 所示。

图 4-9　Telnet 成功连接到防火墙

步骤 5：在此执行模式提示符下，输入 SHOW CONFIGURE 命令，可查看当前防火墙的配置情况。

步骤 6：在 PC 上安装 SSH 客户端软件后，尝试进行 PC 到防火墙的 SSH 连接，如图 4-10 所示。连接成功后，输入默认的用户名和口令（ADMIN），如图 4-11 所示。

图 4-10　尝试到防火墙的 SSH 连接　　　　图 4-11　输入用户名和口令

 任务验收

通过本任务的实施，认识防火墙的接口特性、初始配置，掌握添加管理用户的方法。

评 价 内 容	评 价 标 准
防火墙外观特性	（1）熟悉防火墙的各接口及线缆连接方法； （2）了解防火墙设备面板指示灯的状态及其含义
防火墙的配置管理	学会搭建防火墙的带内、带外管理配置环境

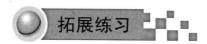

拓展练习

如果需要在某公司的内部办公环境中对防火墙进行管理，在这种情况下不可能使用 Console 口直接连接，那么可以使用什么方式进行管理呢？怎样加强这种管理方式下的安全性？

任务二　防火墙的基本管理

任务描述

新兴学校采购的防火墙已经安装上架，设备状态调试结束，但还未与其他网络设备连接。现在需要添加防火墙的管理账户，对防火墙进行基本配置的维护管理，同步与其他网络设备的网络时间，确保进入正常工作环境与状态。

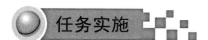

任务分析

在防火墙配置网络功能之前，网络管理员需要学会防火墙的基本管理操作，包括添加管理账户、同步防火墙设备的时间；对系统配置文件的管理和维护，如配置文件的修改、保存及恢复；了解和确认防火墙的状态，查看和保存防火墙的日志文件，供以后维护网络设备时使用等。

任务实施

一、添加管理用户

DCFW-1800S 系列防火墙默认的管理员是 ADMIN，可以对其进行修改，但不能删除这个管理员。使用中可以增加特定的管理员账户，并对防火墙进行管理。

步骤 1：选择"系统管理"→"设备管理"选项，如图 4-12 所示。

步骤 2：在弹出的"设备管理"对话框中，"管理员"选项卡显示的是当前系统默认的管理员账户信息及操作权限。单击右侧的"添加"按钮，弹出的对话框如图 4-13 所示。

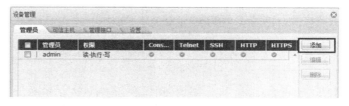

图 4-12　"系统管理"菜单　　　　　　　图 4-13　"设备管理"对话框

步骤 3：在对话框中输入要添加的管理员名称、密码，并为其选择管理权限"读－执行"或"读－执行－写"，选择允许其登录的方式，如图 4-14 所示。

图 4-14　管理员配置页面

步骤 4：管理员账户信息输入完成后，单击"确定"按钮，返回"设备管理"对话框，再次单击"确定"按钮，关闭对话框，添加的管理员已经生效。

知识链接

在 CLI 界面中增加一个管理员的命令如下。

DCFW-1800(config)#admin　user　user-name

在管理员配置模式下，输入以下命令配置管理员的特权。

DCFW-1800(config-admin)#privilege {RX | RXW}

在管理员配置模式下，输入以下命令配置管理员的密码。

DCFW-1800(config-admin)#password password

二、网络时间配置

防火墙需要进行很多时间的策略管理，所以要求防火墙的系统时间与网络同步。在当前没有接入 Internet 的情况下，只能选择与本地 PC 同步时间。

步骤 1：选择"系统管理"→"日期和时间"选项，弹出"日期和时间"对话框，如图 4-15 所示。

图 4-15　配置系统日期和时间

步骤 2：选择与本地 PC 同步，单击"确定"按钮，这时时间已与当前 PC 的时间同步。再次单击对话框下方的"确定"按钮，关闭对话框，完成配置。

步骤 3：当防火墙已接入互联网时，若需要选择与 NTP 服务器同步时间，则可选择下方的 NTP 服务器，输入验证密钥，并完成相关参数的配置。

知识链接

Internet 上也有许多网络时间服务器（NTP），专门为网络设备提供同步时间服务。当然，使用 NTP 服务需要经过对方的许可，这种情况下需要输入验证身份的密钥、与 NTP 服务器相连接的接口，以及与服务器同步的时间间隔和调整的时间范围等。

三、配置文件管理

1. 查看系统配置

选择"系统管理"→"配置文件管理"选项，弹出"配置文件管理"对话框，可以看到当前的系统配置脚本，如图 4-16 所示。

图 4-16　查看当前配置

2. 将当前配置文件保存在本地

步骤 1：在图 4-16 所示的"配置文件管理"对话框中单击"导出"按钮，弹出"文件下载"对话框，单击"保存"按钮，如图 4-17 所示。

图 4-17　导出当前配置

步骤 2：此时，防火墙的当前配置文件就会保存在本地默认下载路径中，可以使用写字板将此文件打开，查看防火墙的配置。

3. 将本地的配置上传到防火墙中并调用该配置

步骤 1：选择"系统管理"→"配置备份还原"选项，弹出"系统配置备份还原向导"对话框，选中"恢复系统配置"单选按钮，单击"下一步"按钮，如图 4-18 所示。

图 4-18 恢复系统配置

步骤 2：选中"从本地上传系统配置文件"单选按钮（这里一定要选中该单选按钮，否则不会上传文件），从本地选择将要上传的配置文件，单击"下一步"按钮，如图 4-19 所示。

步骤 3：上传结束后，选中"是，立即重新启动设备"单选按钮，单击"完成"按钮后系统会重启，上传的配置生效，如图 4-20 所示。

至此，防火墙的配置文件已经从本地恢复。如果选择保存在默认位置的备份配置文件，则应在图 4-19 中选中"选择备份的系统配置文件"单选按钮。

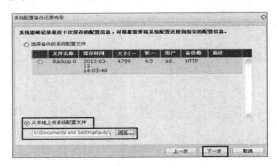

图 4-19 上传本地配置文件

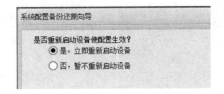

图 4-20 重启系统并调用配置文件

4. 恢复出厂设置

步骤 1：选择"系统管理"→"配置备份还原"选项，在弹出的对话框中选中"恢复出厂配置"单选按钮，如图 4-21 所示。

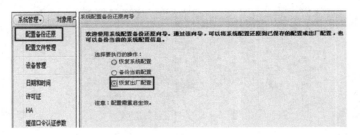

图 4-21 恢复出厂设置

步骤 2：单击"下一步"按钮，询问是否重启系统以恢复出厂设置，系统默认选择"是"，单击"完成"按钮重启系统，即可恢复出厂设置。

经验分享

将防火墙恢复到出厂设置的方法还有以下两种。

（1）用户使用设备上的CRL键使系统恢复为出厂设置(设备断电,按住CTR键,直到 STAT 灯和 ALM 灯同时变为红色,15s后松开 CTR 键即可)。

（2）可以使用命令恢复:在执行模式下,使用命令 unset all 即可恢复出厂配置。

四、查看系统日志

防火墙操作系统默认对它监测到的所有系统修改、系统运行情况、网络性能改变等所有事件都有日志记录,管理员可以通过查看系统日志发现网络的工作状况及配置修改行为,也可以把系统日志保存到一个特定的日志服务器中。

步骤 1：单击防火墙管理主页面左侧的"日志"按钮,可以看到系统的日志分类,如图 4-22 所示。

步骤 2：如果要查看系统的配置有无修改,或修改细节,则应单击"配置日志"按钮,则系统的配置修改情况会全部显示出来,如图 4-23 所示。

图 4-22　系统日志页面　　　　　　　　　　图 4-23　配置日志

步骤 3：单击日志页面的"告警日志"按钮,可以查看系统的警告,如图 4-24 所示。

图 4-24　告警日志

 **任务验收**

通过本任务的实施,掌握防火墙的基本管理任务及方法。

评 价 内 容	评 价 标 准
防火墙系统管理	（1）学会添加管理员账户并给予合适的权限; （2）配置防火墙的系统时间; （3）查看防火墙系统日志
防火墙的文件管理	学会导入和导出配置文件,恢复出厂设置等操作

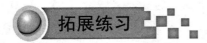

拓展练习

首先将防火墙当前配置保存到计算机本地，然后将防火墙恢复为出厂配置，最后将之前的本地配置导入到防火墙中，并启动该配置文件。

任务三　防火墙的版本管理

任务描述

新兴学校采购的防火墙现行软件版本为 DCFOS-V4.0R4C6。最近，厂家的网站上发布了此系列防火墙的新版操作系统 DCFOS-V4.5R3P6，该版本的软件比出厂时随机安装的系统有更强大、更稳定的网络管理功能，适合更加复杂的网络应用。小赵准备把防火墙软件升级到最新版。

任务分析

防火墙系统核心具备升级及更新的能力，以保证适合更加复杂的网络应用。厂商在制造产品后，会始终保持对产品内核的更新。获得正式授权的升级包后，按照规定的方法进行升级，可获得产品的最优配置和最佳性能。但此操作需谨慎进行，升级过程中不可断电。

防火墙软件版本的升级支持 CLI 下 TFTP、FTP 升级。另外，设备本身有 USB 接口，也支持 USB 闪存盘直接升级。由于小赵初次进行软件升级，因此本任务中选择简单直观的 Web 方式进行升级。

任务实施

实验拓扑如图 4-25 所示。

要求学会备份现有防火墙软件版本，并进行升级操作。

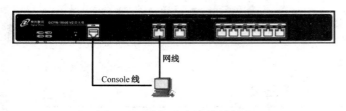

图 4-25　升级防火墙软件版本

1. 将软件版本从本地上传到防火墙中

步骤 1：选择"系统管理"→"版本升级"选项，弹出"版本升级向导"对话框，系统默认升级到最新的软件版本，单击"下一步"按钮，如图 4-26 所示。

步骤 2：在上传的新的软件版本处浏览，选择要升级的版本（系统本身只能包含两个文件，升级第 3 个版本时需选择备份其中一个文件），如图 4-27 所示。

图 4-26　升级软件版本　　　　　　　　　　图 4-27 选择上传新的版本文件

步骤 3：上传结束后，系统提示是否重新启动，以使新的系统生效，选中"是，立即重新启动设备"单选按钮，单击"完成"按钮，如图 4-28 所示。

2. 恢复为旧的软件版本

用户也可以使用以前备份过的旧版本的操作系统。

步骤 1：选择"系统管理"→"版本升级"选项，在弹出的对话框中选中"还原为已保存的软件版本"单选按钮，单击"下一步"按钮，如图 4-29 所示。

图 4-28　重启系统　　　　　　　　　　　图 4-29　还原软件版本

步骤 2：选择已备份的软件版本，单击"下一步"按钮，如图 4-30 所示。

步骤 3：系统弹出提示对话框，警告此操作存在风险，确认恢复时可单击"是"按钮，如图 4-31 所示。

图 4-30　选择已备份的软件版本

图 4-31　确认恢复软件版本

步骤4：此时系统会立即重新启动设备，单击"完成"按钮后即可恢复为备份版本。

任务验收

通过本任务的实施，学会对防火墙的操作系统进行备份与升级管理。

评 价 内 容	评 价 标 准
防火墙的版本管理	在规定时间内，完成防火墙操作系统的升级与备份

拓展练习

新兴学校现在防火墙系统中的版本为 4.0R4，用户希望在设备上使用 4.5R3 版本，将 4.0R4 作为备份版本，请帮助用户完成软件版本的升级和备份操作。

任务四　防火墙透明模式的初始配置

任务描述

新兴学校最新购置的防火墙已经完成了安装和测试，系统也已升级到最新版本。现在要求把防火墙接入到现有的局域网中，尽量不改变已有的 LAN 架构和 IP 地址分配，还要对内网的流量进行管理，起到对内网的保护作用。

任务分析

根据新兴学校防火墙接入要求，应该选择防火墙工作模式为透明模式。透明模式对原有网络的介入最少，广泛用于大量原有网络的安全升级中。透明模式相当于防火墙工作于透明网桥模式。防火墙防范的各个区域均位于同一网段。

透明模式的具体配置要求：防火墙连接的不同安全区域的接口都工作在二层模式下，不需要配置 IP 地址，只起到隔离网段、流量控制、策略控制的作用。为了管理防火墙，虚拟一个交换接口 vswitch1，配置 IP 地址。

知识链接

防火墙的策略管理是基于区域的概念进行的。区域是一个逻辑概念，一个区域其实是一些接口的集合，被应用了策略规则的域即为安全域。安全域将网络划分为不同部分，如 trust（通常为内网等可信任部分）、untrust（通常为因特网等存在安全威胁的不可信任部分）等。将配置的策略规则应用到安全域上后，防火墙就能够对出入安全域的流量进行管理和控制。

防火墙的接口是一个物理存在的实体，承载着出入防火墙连接的不同区域的流量。所以

为使流量能够流入和流出某个安全域，必须将接口绑定到该安全域。只有绑定到三层安全域的接口才可以配置 IP 地址。多个接口可以被绑定到一个安全域，但是一个接口不能被绑定到多个安全域。允许流量在不同安全域中的接口之间传输，必须配置相应的策略规则并应用于安全域。

实验拓扑如图 4-32 所示。

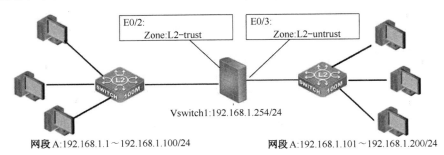

图 4-32　透明模式配置拓扑

配置要求如下。

（1）防火墙 E0/2 接口和 E0/3 接口配置为透明模式。

（2）E0/2 与 E0/3 同属一个虚拟桥接组，E0/2 属于 L2-trust 安全域，E0/3 属于 L2-untrust 安全域。

（3）为虚拟桥接组 vswitch1 配置 IP 地址，以便管理防火墙。

（4）允许网段 A　PING　网段 B 及访问网段 B 的 Web 服务。

温馨提示

本任务中防火墙的 vswitch 接口的 IP 地址与默认的 E0/0 地址有冲突。如果使用 WebUI 界面管理防火墙，则需要修改 E0/0 接口的 IP 地址为其他网段。

任务实施

步骤 1：接口配置。把 E0/2 接口加入二层安全域。通过默认的 E0/0 管理接口登录防火墙的 WebUI 管理页面，选择主页面左侧的"配置"→"网络"→"网络连接"选项，页面的右侧显示了当前防火墙的所有接口状态，如图 4-33 所示。

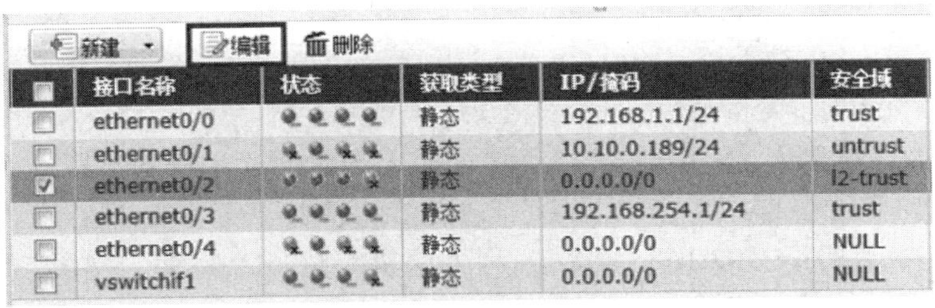

接口名称	状态	获取类型	IP/掩码	安全域
ethernet0/0		静态	192.168.1.1/24	trust
ethernet0/1		静态	10.10.0.189/24	untrust
☑ ethernet0/2		静态	0.0.0.0/0	l2-trust
ethernet0/3		静态	192.168.254.1/24	trust
ethernet0/4		静态	0.0.0.0/0	NULL
vswitchif1		静态	0.0.0.0/0	NULL

图 4-33　网络连接页面

页面的上方显示的是当前防火墙上默认的 8 个区域,下方是当前存在的物理接口的状态。选择需要配置的接口 E0/2,单击"编辑"按钮,在弹出的"接口配置"对话框中把 E0/2 接口加入二层安全域 L2-trust,如图 4-34 所示。

图 4-34 将接口 E0/2 加入二层安全域

将接口 E0/3 加入二层安全域 L2-untrust,即二层非信任区。注意,加入二层安全域的接口不能配置 IP 地址。

步骤 2:配置虚拟交换机。选择 vswitch 1 接口,将其加入三层安全域 L3-trust,配置管理 IP 地址为 192.168.1.254,如图 4-35 所示。

图 4-35 配置 vswitch1 接口

 经验分享

此实例预留了防火墙的管理接口,才可以使用 WebUI 对防火墙进行管理。在实际应用中,如果没有单独接口来管理,则可以先使用控制线通过控制口登录防火墙,使用如下命令行进行配置。

```
DCFW-1800(config)# interface ethernet0/2
DCFW-1800(config-if-eth0/6)#zone l2-trust
DCFW-1800(config)# interface vswitchif1
DCFW-1800(config-if-vsw1)# zone trust
DCFW-1800(config-if-vsw1)# ip address 192.168.1.254/24
```

步骤 3:添加地址簿对象。在防火墙主页面右上方选择"系统对象"→"地址簿"选项,在弹出的"地址簿"对话框中单击"新建"按钮,定义网段 A(192.168.1.1～192.168.1.100)和网段 B(192.168.1.101～192.168.1.200),因为这里不是一个完整的网段,所以选择定义为 IP 范围,如图 4-36 和图 4-37 所示。

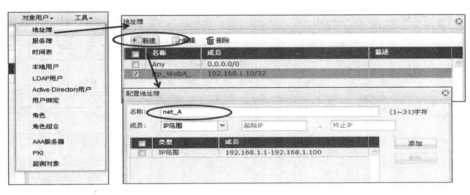

图 4-36　创建 net_A 地址对象

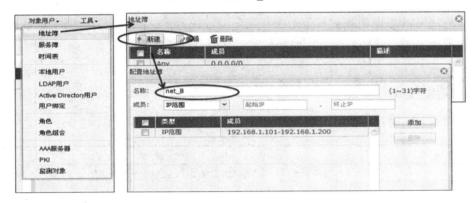

图 4-37　创建 net_B 地址对象

步骤 4：建立服务组对象，创建一个服务组，命名为 A-to-B_service，包括 PING 和 HTTP 两种服务，如图 4-38 所示。其结果如图 4-39 所示。

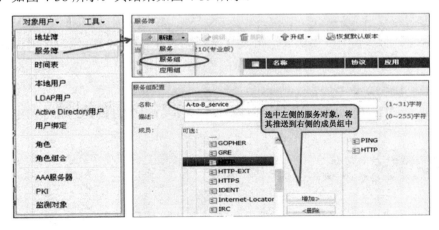

图 4-38　创建 A-to-B_service 服务组对象

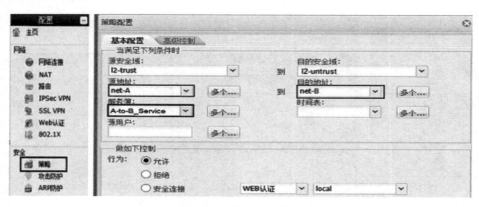

图 4-39　创建安全策略

防火墙的透明模式初始配置已经完成，既起到了流量管理的作用，又没有影响网络的架构，对用户来说，防火墙的存在是透明的。

通过本任务的实施，学会对防火墙的透明模式进行初始配置。

评 价 内 容	评 价 标 准
接口加入安全域及配置 IP 地址	（1）学会将接口加入二层或三层安全域，理解安全域的概念； （2）理解 vswitch 接口的意义及作用，学会配置 IP 地址
创建系统对象	学会创建地址簿和服务组对象
创建策略	根据需要在安全域之间创建正确的策略

在完成本任务的基础上，要求放行网段 B 至网段 A 的 TCP 9988 端口，请根据要求完成配置。

任务五　防火墙路由模式的初始配置

新兴学校由于办学规模不断增大，校内局域网用户数与日俱增，与 Internet 数据交换量迅速增大，也经常给局域网带来很多不安全因素，影响内网的可靠性。现在需要启用防火墙的智能网关作用，保护内网的私有数据，防范外网的安全威胁。

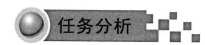

任务分析

　　防火墙作为局域网的智能网关时，处于内网和外网之间，必须工作在路由模式。在路由模式下，在防火墙上可以添加默认路由、配置 SNAT 转换、隐藏私有地址、内部用户正常访问外网。从安全性上考虑，内网处于 trust 区域，外网处于 untrust 区域，制定安全策略保护内网数据。

　　实验拓扑如图 4-40 所示。

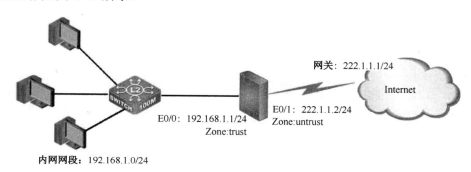

图 4-40　配置防火墙路由模式

　　配置要求如下。

　　（1）防火墙内网接口 E0/0 加入 trust 安全域，使用默认地址为 192.168.1.1 /24，将外网接口加入 untrust 域，使用公网地址 222.1.1.1/24。

　　（2）防火墙内网接口 E0/0 开启 DHCP 和 DNS 代理服务，为内网用户提供 IP 地址和 DNS 代理。

任务实施

　　步骤 1：接口地址配置。在防火墙主页面中选择"网络"→"网络连接"选项，打开如图 4-41 所示的接口配置页面。

接口名称	状态	获取类型	IP/掩码	安全域
ethernet0/0		静态	192.168.1.1/24	trust
ethernet0/1		静态	172.16.1.6/30	untrust
ethernet0/2		静态	172.16.2.254/24	trust
ethernet0/3		静态	10.10.10.1/30	trust
ethernet0/4		静态	10.10.10.5/30	trust
vswitchif1		静态	0.0.0.0/0	NULL

图 4-41　网络接口配置页面

　　选中要配置的接口 ethernet0/1，单击"编辑"按钮，在弹出的对话框中，绑定安全域为"三层安全域"，将接口加入 untrust 区域，在"IP 配置"选项组中选中"静态 IP"单选按钮，输入为其分配的 IP 地址和子网掩码，如图 4-42 所示。

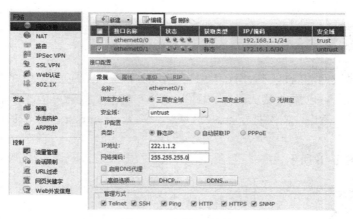

图 4-42　配置 IP 地址

步骤 2：配置防火墙的 DHCP 功能。在图 4-41 所示的接口配置页面上，选中"ethernet0/0"复选框，打开编辑页面，单击"DHCP"按钮，单击"新建"按钮，弹出"DHCP 配置"对话框，如图 4-43 所示，选中"DHCP 服务器"单选按钮，添加地址池，设置网关、子网掩码、DNS，单击"确定"按钮，如图 4-43 所示。

如果需要为某主机指定 IP 地址，则可以选择"地址绑定"选项卡，输入要绑定的 IP 地址与 MAC 地址，所绑定的 IP 地址必须在地址池中，如图 4-44 所示。

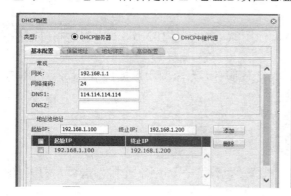

图 4-43　定义 DHCP 地址池

图 4-44　地址绑定

步骤 3：验证。内网 PC 使用自动获取 IP 地址的方式来获取 IP 地址，可以看到 PC 已经获取 192.168.1.100 的 IP 地址，网关为 192.168.1.1，实现了 IP 地址绑定，如图 4-45 所示。

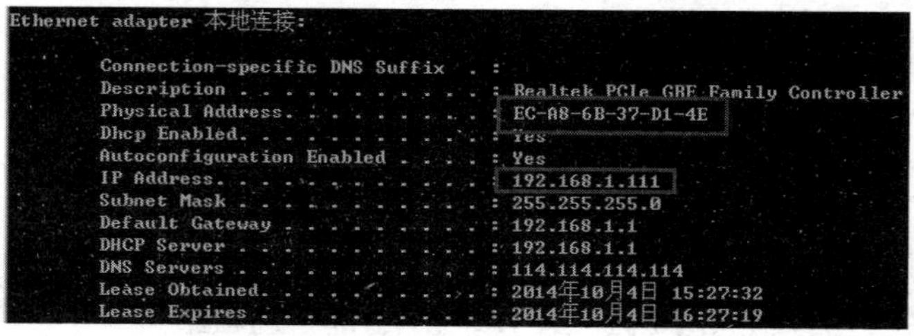

图 4-45　客户端 DHCP 验证

步骤 4：添加路由。添加到外网的默认路由，允许访问所有的外部网络，下一跳地址为防火墙外网的网关地址，这个地址应该在 ISP 设备上。在防火墙主页面中选择"网络"→"路由"→"目的路由"选项，在"目的路由配置"对话框中新建一条默认路由条目并添加下一跳地址，如图 4-46 所示。

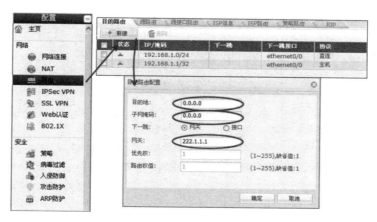

图 4-46　添加目的路由

步骤 5：添加 SNAT 策略。内网用户众多，都使用私有地址，在访问外网时，使用源 NAT 转换，所有私有地址都转换为防火墙外网接口 E0/1 的公有地址 222.1.1.2。在防火墙主页面中选择"网络"→"NAT"→"源 NAT"选项，添加源 NAT 策略，如图 4-47 所示。

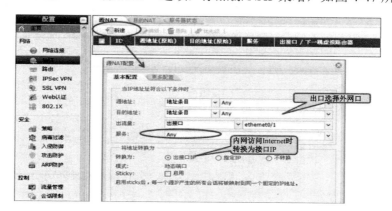

图 4-47　添加源 NAT 策略

步骤 6：添加内网到外网的安全策略。内网处于三层 trust 安全域，外网处于三层 untrust 安全域，防火墙默认不同安全域之间是不能访问的。为了让内网用户能够顺利访问外网，建立 trust 到 untrust 的安全策略，放行内网到外网的流量。

选择"安全"→"策略"选项，新建一条策略，选择从 trust 到 untrust，放行所有数据流量，如图 4-48 所示。

至此，防火墙的路由模式初始配置完成，内网用户可以访问外网，外网不能访问内网。这样既保证了内网用户的上网需求，又隐藏了内网的数据与信息。

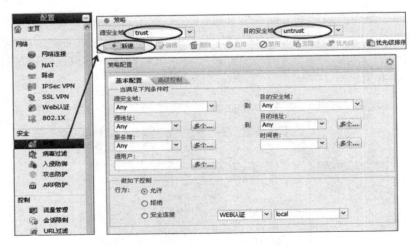

图 4-48　建立从内网到外网的策略

通过本任务的实施，学会对防火墙的路由模式进行初始配置，包括接口的 IP 地址配置，DHCP 服务的开启，静态路由、源 NAT 的配置及安全策略的定义。

评 价 内 容	评 价 标 准
防火墙的路由模式初始配置	（1）在规定时间内，为防火墙连接内网、外网的接口加入安全域并配置 IP 地址； （2）学会配置防火墙的 DHCP 功能，使内网主机能够动态获取到规定网段的 IP 地址； （3）学会在防火墙上添加路由、源 NAT，实现内网用户访问外网； （4）学会配置安全域之间的访问策略，以保证用户区域信息安全

拓展练习

（1）防火墙内网口处接一台神州数码三层交换机 5950，三层交换机上设置了几个网段，现在需要通过防火墙来访问外网，应该怎样配置？

（2）配置 SNAT 后，如果只允许内网用户早 9:00 到晚 18:00 浏览网页，其他时间不做任何限制，则应该如何实现？

任务六　防火墙混合模式的初始配置

任务描述

新兴学校最近承接了几个合作共建项目，需要加强对外宣传力度，学校购置了几台 Web 服务器，分配了专用的公有地址（与防火墙外网口同一网段），专供 Internet 用户访问。要求防火墙既能作为内网用户的智能网关，又能保证 Web 服务器被外网用户安全访问。

任务分析

目前学校网络从过去的两个区域（内网 trust、外网 untrust）变为现在的 3 个区域（内网 trust、外网 untrust 和服务器 DMZ）。

防火墙需要为内网用户提供网关服务和路由功能。同时，防火墙的外网接口和服务器区的接口在同一网段，这两个接口工作在透明模式下。只有混合模式可以满足这个需求，即内网口作为内网的网关，工作在路由模式；外网口和服务器接口共同作为桥，工作在透明模式。

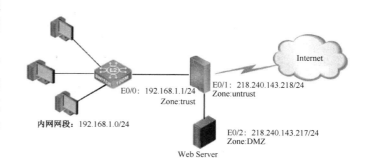

图 4-49　防火墙混合模式拓扑

实验拓扑如图 4-49 所示。

配置要求如下。

（1）将 E0/0 口设置成路由接口，将 E/01 和 E/02 口设置为二层接口，并设置 vswitch 接口。

（2）设置源 NAT 策略。

（3）设置安全策略。

任务实施

步骤 1：配置接口地址。

（1）将内网口 E0/0 设置为三层安全域 L3-trust，配置默认的地址 192.168.1.1/24，如图 4-50 所示。

（2）设置外网口，E0/1 接口连接 Internet，设置为二层安全域"l2-untrust"，如图 4-51 所示。

图 4-50　接口 E0/0 的配置

图 4-51　E0/1 接口配置

（3）设置外网口，E0/2 接口连接服务器，设置为二层安全域"l2-dmz"，如图 4-52 所示。

步骤 2：配置 vswitch 接口。由于二层安全域接口不能配置 IP 地址，因此需要将地址配置在网桥接口上，该网络桥接口即为 vswitch。vswitch 接口的地址配置如图 4-53 所示。

图 4-52　接口 E0/2 配置　　　　　　　图 4-53　vswitch 接口的配置

步骤 3：设置 SNAT 策略。针对内网所有地址的上网需求，需要在防火墙上设置源 NAT，内网 PC 在访问外网时，凡是从 vswitch 接口转发的数据包都要做地址转换，转换地址为 vswitch 接口地址，如图 4-54 示。

步骤 4：添加路由。要创建一条到外网的默认路由，如果内网有三层交换机，则需要创建到内网的回指路由。这里默认路由的下一跳地址设为网关 218.240.143.1，如图 4-55 所示。

图 4-54　vswitch 接口配置

图 4-55　添加默认路由

步骤 5：设置地址簿。在放行安全策略时，需要选择相应的地址和服务进行放行，所以这里首先要创建服务器的地址簿。在创建地址簿时，如果创建的服务器属于单个 IP，则建议使用 IP 成员方式，子网掩码一定为 32 位，如图 4-56 所示。

步骤 6：放行策略。放行策略时，首先要保证内网能够访问到外网。应该放行到内网口所属安全域到 vswitch 接口所属安全域的安全策略，即从 trust 到 untrust，如图 4-57 所示。

另外，要保证外网能够访问 Web_Server，应将该服务器的网关地址设置为 ISP 网关 218.240.143.1，需要放行二层安全域之前的安全策略，即放行 L2 到 L2-DMZ 的策略。

图 4-56　创建服务器地址簿　　　　　　图 4-57　添加内网到外网的策略

通过本任务的实施，学会对防火墙的混合模式进行初始配置，包括接口的 IP 地址配置、网桥接口的配置、默认路由的配置、源 NAT 的配置及放行策略的定义。

评 价 内 容	评 价 标 准
防火墙的混合模式	（1）在规定时间内，为防火墙连接内、外网的接口加入相应的安全域并配置 IP 地址； （2）学会在防火墙上添加路由、源 NAT，实现内网用户访问外网功能； （3）学会配置透明网桥接口的 IP 地址和安全域； （4）学会配置安全域之间的访问策略，以保证用户区域信息安全

假如学校局域网使用第一种混合模式：服务器和内网属于透明模式。此时服务器和内网在同一个网段。如果要求外网还是通过 218.240.143.217 地址访问服务器，能实现吗？请尝试完成配置任务并保存配置文件。

任务七　双机热备配置

为了迎接上级部门评估，学校需要上传大量数据，Web 网站要随时更新以准备外网用户访问。网络管理员小赵发现防火墙硬件设备持续发热，数据传输指示灯一直处于黄色闪烁状态。小赵考虑用另一台防火墙作为冗余备份，以保障网络 7×24 小时畅通。

因为新兴学校的两台防火墙硬件型号和软件版本完全相同，为了避免防火墙不堪重负死机而引起网络中断，可以考虑应用双机热备（HA）解决方案。双机热备能够把两台防火墙组成一个工作组，一主一备，保证数据通信畅通，有效地增强网络的可靠性。

实验拓扑如图 4-58 所示。

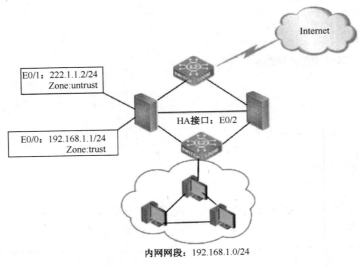

图 4-58　双机热备拓扑

 **知识链接**

HA 能够在主设备通信线路发生故障时提供及时的备用方案，从而保证数据通信的畅通，有效增强网络的可靠性。正常情况下，主设备处于活动状态，转发报文，当主设备出现故障时，备份设备接替其工作，转发报文。启用 HA 的两台防火墙的硬件型号和软件版本必须相同。

本任务要求主设备出现故障后，备用设备能马上替换主设备并转发报文。

任务实施

步骤 1：在防火墙上添加监控对象。用户可以为设备指定监测对象，监控设备的工作状态。一旦发现设备不能正常工作，则可以采取相应措施。目前设备监控对象只能在命令行模式下实现。

在防火墙 ACLI 模式下全局配置监控对象。

```
FW-1800（cONFIG）# TRAcK JUDY              //进入监控配置
FW-1800（cONFIG-TRAcKIP）# INTERFAcE ETHERNET0/0 WEIGHT 255
  //监控接口 E0/0，权值为 255
FW-1800（cONFIG-TRAcKIP）# INTERFAcE ETHERNET0/1 WEIGHT 255
  //监控接口 E0/1，权值为 255
FW-1800（cONFIG-TRAcKIP）# EXIT  //退出监控配置模式
```

步骤 2：配置 HA 组列表。在防火墙 A 上选择"系统管理"→"HA"选项，新建 HA 组列表。对于组列表中的参数只需填写组 ID 为 0，设置一个优先级，选择监控地址即可。其他参数可以使用系统默认值，如图 4-59 所示。

图 4-59　防火墙 A 的 HA 组设置

同样，在防火墙 B 上实现 HA 配置，除优先级设置及 HA 连接接口地址不同外，其他参数要与防火墙 A 的参数一致。防火墙 B 上设置相同的心跳接口和 HA 簇，心跳地址要与防火墙 A 的心跳地址同网段。其中，在初始设置时两台防火墙一定要设置不同的优先级，数字越小优先级越高。优先级高的防火墙将被选举为主设备。防火墙 B 的 HA 设置。

步骤 3：配置接口管理地址。处于热备的两台防火墙的配置是相同的，包括设备的接口地址。此时，只有一台防火墙处于主状态，所以在通过接口地址管理防火墙时，只能登录处于主状态的防火墙。如果要同时管理处于主备状态的两台防火墙，则需要在接口下设置管理地址。

修改防火墙 A 的管理地址，设置内网接口管理地址为 192.168.1.91/24，如图 4-60 所示。用同样的方法修改防火墙 B 的管理地址为 192.168.1.92。

图 4-60　修改接口管理地址

步骤 4：将主设备的配置同步到备份设备中。将两台防火墙连接入网络中，使用网线将两台防火墙的心跳接口 E0/2 连接起来，在主设备上执行以下命令。

```
FW-1800（cONFIG）# ExEc HA SYNc cONFIGURATION
```

此时，主设备的配置便会同步到备份设备中。

步骤 5：测试。将处于主状态的防火墙外线拔掉后，会看到内网 PC 访问外网有短时掉线情况发生，后又恢复外网连接，说明主防火墙已切换到备份防火墙中。

知识链接

HA 连接接口：指防火墙之间的互连接口，最多可以有两个。

IP 地址：指防火墙 HA 互连接口的地址。

HA 簇 ID：将两台设备添加到 HA 簇中，才能使设备的 HA 功能生效，两台设备的簇 ID 必须相同。

组 0：指 HA 组的 ID，取值为 0～7，当前只支持 0 或 1。

优先级：用于 HA 选举，优先级高（数字小）的设备才会被选举为 HA 主设备。

Hello 报文间隔：指 HA 设备向 HA 组中的其他设备发送心跳（Hello 报文）的时间间隔。同一个 HA 组的设备的 Hello 报文间隔必须相同。

抢占时间：抢占模式，一旦设备发现自己的优先级高于主设备，就会将自己升级为主设备，而原来的主设备将变为备份设备。

Hello 报文警戒值：如果没有收到对方设备的若干个 Hello 报文，则判断为对方无心跳。

监测对象：用户可以为设备指定监测对象，监控设备的工作状态。一旦发现设备不能正常工作，则采取相应措施。

任务验收

通过本任务的实施，学会使用防火墙的双机热备功能，实现防火墙故障点的无缝切换。

评 价 内 容	评 价 标 准
双机热备功能配置	（1）正确连接两台设备的内外网接口，规划并配置 IP 地址； （2）学会在防火墙的 CLI 模式下正确设置监测对象； （3）了解防火墙的 HA 配置参数，学会配置防火墙的 HA 组列表； （4）正确连接防火墙心跳接口，并测试双机热备的功能

拓展练习

假设有两台同型号的防火墙，使用 4.5R5 版本的操作系统，将其中一台防火墙配置好后，启用 HA 功能后将两台防火墙放到网络中，发现防火墙配置是空白的。请分析原因，并重新完成配置。

任务八　P2P 流量控制配置

任务描述

近来新兴学校的网速变得很慢，打开一个网页需要几分钟，微课堂视频播放断断续续。网络管理员小赵经过观察，发现很多学生都喜欢使用迅雷、BT 等下载工具下载资源。通过分析防火墙网络日志，这类 P2P 流量几乎占用整个网络带宽的 70%，已严重影响网络业务的正常使用，必须采取措施加以限制。同时，要保证网络的 HTTP 和 SMTP 服务。

任务分析

P2P 是一种个人用户之间端到端直接交换数据或服务的技术，个人用户在下载的同时也在上传，过度抢占带宽，导致网络极度拥塞。因此，为保证关键业务的使用必须针对 P2P 流量进行控制。DCFW-1800 系列防火墙提供了完善的 QoS 解决方案，能够对流

经防火墙的各种流量实施细致深入的流控策略，能够实现对用户带宽和应用带宽的有效
管理。

 知识链接

QoS 指网络为特定流量提供更高优先服务的同时控制抖动和延迟的能力，并且能够降低
数据传输丢包率的能力。当网络过载或拥塞时，QoS 能够确保重要业务流量的正常传输。在
互联网飞速发展的今天，网络中各种需要高带宽的应用层出不穷，而传统通信业务中的音频、
视频等应用也加速向互联网融合，在这种趋势下对网络为应用提供可预测、可管控的带宽服
务提出了更高的要求。

实验拓扑如图 4-61 所示。

要求出口带宽为 100Mb/s，
外网接口为 E0/1 接口，内网连接
两个网段（172.16.1.0/24 和
192.168.1.0/24），需限制 P2P 应用
其下行带宽为 10Mb/s，上传最大
带宽为 5Mb/s。

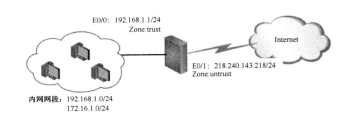

任务实施

图 4-61　限制 P2P 流量拓扑

步骤 1：指定接口带宽。单击"流量管理"按钮后，在"任务"选项卡中单击"接口带
宽"按钮，默认带宽为物理上最高支持的带宽。用户需根据实际带宽值指定接口上/下行（出
/入口）带宽，指定出接口 ISP 承诺的带宽值，如图 4-62 所示。

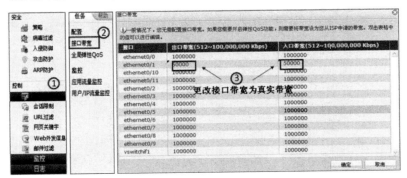

图 4-62　接口带宽配置

步骤 2：开启应用识别。防火墙默认不对带*号服务做应用层识别，如需对 BT、迅雷等
应用做基于应用的 QoS 控制，则需要开启外网安全域的应用识别功能。在网络连接中针对外
网口所属安全域 untrust 开启应用识别，如图 4-63 所示。

步骤 3：应用 QoS 策略限制 P2P 流量。在流量管理应用 QoS 中配置应用策略，限制 P2P
应用下行带宽为 10Mb/s，上传最大为 5Mb/s，如图 4-64 所示。

应用 QoS 全局有效，对流经该绑定接口的所有限制服务的流量均生效。匹配应用条目可以添加多个，支持预定义服务（组）或自定义服务（组）。接口绑定可以是内网接口或外网接口，绑定到该接口的 QoS 策略对流经该接口的所有限定 IP 范围内的流量均起效。绑定到外网接口时，上行/下行控制策略对应内网用户上传/下载，绑定到内网接口上行/下行对应下载/上传。

步骤 4：配置应用 QoS 策略，保障正常应用。在流量管理/应用 QoS 中设置应用策略，HTTP 和 SMTP 应用上行带宽保障为 10Mb/s。具体设置如图 4-65 所示。

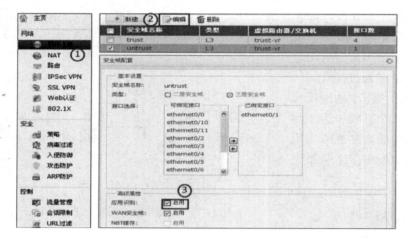

图 4-63　开启外网的应用识别

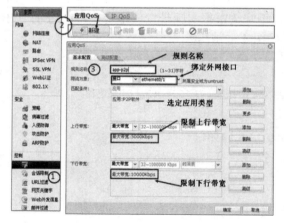

图 4-64　应用 QoS 策略限制 P2P 流量

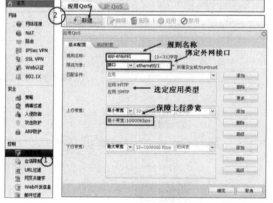

图 4-65　保证 HTTP 应用策略

在流量管理/应用 QoS 中设置应用策略，HTTP 和 SMTP 应用下行带宽保障为 20Mb/s，具体设置如图 4-66 所示。

步骤 5：显示已配置的应用策略。策略会在应用 QoS 列表中显示，如需修改策略，则可选中该策略后再进行编辑。本任务所添加的 QoS 策略如图 4-67 所示。

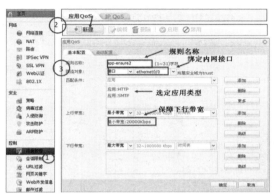

图 4-66　保障 SMTP 应用策略　　　　图 4-67　显示已配置的 QoS 策略

通过本任务的实施，掌握防火墙 QoS 策略的配置方法，学会配置针对某种应用的限制策略，要保存正常业务流量的策略。

评 价 内 容	评 价 标 准
IP QoS 的策略配置	（1）学会配置针对某种协议或应用的流量进行限制的策略； （2）学会配置保障正常业务需要的流量的 QoS 策略； （3）学会应用、查看和编辑 QoS 策略

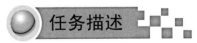

配置 QoS 策略完成以下任务。

（1）限制内网所有用户下载外网 FTP 总流量不超过 10Mb/s。

（2）针对内网网段一设置每个 IP 地址限速为 512kb/s，针对网段二设置每个 IP 地址限速为 1Mb/s，应如何设置？

任务九　配置防火墙防 DOS 攻击

用户反映近来学校的 Web 服务器响应速度非常慢，查询其日志文件发现有很多可疑 IP 地址不断发送连接请求，致使服务器达到最大连接数，疑似遭到 DOS 攻击。学校要求小赵在防火墙上配置攻击防御策略以保护网络资源。

任务分析

DOS 攻击的目标往往是服务器，伪造虚假信息不断给服务器发送请求，耗尽服务器的资源，使目标系统服务停止响应甚至崩溃。针对 DOS 攻击，应该开启防火墙的攻击防护功能，实时检测各种类型的网络攻击，提供基于域的防 DOS 攻击能力，以保证内部网络及系统正常运行。

实验拓扑如图 4-68 所示。

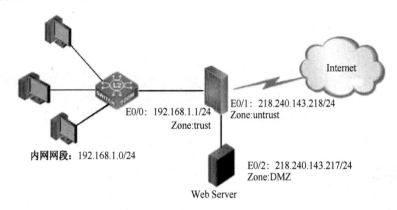

内网网段：192.168.1.0/24

E0/0：192.168.1.1/24
Zone:trust

E0/1：218.240.143.218/24
Zone:untrust

E0/2：218.240.143.217/24
Zone:DMZ

Web Server

Internet

图 4-68　防火墙防 DOS 攻击拓扑

要求在防火墙上开启攻击防护功能，使服务器避免遭受 DOS 攻击。

任务实施

步骤 1：选择"配置"→"安全"→"攻击防护"选项，打开攻击防护页面，如图 4-69 所示。

图 4-69　攻击防护页面

步骤 2：在"安全域"下拉列表中选择要配置攻击防护功能的安全域的名称，这里的服务器处于 DMZ，所以选择"l2-dmz"区域，如图 4-70 所示。

步骤 3：开启安全域的攻击防护功能，选中"全部启用"复选框，并在"行为"下拉列表中选择处理行为，如图 4-71 所示。

步骤 4：如果需要单独控制 DOS 的开启与关闭，则可选中拒绝服务攻击功能前的复选框，并配置各功能的参数，如图 4-72 所示。

图 4-70　选择防护的安全域

图 4-71　全部启用

图 4-72　开户 DOS 防护

步骤 5：单击页面底部的"确定"按钮，保存所做的配置。

任务验收

通过本任务的实施，掌握开启防火墙攻击防护的方法，并学会设置各项具体功能的参数。

评　价　内　容	评　价　标　准
防火墙防 DOS 攻击	（1）学会开启基于某个安全域的防火墙攻击防护功能； （2）学会配置针对某个作用的防护功能及参数设置

拓展练习

在防火墙上开启内网服务器区的防 DNS 泛洪功能，以减轻 DNS 服务器的负担。

项目二　VPN 技术

项目描述

新兴学校的办学规模不断扩大，目前已于本市开发区成立一所分校，并在市内另外两个区增设了招生办公室，学校一部分工作人员长期在校外办公。由于业务需要，分校区和本部经常需要共享数据，以实现动态调配管理。考虑到几个办公区域之间相距较远，架设或租用专线成本昂贵，学校决定两个校区通过 Internet 互连，校外办公人员通过虚拟专用网（Virtual Private Netwvrk，VPN）与校内局域网实时共享数据信息。

项目分析

网络管理人员小赵初次接触到虚拟专用网技术，为了更好地完成任务，他首先对目前主流的 VPN 技术的类型、隧道及其优势进行了详细了解，又针对学校的互连需求进行了技术分析。分校和本校都有稳定的办公局域网，而且使用硬件防火墙作为智能网关接入互联网，可以在双方的防火墙上配置 IPSec VPN 实现站点到站点的互连，在 Internet 上传输加密的内网数据。同时，可在防火墙上开通二层 VPN 服务，以供校外远程办公人员拨号接入，为了保证安全，二层 VPN 技术采用基于 SSL 的 SCVPN 实现。整个项目的认知与分析流程如图 4-73 所示。

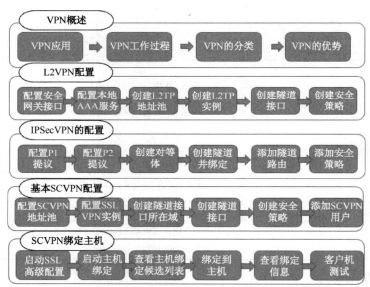

图 4-73　项目流程图

任务一　VPN 技术概述

任务描述

新兴学校准备在两个校区之间建立虚拟专用网，网络管理员小赵和飞越公司一起完成这个项目。在规划和实施配置之前，需要先了解 VPN 技术的基本功能、分类及实现方法。

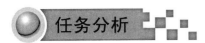

任务分析

先要对 VPN 技术的基本功能和工作原理进行了解，在此基础上再了解 VPN 技术的分类、隧道及优势，根据学校的互连需求做出分析，以制定实现方案。

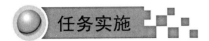

任务实施

一、VPN 应用

学校某员工出差到外地，他想访问企业内网的服务器资源，这种访问属于远程访问。VPN 是在公用网络上建立专用网络，实现远程访问的技术，很好地实现了出差员工和异地办公机构对内网的访问，如图 4-74 所示。

VPN 的解决方法就是在内网架设一台 VPN 网关设备或 VPN 服务器，进行 VPN 请求的验证与加密处理。外地员工在当地连接互联网后，通过互联网连接 VPN 网关或服务器进入企业内网。为了保证数据安全，VPN 服务器

图 4-74　VPN 应用

和客户机之间的通信数据都进行了加密处理。有了数据加密，可以认为数据是在一条专用的数据链路上进行安全传输的，如同专门架设了一个专用网络一样。但实际上 VPN 使用的是互联网上的公用链路，其实质是利用加密技术在公网上封装出一个数据通信隧道。有了 VPN 技术，用户无论是在外地出差还是在家中办公，只要能连接互联网就能利用 VPN 访问内网资源，这就是 VPN 在企业中应用如此广泛的原因。

二、VPN 工作过程

VPN 的工作过程可以分为 3 个阶段：发起请求、传输、接收。

1. 发起请求

网络一的 VPN 网关在接收到终端 A 发出的访问数据包时对其目的地址进行检查，如果目的地址属于网络二的地址，则将该数据包封装，封装的方式根据所采用的 VPN 技术不同而不同，同时 VPN 网关会构造一个新 VPN 数据包，并将封装后的原数据包作为 VPN 数据包的负载，VPN 数据包的目的地址为网络二的 VPN 网关的外部地址。

2. 传输

网络一的 VPN 网关将 VPN 数据包发送到 Internet，由于 VPN 数据包的目的地址是网络二的 VPN 网关的外部地址，所以该数据包将被 Internet 中的路由正确地发送到网络二的 VPN 网关。

3. 接收

网络二的 VPN 网关对接收到的数据包进行检查，如果发现该数据包是从网络一的 VPN

网关发出的，则可判定该数据包为 VPN 数据包，并对该数据包进行解包处理。

网络二的 VPN 网关将还原后的原始数据包发送至目的终端 B，由于原始数据包的目的地址是终端 B 的 IP 地址，所以该数据包能够被正确地发送到终端 B。

整个数据包的传输过程如图 4-75 所示。

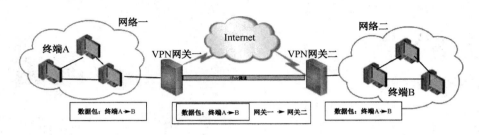

图 4-75　VPN 数据包传输过程

从终端 B 返回终端 A 的数据包的处理过程和上述过程一样，这样两个网络内的终端即可相互通信。

三、分类

VPN 的隧道协议主要有 3 种：PPTP、L2TP 和 IPSec。其中 PPTP 和 L2TP 协议工作在 OSI 模型的第二层，又称为二层隧道协议；IPSec 是第三层隧道协议。

能够实现 VPN 通信的网络设备主要有交换机、路由器和防火墙。

路由器式 VPN：部署较容易，只要在路由器上添加 VPN 服务即可。

交换机式 VPN：主要应用于连接用户较少的 VPN 网络。

防火墙式 VPN：最常见的一种 VPN 实现方式，也是本项目的配置类型。

四、优势

VPN 能够让移动员工、远程员工、商务合作伙伴和其他用户利用本地可用的高速宽带网（如 DSL、有线电视或者 Wi-Fi 网络）连接到企业网络，提供一种成本效率高的连接远程办公室的方法，企业不用增加额外的基础设施就可以提供大量应用。

VPN 能使用高级的加密和身份识别协议保护数据避免受到窥探，阻止数据窃贼和其他非授权用户接触这种数据。

任务验收

通过本任务的实施，了解 VPN 技术的应用、工作过程和 VPN 的优势，了解 VPN 技术的分类，为下一步分析和制定学校 VPN 实施方案打下基础。

评价内容	评价标准
VPN 技术了解	（1）了解 VPN 技术的应用、分类及优势； （2）理解 VPN 连接中数据包的传输过程

拓展练习

阅读神州数码 DCFW-1800S-H-V2 的技术文档，了解该设备支持的 VPN 类型，并比较其优势与差异。

任务二　L2TP VPN 的配置管理

任务描述

新兴学校最近和上海企业洽谈合作项目，业务人员经常出差或在企业办公。为及时和学校业务对接，需要经常访问学校内网的 Web 和 FTP 服务器，希望能够为学校出差人员建立一个随时随地访问内网的快捷通道。

任务分析

针对办公地点不确定的出差人员要求随时访问学校内网的需求，网络管理员小赵仔细了解了 VPN 技术文档，决定在防火墙上配置一个 VPN 服务器，使用 L2TP 协议建立隧道，学校出差人员可通过 Internet 向 VPN 服务器发起连接，身份验证成功后，即可获取到内网的地址，实时访问内网的 Web 和 FTP 服务。

> 知识链接
>
> 　第二层隧道协议（Layer Two Tunneling Protocol，L2TP）是虚拟专用拨号网络技术的一种。L2TP 可以让拨号用户从 L2TP 客户端发起 VPN 连接，通过点对点协议连接到 VPN 服务器。连接成功后，VPN 服务器会向合法用户分配 IP 地址，并允许其访问私网。
> 　DCFW 1800 系列防火墙在 L2TP 协议隧道组网中充当 VPN 服务器的角色，它接收来自 L2TP 客户端的连接，进行用户认证与授权，为合法用户分配 IP 地址、DNS 服务器地址。

实验拓扑如图 4-76 示。

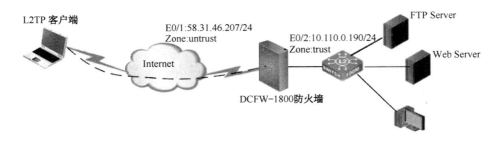

图 4-76　L2TP VPN 配置

要求某员工可通过 L2TP VPN 远程访问公司总部的 Web 和 FTP 服务器。

任务实施

由于 DCFW-1800-H-V2 防火墙的 DCF OS 升级到 4.5 版本以后，WebUI 界面不支持 L2TP 类型的拨入 VPN，所以本任务通过命令行实施。

步骤 1：配置安全网关接口。

```
FW-1800（CONFIG）# INTERFACE ETHERNET0/1              //外网接口 E0/1 的配置
FW-1800（CONFIG-IF-ETH0/1）# ZONE UNTRUST             //加入 UNTRUST 安全域
FW-1800（CONFIG-IF-ETH0/1）# IP ADDRESS 58.31.46.207/24
                                                     //配置 E0/1 接口的 IP 地址
FW-1800（CONFIG-IF-ETH0/1）# ExIT
FW-1800（CONFIG）# INTERFAcE ETHERNET0/2              //内网接口 E0/2 的配置
FW-1800（CONFIG-IF-ETH0/2）# ZONE TRUST               //绑定安全域 TRUST
FW-1800（CONFIG-IF-ETH0/2）# IP ADDRESS 10.110.0.190/24 //配置 IP 地址
FW-1800（CONFIG-IF-ETH0/2）# ExIT
```

步骤 2：配置本地 AAA 认证服务器。

```
FW-1800（CONFIG）# AAA-SERVER LOcAL                   //开启本地 AAA 认证
FW-1800（CONFIG-AAA-SERVER）# USER SHANGHAI           //建立用户账户
FW-1800（CONFIG-USER）# PASSWORD 123456               //设置用户密码
FW-1800（CONFIG-USER）# ExIT
FW-1800（CONFIG-AAA-SERVER）# ExIT
```

步骤 3：建立 L2TP 地址池。

```
FW-1800（CONFIG）# L2TP POOL POOL1                    //定义 L2TP 地址池 POOL1
FW-1800（CONFIG-L2TP-POOL）# ADDRESS 10.232.241.2 10.232.244.254//指定地址范围
FW-1800（CONFIG-L2TP-POOL）# ExIT
```

步骤 4：建立 L2TP 实例。

```
FW-1800（CONFIG）# TUNNEL L2TP TEST  //建立 L2TP 隧道 TES
FW-1800（CONFIG-TUNNEL-L2TP）# POOL POOL1        //绑定到地址池 POOL1
FW-1800（CONFIG-TUNNEL-L2TP）# DNS 202.106.0.20 10.188.7.10        //推送 DNS 地址
FW-1800（CONFIG-TUNNEL-L2TP）# INTERFAcE ETHERNET0/1//进入接口 E0/1
FW-1800（CONFIG-TUNNEL-L2TP）# PPP-AUTH ANY
//开启 PPP 认证，使用默认认证方式
FW-1800（CONFIG-TUNNEL-L2TP）# KEEPALIVE 1800
//HELLO 报文时间间隔 1800s
FW-1800（CONFIG-TUNNEL-L2TP）# AAA-SERVER LOcAL       //AAA 认证方式为本地认证
FW-1800（CONFIG-TUNNEL-L2TP）# ExIT
```

步骤 5：创建隧道接口并绑定 L2TP 实例到该接口。

```
FW-1800（CONFIG）# INTERFAcE TUNNEL1                  //创建隧道 TUNNEL1
FW-1800（CONFIG-IF-TUN1）# ZONE UNTRUST               //绑定安全域 UNTRUST
FW-1800（CONFIG-IF-TUN1）# IP ADDRESS 10.232.241.1 255.255.248.0
//配置内网 IP 地址
FW-1800（CONFIG-IF-TUN1）# MANAGE PING
 //允许 PING 入 FW-1800（CONFIG-IF-TUN1）# TUNNEL L2TP TEST
 //绑定 L2TP 实例到隧道口
```

步骤 6：配置策略规则，允许 UNTRUST 到 TRUST 的访问服务。

```
FW-1800（CONFIG）# POLIcY-GLOBAL
```

```
FW-1800（CONFIG-POLICY）# RULE
FW-1800（CONFIG-POLICY-RULE）# SRc-ZONE UNTRUST
FW-1800（CONFIG-POLICY-RULE）# DST-ZONE TRUST
FW-1800（CONFIG-POLICY-RULE）# SRc-ADDR ANY
FW-1800（CONFIG-POLICY-RULE）# DST-ADDR ANY
FW-1800（CONFIG-POLICY-RULE）# SERVIcE ANY
FW-1800（CONFIG-POLICY-RULE）# AcTION PERMIT
```

步骤 7：客户端创建拨号连接。DCFW 防火墙配置 L2TP VPN 成功后，出差人员需要在本地 PC 上进行设置才能访问 VPN 连接。本任务以配置 Windows XP 操作系统的 L2TP 客户端为例，说明配置步骤。

按照以下步骤创建 Windows XP 操作系统的 L2TP 拨号连接。

（1）选择"开始"→"控制面板"→"网络和 Internet 连接"选项。

（2）选择"创建一个到您的工作位置的网络连接"，系统弹出"新建连接向导"对话框。

（3）选中"虚拟专用网络连接"单选按钮，并单击"下一步"按钮。

（4）在"公司名"文本框中指定此连接的名称"L2TP"，并单击"下一步"按钮。

（5）选中"不拨此初始连接"单选按钮，并单击"下一步"按钮。

（6）在"主机名或 IP 地址"文本框中输入防火墙的外网 IP 地址"58.31.46.207"，单击"下一步"按钮。

（7）根据连接向导，完成 L2TP 客户端的其他配置。

步骤 8：配置 L2TP 拨号连接。按照以下步骤修改已创建的拨号连接的属性。

（1）打开"网上邻居"窗口，双击网络连接中已创建的拨号连接名称"L2TP"，弹出"连接 L2TP"对话框，如图 4-77 所示。

（2）单击"属性"按钮，弹出"L2TP"属性对话框。

（3）选择"L2TP 属性"对话框中的"安全"选项卡，选中"高级（自定义设置）"单选按钮，单击其"设置"按钮，弹出"高级安全设置"对话框。

（4）在"数据加密"下拉列表中选择"可选加密（没有加密也可以连接）"选项，在"登录安全措施"选项组中选中"允许这些协议"单选按钮，并选中"不加密的密码（PAP）"和"质询握手身份验证协议（CHAP）"复选框，单击"确定"按钮，如图 4-78 所示。

图 4-77 "连接 L2TP"对话框

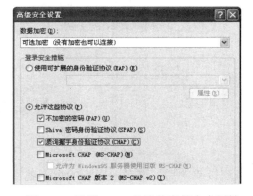

图 4-78 设置 L2TP 协议的高级安全属性

（5）选择"L2TP 属性"对话框中的"网络"选项卡，在"VPN 类型"下拉列表中选择

图 4-79　L2TP 属性

"L2TP IPSec VPN"选项，选中"此连接使用下列项目"选项组中的"Internet 协议（TCP/IP）"复选框，如图 4-79 所示。单击"确定"按钮，保存所做的修改。

步骤 9：修改客户端注册表。默认情况下，Windows XP 操作系统对 L2TP 连接启用 IPSec 加密。用户可以通过修改 Windows XP 的注册表来禁用这种默认行为。如果没有禁用 IPSec 加密，则 L2TP 客户端在拨号过程中会自动断开连接。

可按照以下步骤修改注册表。

（1）选择"开始"→　"运行"选项，在弹出的"运行"对话框中输入"REGEDT32"，打开"注册表编辑器"窗口。

（2）在左侧注册表项目中逐级展开 KEY_LOCAL_MACHINE\SYSTEM\CurrentControlSet\Services\RasMan\Parameters。

（3）为 Parameters 参数添加 DWORD 值。选中 Parameters 并在注册表编辑器右侧空白处右击，弹出快捷菜单，选择"新建 DWORD 值"选项，如图 4-80 所示。指定该值名称为"PROHIBITIPSEC"、数据类型为"REG_DWORD"、值为"1"。单击"确定"按钮，保存所做的修改。

（4）退出注册表编辑器窗口，重新启动计算机以使改动生效。

步骤 10：使用客户端连接 VPN 服务器。完成防火墙 VPN 服务器和客户端的配置后，用户可以使用已配置的客户端对 VPN 服务器发起 VPN 连接并建立隧道。使用客户端连接防火墙，用户需要打开"网上邻居"窗口，双击网络连接中已创建的拨号连接"L2TP"，在弹出的对话框中输入用户名"shanghai"和密码"123456"，单击"连接"按钮，如图 4-81 所示。

图 4-80　注册表编辑器

图 4-81　输入客户端的用户名和密码

拨号连接成功后，这名在上海的员工就可以通过 L2TP 协议安全地访问公司的 Web 服务器和 FTP 服务器。在 MS-DOS 下输入"IP CONFIG"，系统返回一个 L2TP 地址池中的地址"10.232.241.2 15"，即 L2TP VPN 服务器分配给他的 IP 地址。

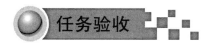

任务验收

学会在防火墙上配置 L2TP VPN 服务器，供远程办公人员通过 Internet 拨号到防火墙，通过身份验证后即可访问内网的 Web 和 FTP 服务器。

评 价 内 容	评 价 标 准
配置 L2TP VPN	（1）在规定时间内，为学校出差人员配置一条 VPN 连接，通过 Internet 访问内网服务器； （2）学会配置防火墙的 L2TP VPN 服务器； （3）学会在 Windows 客户端上配置 L2TP VPN 客户端

拓展练习

学会在防火墙上配置 L2TP VPN 服务后，在 Windows 7 系统中配置 VPN 客户端，测试 L2TP VPN 服务。

任务三 IPSec VPN 配置管理

任务描述

新兴学校最近在本市开发区成立了一个就业实训基地，并部署了一个小型的办公局域网，使用一台同型号防火墙作为安全网关并接入 Internet。为了能够和校本部共享数据，学校要求网络管理员小赵采用相应技术配置，使其能够实时访问校本部的内网数据。

任务分析

因为校本部和就业实训基地距离较远，直接互连成本太高。考虑到两个办公区域都已接入 Internet，可以在两个校区的防火墙上配置点到点的 IPSec VPN，通过 IPSec 隧道传输加密数据，实现内网直接互访。

实验拓扑如图 4-82 所示。

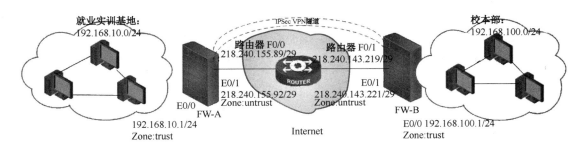

图 4-82 IPSec VPN 配置

配置要求如下：防火墙 FW-A 和 FW-B 都具有合法的静态 IP 地址，分别与 ISP 路由器直连，IP 地址如图 4-82 所示。要求在 FW-A 与 FW-B 之间创建 IPSec VPN，使两端的保护子网能通过 VPN 隧道互相访问。

任务实施

步骤 1：创建 IKE 第一阶段提议。在网络/IPSec VPN 处"P1 提议"选项卡中定义 IKE 第一阶段的协商参数，两台防火墙的 IKE 第一阶段协商内容需要一致，如图 4-83 所示。

步骤 2：创建 IKE 第二阶段提议。用同样的方法，在"P2 提议"选项卡中定义 IKE 第二阶段的协商内容，两台防火墙的第二阶段协商内容需要一致，创建过程如图 4-84 所示。

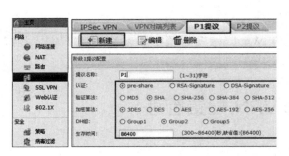

图 4-83　创建 P1 提议　　　　　　　　　　图 4-84　创建 P2 提议

步骤 3：创建对等体（PEER）。在网络/IPSec VPN 处，在"VPN 对端列表"选项卡中新建对等体，并定义相关参数，如图 4-85 所示。

步骤 4：创建隧道。在网络/IPSec VPN 处，在"IPSec VPN"选项卡中创建到防火墙 FW-B 的 VPN 隧道，并定义相关参数。首先要导入创建好的对端，如图 4-86～图 4-88 所示。

步骤 5：创建隧道接口并与 IPSec 绑定。在"网络连接"中"新建"隧道接口，指定安全域并绑定 IPSec 隧道，如图 4-89 所示。

步骤 6：添加隧道路由。在网络/路由处，在"目的路由"选项卡中新建一条路由，目的地址是对端加密保护子网，网关为创建的隧道接口，如图 4-90 所示。

图 4-85　创建对等体

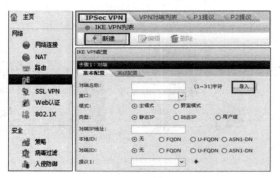

图 4-86　创建对端

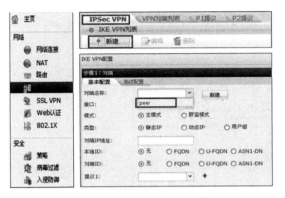

图 4-87　导入已创建的对端

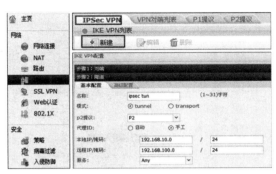

图 4-88　设置对端的参数

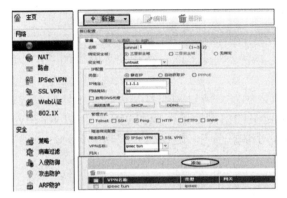

图 4-89　添加隧道接口

图 4-90　添加隧道路由

步骤 7：添加安全策略。在创建安全策略前先要创建本地网段和对端网段的地址簿，如图 4-91 所示。

在安全/策略中新建策略，允许本地 VPN 保护子网访问对端 VPN 保护子网，如图 4-92 所示。

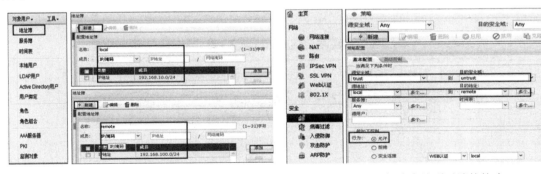

图 4-91　创建相关地址簿　　　　　　图 4-92　创建本地到对端的策略

允许对端 VPN 保护子网访问本地 VPN 保护子网，如图 4-93 所示。

步骤 8：FW-B 防火墙的配置。其步骤与 FW-A 相同，其中涉及对端地址、隧道接口地址、安全策略中的源区域和目的区域的选择，可参考 FW-A 的配置，这里不再详述。

图 4-93　创建对端到本地的策略

步骤 9：ISP 路由器配置。本任务中设计用一台路由器模拟 Internet 的连接，此处只需要配置路由器的 F0/0 与 F0/1 接口 IP 地址即可。现实中必须保证两台防火墙外网口的三层能够互通，否则不可能建立 VPN 连接。

步骤 10：测试。IPSec VPN 需要敏感数据流来触发，所以刚配置结束时并不能看到隧道建立。尝试从一端定义的内网段主机 PING 对端定义的内网地址，或在 FW-A 上 PING FW-B 的隧道地址，会看到 ICMP 包丢掉一个后，收到对端的回应，隧道建立成功。此时，可以在防火墙上查看隧道情况，如图 4-94 和图 4-95 所示。

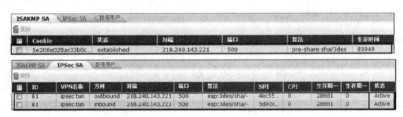

图 4-94　防火墙 FW-A 的 IPSec 状态

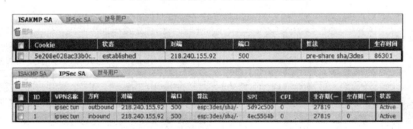

图 4-95　防火墙 FW-B 的 IPSec 状态

经验分享

（1）IPSec 隧道建立的条件是一端触发，此案例中敏感数据流指 192.168.10.0 到 192.168.100.0 的数据传输。

（2）隧道接口如果未设置，则从一端局域网无法 PING 通另一端防火墙的内网口地址。

另外，如果设置了隧道地址，则可以通过在 FW-A 上 PING FW-B 的隧道地址来实现触发。

（3）在 IPSec VPN 隧道中代理 ID 指本地加密子网和对端加密子网。如果两端都为神州数码 1800 系列防火墙，则该 ID 可以设置为自动；如果其中一端为其他防火墙，则必须设置为手工。

任务验收

通过本任务的实施，学会配置防火墙到防火墙的静态路由 IPSec VPN，包括创建协商加密策略和对等体、创建隧道、创建策略等操作。

评 价 内 容	评 价 标 准
基于静态路由的 IPSec VPN 配置	（1）在规定时间内，为两个办公区的内网创建一条基于静态路由的 IPSec 隧道； （2）学会配置防火墙的 IPSec 加密策略； （3）学会在防火墙上创建对等体、隧道接口及隧道路由； （4）学会为防火墙配置保护内网通信的安全策略

拓展练习

校本部与分校办公区都使用神州数码的 DCFW 1800T 系列防火墙作为 VPN 网关，内网地址分别为 172.16.1.0/24 和 192.168.10.0/2，请为两个办公区配置一个点到点的 IPSec VPN 连接，并保存配置文件。

任务四　基本的 SCVPN 配置

任务描述

新兴学校为配合校企合作项目对接，专门为出差人员配置了 L2TP VPN，实现了异地人员通过 Internet 访问校内服务器的功能。但在使用中发现，这种类型的 VPN 技术采用了明文传输私网数据，数据安全得不到保障，故决定在防火墙上采用新技术架构 VPN 服务器，保障通过 Internet 访问内网数据时的数据私密性。

任务分析

L2TP 协议不对隧道传输中的数据进行加密，因此在传输过程中无法保证数据的安全。为解决远程用户安全访问私网数据的问题，DCFW-1800 系列安全网关提供了基于 SSL 的远程登录解决方案——SCVPN。为保障出差人员访问内网数据时的安全性，网络管理员小赵决定在防火墙上配置 SCVPN 服务。

> **知识链接**
>
> SCVPN 功能包含设备端和客户端两部分。配置了 SCVPN 功能的安全网关作为设备端,其具有以下功能。
>
> (1)接收客户端连接。
> (2)为客户端分配 IP 地址、DNS 服务器地址和 WINS 服务器地址。
> (3)进行客户端用户的认证与授权。
> (4)进行客户端主机的安全检测。
> (5)对 IPSec 数据进行加密与转发。

实验拓扑如图 4-96 所示。

配置要求:外网用户通过 Internet 使用 SSL VPN 接入内网。

(1)允许 SSL VPN 用户接入后访问内网的 FTP Server:192.168.2.10。

(2)允许 SSL VPN 用户接入后访问内网的 Web Server:192.168.2.20。

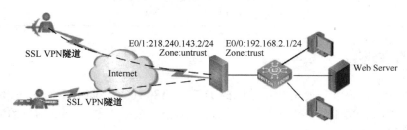

图 4-96　配置 SCVPN

任务实施

步骤 1:配置 SCVPN 地址池。通过配置 SSL VPN 地址池为 VPN 接入用户分配 IP 地址,地址池需配置内网中未使用网段。在网络/SSL VPN 处选择“SSL VPN 地址池”选项,新建地址池名为“scvpn-pool”,如图 4-97 所示。

图 4-97　配置 SCVPN 地址池

步骤 2:配置 SSL VPN 实例。

按照图 4-98 在网络/SSL VPN 中新建 SSL VPN,设置 SSL VPN 的名称后单击“下一步”按钮。

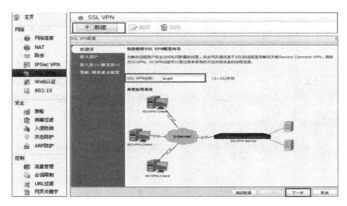

图 4-98　创建 SSL VPN 实例

添加 AAA 服务器后，单击"下一步"按钮，也可使用外置的 AAA 服务器方式，如图 4-99 所示。

图 4-99　选择本地 AAA 服务器

选择出接口（拨号地址接口），并调用 SSL VPN 地址池，单击"下一步"按钮，如图 4-100 所示。

图 4-100　选择 SSL VPN 的出接口

添加隧道路由，隧道路由就是防火墙下发送到客户端的本地路由，单击"完成"按钮，如图 4-101 所示。

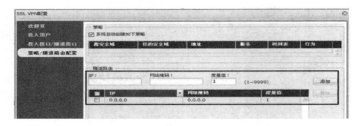

图 4-101　配置隧道路由

步骤 3：创建 SSL VPN 隧道接口所属的安全域。在网络/安全域中为创建的 SCVPN 新建一个安全域，安全域类型为"三层安全域"，如图 4-102 所示。

图 4-102　配置隧道接口所属的安全域

步骤 4：创建隧道接口并绑定 SSL VPN 隧道。为了使 SSL VPN 客户端与防火墙上其他接口所属区域之间正常路由转发，需要配置一个隧道接口，并将创建好的 SSL VPN 实例绑定到该接口上实现，如图 4-103 所示。

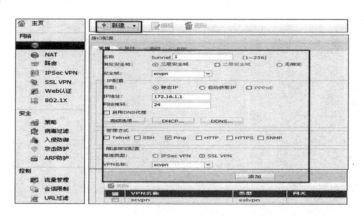

图 4-103　创建隧道接口绑定 SSL 实例

步骤 5：创建安全策略。在安全/策略中添加访问策略，允许通过 SSL VPN 到内网的访问，如图 4-104 所示。这里放行的策略是 VPN 用户可以访问内网的所有资源。当然，在制定安全策略时，也可以指定服务器和服务做策略放行。

图 4-104　定义 untrust 到 trust 的策略

步骤 6：添加 SCVPN 用户账号。创建 SSL VPN 登录账号，本例中 SSL VPN 实例使用 Local 认证，所以需在 AAA 服务器 Local 中添加用户，如图 4-105 所示。

图 4-105　添加 SCVPN 用户信息

步骤 7：配置 SCVPN 客户端。在客户端上打开浏览器，在地址栏中键入 "https://218.240.143.220:4433"，在登录界面中填入用户账号和密码，单击"登录"按钮，如图 4-106 所示。

连接成功后，输入登录用户名和密码，如图 4-107 所示。

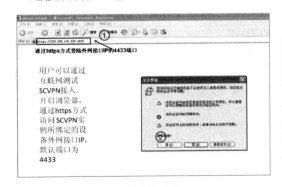

图 4-106　在客户端上登录 SCVPN

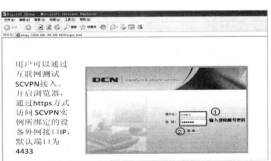

图 4-107　输入 SCVPN 用户名和密码

若浏览器阻止访问，可选择"允许安装 Activex 控件"，安装神州数码 SCVPN 客户端插件，如图 4-108 所示。

安装成功后，在客户端上输入防火墙中定义的用户名和密码后登录 SCVPN，如图 4-109 所示。

图 4-108　安装 SCVPN 客户端

图 4-109　SCVPN 客户端

在客户端系统托盘中可以看到拨号客户端连接，双击该图标，可以看到防火墙将内网网段 192.168.2.0 的路由下发到了拨号客户端，如图 4-110 所示。

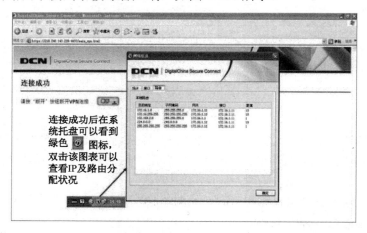

图 4-110　客户端成功连接

任务验收

通过本任务的实施，学会基于 SSL 协议的 VPN 实现方案 SCVPN 的服务器端配置和客户端配置。

评 价 内 容	评价标准
SCVPN 基本配置	（1）在规定的时间内，在 DCFW-1800 防火墙上配置基于 SSL 协议的 SCVPN 服务设备端； （2）学会在 SCVPN 客户端上配置安装插件，正确连接服务设备端

 **拓展练习**

完成本任务配置后，试比较 L2TP VPN 和 SCVPN 两种实现方案的优点与缺点。

任务五　配置 SCVPN 主机绑定

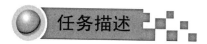 **任务描述**

新兴学校已为出差人员架构了基于 SSL 协议的 SCVPN 服务，实现了异地办公人员访问学校内网的 Web 服务和 FTP 服务。为进一步增加异地访问的安全性，学校希望访问 VPN 的人员通过更严密的身份认证后才能连接内网。

任务分析

SCVPN 是基于 SSL 协议实现的，方案本身支持传输过程中的加密。如果希望访问 VPN 服务的人员身份更确定，则可以启用 SCVPN 的主机验证功能，绑定授权登录主机的硬件信息，拒绝陌生设备接入 VPN 服务。

实验拓扑如图 4-97 所示（同 SCVPN 配置任务拓扑结构图）。

> **知识链接**
>
> 主机验证功能是指 SCVPN 实例对运行 SCVPN 客户端的主机进行验证。用户在 PC 上通过 SCVPN 客户端登录时，客户端先收集主机的主板序列号、硬盘序列号、CPU ID 和 BIOS 序列号，然后客户端对这些信息进行 MD5 运算，生成一个 32 位的字符串，即主机 ID。之后，客户端将主机 ID 及用户名、密码信息发送到 SCVPN 设备端进行验证。SCVPN 设备端根据候选表和绑定表中的记录表项及主机验证配置进行验证。
>
> 候选表：客户端首次登录时，SCVPN 设备端会记录用户名与主机 ID 的对应关系，并将其加入候选表。
>
> 绑定表：绑定表中包含允许验证通过的主机 ID 与用户名对应关系的表项。客户端登录时，SCVPN 设备端会先检查绑定表中是否有该主机 ID 与用户名的对应关系表项，如果有，则通过主机验证，继续进行用户名密码验证；如果没有，则直接中断 SSL 通信过程。

配置要求：某员工需要通过 SCVPN 远程访问公司总部的 Web 服务和 FTP 服务，在防火墙的 SCVPN 服务端绑定其登录客户端的硬件信息，保证其成功登录，拒绝陌生的客户端登录。

任务实施

步骤 1：启用 SSL VPN 高级配置。

在防火墙主菜单中选择"SSL VPN"选项，选中当前已经定义的 SCVPN 实例，单击"编辑"按钮，弹出"SSL VPN 配置"对话框，单击"高级配置"按钮，如图 4-111 所示。

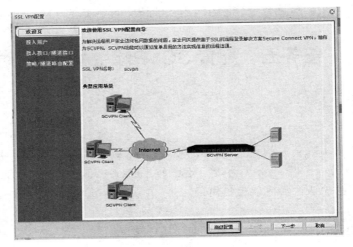

图 4-111　启用"高级配置"

步骤 2：启用主机绑定。在高级配置中选择"主机检测/绑定"选项卡，选中"启用主机绑定"复选框，如图 4-112 所示。

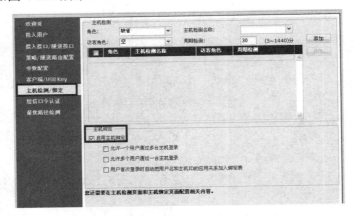

图 4-112　启用主机绑定功能

步骤 3：查看主机绑定候选列表。依次单击"下一步"按钮，完成 SSL VPN 实例配置，返回 SSL 主页面，选择"主机绑定验证"→"绑定候选列表"选项，主页面中显示所有登录成功的 SCVPN 客户端的硬件信息列表，如图 4-113 所示。

图 4-113　主机绑定候选列表

步骤4：绑定到主机。在"绑定候选列表"中选择待绑定的用户及硬件信息，选中表项前面的复选框，单击"绑定"按钮，即可把当前 SCVPN 客户端信息加入绑定列表，如图 4-114所示。

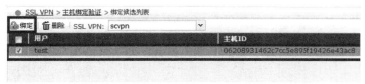

图 4-114 绑定到主机

步骤 5：查看绑定信息。完成操作后，单击"主机绑定验证"按钮，当前页面会显示已绑定的用户信息，如图 4-115 所示。

图 4-115 查看绑定信息

步骤 6：客户端测试。用一台非绑定的客户端登录 SCVPN 服务，系统提示错误"主机硬件 ID 错误"，拒绝连接，如图 4-116 所示。

图 4-116 非绑定客户端被拒绝登录

通过本任务的实施，学会配置 SCVPN 的主机登录绑定，以限制非法客户端登录 VPN 服务。

评 价 内 容	评 价 标 准
SCVPN 绑定登录主机	（1）学会配置 SCVPN 的高级选项，启用主机绑定； （2）掌握绑定合法客户端的硬件信息的方法，保证顺利访问 SCVPN 服务

配置 SCVPN 服务后，绑定某台客户端主机，查看主机的硬件 ID 信息，并尝试从多台客户端登录 SCVPN 服务，验证主机绑定功能。

单元知识拓展 防病毒配置

由于新兴学校上网人数较多，学生访问的网站良莠不齐，时常遇到带病毒的网站，影响

到校园网的安全，也不利于学生的身心健康。网络管理员小赵决定在防火墙上开启病毒网站过滤功能，提高校园网的安全性。

任务分析

DCFW-1800 系列防火墙有很完善的防病毒功能，过滤带病毒网站只需在防火墙上开启防病毒设置即可。

实验拓扑如图 4-117 所示。

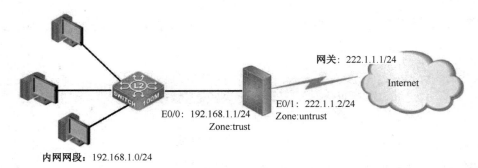

图 4-117　防病毒配置拓扑

配置防火墙，当内网 192.168.1.0/24 网段机器访问互联网时，如果访问网站带有病毒，则防火墙会对其进行某些动作，并记录到防火墙日志中。

任务实施

步骤 1：病毒特征库在线更新及启用防病毒配置。在安全/病毒过滤处，单击"配置更新"按钮可以看到病毒服务器升级的域名，可以启用病毒库自动升级功能，手工设置自动升级的时间点。如果需要设备在线升级病毒库，则需要在设备上配置可用的 DNS 地址，并能够解析出病毒服务器域名，如图 4-118 所示。

图 4-118　升级病毒库

　　步骤 2：配置防病毒过滤规则——全局策略。在安全/防病过滤中，新建一个防病毒过滤规则，名称为"AV"，选择要绑定的安全域。关于防护类型，设备占用已经预定义好了 3 种安全等级，即低、中、高，推荐使用中级。此处也可以自定义过滤规则，手工选择扫描的文件类型、协议类型及采取的动作，如图 4-119 所示。

　　以上防病毒配置可在全局内生效。如果需要针对内网一部分用户开启防病毒功能，则创建的防病毒规则不做安全域绑定，如图 4-120 所示。

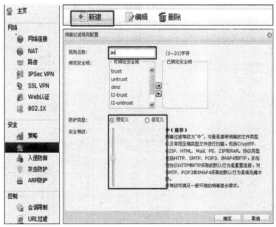

图 4-119　防病毒规则绑定安全域　　　　　图 4-120　不绑定安全域的防病毒规则

　　针对内网用户设置安全策略，源地址选择防病毒用户，如图 4-121 示。

　　在该策略的"高级控制"选项卡中，在病毒过滤处选择上面创建好的病毒过滤规则，如图 4-122 所示。

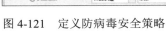

图 4-121　定义防病毒安全策略　　　　　图 4-122　设置病毒过滤规则

　　步骤 3：测试客户端效果。在防火墙没有开启防病毒功能时，访问 www.eicar.com，如图 4-123 所示。登录该网站后先单击最上面的"DOWNLOAD ANTI MALWARE TESTFILE"按钮，再选择左侧的"DOWNLOAD"选项，在该页面下方可以看到病毒测试文件。

　　单击 eicar.com.txt 时，客户端自带的杀毒软件会告警，说明该文件确实包含病毒特征，如图 4-124 所示。

　　在防火墙上开启防病毒功能后，再次登录 www.eicar.com，做同样的访问，会出现如

图 4-125 所示的状况。

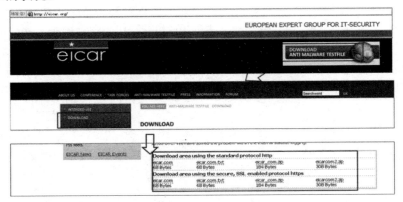

图 4-123　测试病毒网站

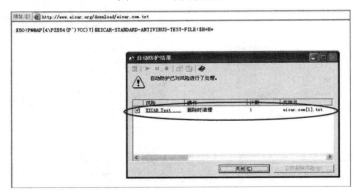

图 4-124　系统弹出病毒预警提示信息

图 4-125　防火墙拦截了带毒网站

在日志/攻击/安全日志列表中，可以看到访问病毒网站的日志信息，如图 4-126 所示。

图 4-126　在防火墙安全日志中查看拦截内容

任务验收

通过本任务的实施，学会在防火墙上拦截病毒网站，以保护校园网络的安全。

评价内容	评价标准
防病毒配置	配置防火墙的防毒功能，拦截危险网站，保护网络和计算机系统安全

单 元 总 结

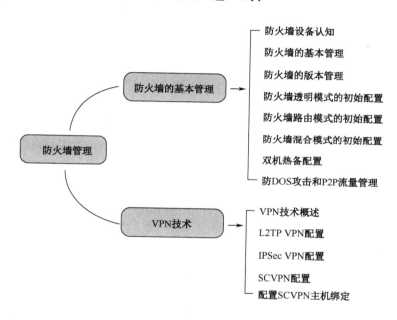

无线局域网管理

☆ 单元概要

（1）"无线"代表一种生活方式，改变着人们的工作和生活。作为有线网络的延伸，无线网络未来会成为云时代的主要信息载体。大多初学者体验过无线上网的轻松与惬意，但无线网络配置与管理又显得非常神秘。无线局域网的搭建、接入与安全管理，是网络学习者必备的知识和技能。

（2）目前，在全国职业院校技能大赛中职组企业网搭建与应用项目中，对无线网络的要求是采用无线交换机+FIT AP 架构模式，考点内容包括无线协议与标准，无线网络设备的认知、接入与开通，无线局域网的安全（如 WPA 加密、MAC 认证等管理策略）。因此，了解无线网络技术，掌握无线设备的基础管理和安全配置是学习无线网络的基本内容和重要技能。

（3）除无线网络开通与调试、安全管理之外，还需要了解并掌握无线网络漫游、无线 AC 的安全控制等网络优化策略，这会使实际的无线网络维护与升级管理工作更高效。

☆ 单元情境

新兴学校已架设了稳定的有线局域网（以太网），并接入了 Internet。为加强学校的形象宣传，学校准备开发基于移动互联网的 Web 站点，购置了一批无线网络设备和无线终端，准备建设数字化校园，实现全校无线网络无缝覆盖。在尽量保护原有网络投资的基础上，升级并扩充网络规模。学校的网络管理员小赵全程参与该项目的规划与实施。小赵要和飞越公司的技术人员一起认真分析无线设备的技术，了解网络组件的功能，搭建出符合用户需求的无线网络，做出正确高效的设备配置，并启用相应的安全策略，保障无线网络稳定高效运行。

项目一　无线局域网设备认知

项目描述

无线网络设备已经采购到位，飞越公司采购的设备有神州数码公司的 DCN DCWS-6028 无线控制器、DCWL-7962AP 无线接入点，以及一款型号为 DCWL-POEINJ-G 的 PoE 适配器。在项目实施之前，先了解与比较当前的无线网络技术，认识无线设备，正确地安装并配置无线网络。

项目分析

分析学校网络实际需求，稳定运行的以太网需要扩充无线部分，考虑到网络的兼容性，方便校内师生和校外来访人员接入，网络的部署应采用当前的主流技术 IEEE 802.11WLAN 标准。

详细了解 AC、AP 及 PoE 设备的功能后，结合公司的上网人员组成，可以确定整个网络的架构采用中心组网模式，无线控制器 DCWS-6028 为无线网络的核心，负责管理网络中的无线 AP（DCWL-7962），无线接入点 DCWL-7962AP 负责提供基于 802.11 的无线接入服务。整个项目的认知与分析流程如图 5-1 所示。

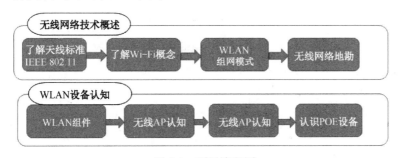

图 5-1　项目流程图

任务一　无线网络技术概述

任务描述

网络管理员小赵参与公司无线网络部署项目，在规划和部署网络之前，先了解无线领域的主流技术及协议标准，实际勘察现场情况，分析和制定无线网络搭建方案。

首先对无线网络的基础概念进行了解；再重点对比当前无线网络通信标准 802.11 家族的 a/b/g/n 各协议标准，了解无线传输使用的频段和信道，以便对拟使用的组网设备的技术参数做精确分析；最后进行现场勘测，以规划无线接入点（Access Point，AP）的部署位置。

任务实施

1．IEEE 802.11 协议

无线技术使用电磁波在设备之间传送信息。802.11 协议是一套 IEEE 标准，该标准定义了如何使用免授权 2.4 GHz 和 5GHz 频带的电磁波进行信号传输。802.11 无线标准家族包括 802.11a/b/g/n/ac 五个标准，理论上可以提供高达每秒 1Gb/s 的数据传输能力，如表 5-1 所示。

表 5-1　802.11 协议标准介绍

协议标准 参数	802.11a	802.11b	802.11g	802.11n	802.11ac
工作频段	5GHz	2.4GHz	2.4GHz	2.4GHz 和 5GHz	5GHz
信道数	最多 23 个	3 个	3 个	最多 14 个	最多 23 个
调制技术	OFDM	DSSS	DSSS 和 OFDM	MIMO-OFDM	MIMO-OFDM
数据传输速率	<54Mb/s	<11Mb/s	<54Mb/s	最高可达 600Mb/s	可达 3.7Gb/s
发布时间	1999 年	1999 年	2003 年	2009 年	2013 年

经验分享

802.11ac 标准是 2013 年 12 月获批准的标准。目前最成熟的标准是 802.11n，协商速率可达 300Mb/s。它的具体优势如下。

（1）高带宽，易穿透。

（2）广覆盖，密接入。

（3）高稳定，易兼容。

2．Wi-Fi 的概念

Wi-Fi 是 Wi-Fi 联盟制造商的商标，可作为产品的品牌认证，是一个建立于 IEEE 802.11 标准的无线局域网络（Wireless LAN，WLAN）设备，是目前应用最为普遍的一种短程无线传输技术。基于两套系统的密切相关，也有人把 Wi-Fi 当做 IEEE 802.11 标准的同义词，如图 5-2 所示。

Wi-Fi 在无线局域网的范畴是指"无线相容性认证"，实质上是一种商业认证，也是一种无线联网的技术。以前通过网线连接计算机，而现在则通过无

图 5-2　Wi-Fi 标识

线电波来联网。常见的设备是一个无线路由器，那么在这个无线路由器的电波覆盖的有效范围内都可以采用 Wi-Fi 连接方式联网，如果无线路由器连接了一条 ADSL 线路或者其他上网线路，则被称为"热点"。

3．WLAN 组网模式

（1）AD-HOC 模式：就是所谓的点对点直接通信模型。这种组网模式不需要使用无线接入点，无线信号直接从一台终端设备（STA）到另一台终端设备，如图 5-3 所示。

（2）Infrastructure 模式：也称为集中管理模式，需要 AP 提供接入服务，所有 STA 关联到 AP 上，访问外部及 STA 之间交互的数据均由 AP 负责转发，如图 5-4 所示。

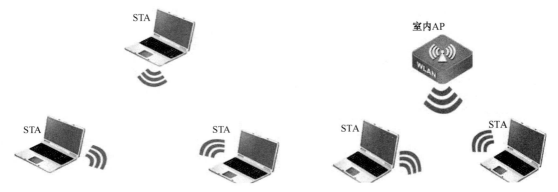

图 5-3　AD-HOC 组网模式　　　　　　图 5-4　Infrastructure 模式

（3）中继模式：也称为桥接模式，即两个或多个网络（LAN 或 WLAN）或网段，通过无线中继器、无线网桥或无线路由器等无线网络互连设备连接起来，如图 5-5 所示。

图 5-5　中继模式

4．无线网络地勘

通过现场勘察，可以更清楚地了解无线网络实际环境，确定以下事宜。

（1）确定 AP 的安装位置。

（2）更精确地确定具体的 AP 型号及实际所需数量。

（3）确定是否需要使用外挂天线。

（4）准备制定布线、施工细则。

画出现场提交勘测报告和测试结果，经过技术分析与计算，画出站点图，如图5-6所示。

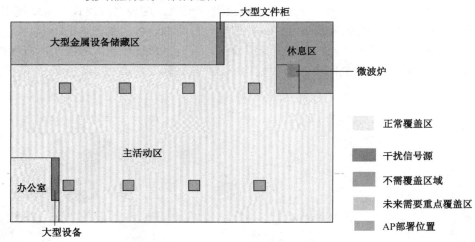

图 5-6　无线 AP 部署示意图

任务验收

通过本任务的实施，了解无线局域网的相关技术和协议标准，勘测了现场情况，为局域网的施工做了理论准备。

评 价 内 容	评 价 标 准
无线网络技术概述	掌握无线网络的基础概念、协议标准、信道使用、组网模式
无线网络现场勘测	根据现场情况进行勘测，分析并计算后画出站点图

拓展练习

对网络实验室进行技术分析和现场勘察，制定一个供学生使用的无线局域网规划部署方案。

任务二　无线局域网设备认知

任务描述

新兴学校无线局域网部署方案已经制定，组网设备已采购完成，要求认真学习各组网设备的安装须知、功能及各项技术指标。

任务分析

项目中采用的设备包括神州数码公司的 DCWS-6028 有线无线智能一体化控制器、DCWL-7962（R5）型号的无线 AP、供电给 AP 的 DCWL-POEINJ-G 型号的 PoE 适配器。安装施工之前必须详细了解每款产品的工作环境、安装步骤及运行状态。

任务实施

一、无线接入点

1. 功能介绍

DCWL-7962 无线 AP 的外观如图 5-7 所示。它支持 FAT 和 FIT 两种工作模式，根据网络规划的需要，可灵活地在 FAT 和 FIT 两种工作模式中切换。当 AP 作为瘦 AP（FIT AP）使用时，需要与 DCN 智能无线控制器产品配合使用；作为胖AP（FAT AP）使用时，可独立组网。

图 5-7　DCWL-7962 无线接入点

DCWL-7962 无线 AP 支持单频 2.4GHz 802.11n、双频 2.4GHz 和 5GHz 802.11n，可同时工作在 2.4GHz 和 5GHz 两个频段上。上行接口采用千兆以太网接口接入，带宽可以满足网络未来的升级需求。

2. 接口与按钮介绍

（1）2.4GHz N 型接口如图 5-8 所示。

（2）5.8GHz N 型接口如图 5-9 所示。

（3）网络接口和控制接口：位于 2.4GHz N 型接口上方，如图 5-10 所示。

图 5-8　2.4GHz N 型接口　　　　　　　　图 5-9　5.8GHz N 型接口

图 5-10　网络接口和控制接口

3. LED 指示灯

LED 指示灯有 3 种状态：绿色、快速闪绿色、灭。其代表的状态如表 5-2 所示。

表 5-2　无线 AP 的 LED 指示灯状态

LED/按钮	说　　　明
WLAN1	灭：无线服务未启用。 绿色：无线服务已启用。 快速闪绿色：无线服务启用，数据传送中
WLAN2	灭：无线服务未启用。 绿色：无线服务已启用。 快速闪绿色：无线服务启用，数据传送中

4. 安装步骤

（1）L 形支架安装说明：随机配备的支架附件如图 5-11 所示。

（a）L 形支架

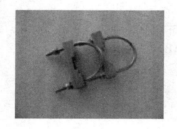
（b）U 形卡

（c）六角螺钉

图 5-11　AP 支架附件

（2）安装方法：将 L 形支架用六角螺钉按图 5-12 固定至室外设备上；再按图 5-13 使用 U 形卡将设备固定至抱杆上。

5. 记录 AP MAC 地址

现场施工时，硬件安装工程师需记录 AP 的"MAC 地址"，用于提供给调试工程师远程配置管理 AP。硬件安装工程师采集时，需把粘帖在 AP 设备的"MAC 地址"标签撕下，粘贴到如表 5-3 所示的对应位置，并记录 AP 安装的实际位置。

图 5-12　螺钉固定

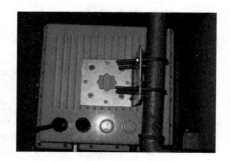
图 5-13　AP 固定

表 5-3　记录 MAC 地址

序　号	设 备 型 号	MAC　地　址	设备所处位置
1	DCWL-7962OT	00030F000010	XX 楼 XX 房间

二、无线控制器

DCWS-6028 智能无线控制器（Access Controller，AC）外观如图 5-14 所示，最多可管理 256 台智能无线 AP。它支持高速率 IEEE 802.11n 系统设计，配合 DCN 802.11n 系列无线 AP，可提供传输带宽单路高达 300Mb/s、双路高达 600Mb/s 的无线网络。这种无线控制器无需改动原有网络架构，可部署于三层或三层网络中，自动发现 AP，并灵活控制 AP 上的数据交换方式。

图 5-14　DCWS-6028 无线控制器

1．接口介绍

DCWS-6028 无线控制器由 20 个 RJ-45 接口、4 个 SFP/UTP 复用口和一个 RJ-45 串行控制端口组成，其位置与排列如图 5-15 所示。

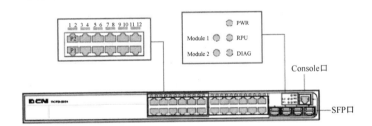

图 5-15　DCWS-6028 的前面板

DCWS-6028 提供了一个 RJ-45 串行控制口，通过这个接口，用户可完成对 AC 的本地或远程配置，管理方法同路由器/交换机。网络的 RJ-45 接口支持 10/100/1000Mb/s 自适应 5 类非 UTP，支持 MDI/MDI-X 网线类型自适应。4 个扩展的复用口可以扩展为光纤接口，支持单模、多模光纤接入，也可以扩展为电缆接口，支持 UTP 接入。

AC 的后面板包括 1 个 220V 交流电源插座、1 个直流备份电流（-48V）插座、1 个接地端子、2 个万兆扩展模块插槽，如图 5-16 所示。

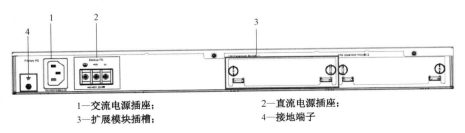

1—交流电源插座；　　　　　　2—直流电源插座；
3—扩展模块插槽；　　　　　　4—接地端子

图 5-16　DCWS-6028 的后面板

2. 指示灯的状态

从图 5-15 前面板示意图中可以看到，无线 AC 共有 24 个端口指示灯和 5 个系统指示灯。系统指示灯的状态和端口指示灯的状态分别如表 5-4 和表 5-5 所示。

表 5-4　DCWS-6028 系统指示灯状态说明

指　示　灯	面板指示	状　　态	含　　义
电源指示灯	POWER	绿灯	内部电源正常运行
		灭	无电源或出错
冗余电源指示灯	RPU	绿灯	冗余电源单元接收能量
		灭	冗余电源单元关闭或出错
系统自动诊断检测状态指示灯	DIAG	闪烁的绿灯	系统自动诊断检测正在进行
		绿灯	系统自动诊断检测成功完成
		琥珀灯	系统自动诊断检测诊断出现错误
扩展模块指示灯	MODULE1/ MODULE2	绿灯	安装了扩展模块
		琥珀灯	安装的扩展模块接入出错或失败
		灭	没有安装扩展模块

表 5-5　DCWS-6028 端口指示灯状态说明

LED 指示灯	状　　态	说　　明
LINK/ACTIVITY	琥珀灯	端口处于 10Mb/s 或 100Mb/s 的连接状态
	绿灯	端口处于 1000Mb/s 的连接状态
	闪烁的琥珀灯	端口处于 10Mb/s 或 100Mb/s 的活动状态
	闪烁的绿灯	端口处于 1000Mb/s 的活动状态
	灭	没有连接或连接失败

3. AC 的安装要求

AC 必须工作在清洁、无尘，温度为 0～50 ℃、湿度为 5%～95%的环境中。AC 必须置于干燥阴凉处，四周应留有足够的散热间隙，以便通风散热，具体的安装环境与要点可参见安装指南。无线 AC 的尺寸是按照 19 英寸标准机柜设计的，可以安装在标准机柜上，如图 5-17 所示。

三、PoE 设备

负责给无线 AP 供电的是 DCWL-POEINJ-G 千兆单端口 PoE 以太网供电模块，外观如图 5-18 所示，支持 MDI/MDIX 线缆自识别，避免因直连/交叉线缆的错误使用而出现不必要的网络问题。

PoE 供电设备与无线 AC、AP 的连接如图 5-19 所示。

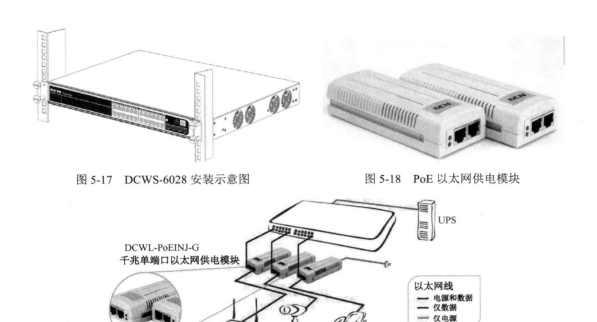

图 5-17　DCWS-6028 安装示意图　　　　　图 5-18　PoE 以太网供电模块

图 5-19　PoE 设备与 AC、AP 连接示意图

任务验收

通过本任务的实施，了解常用无线网络组件的原理与功能特点。

评 价 内 容	评 价 标 准
无线 AP、无线 AC、PoE 设备	（1）了解无线 AP 的接口、按钮、指示灯的状态及 AP 的安装； （2）熟悉无线 AC 的功能、接口、指示灯状态及安装方法； （3）了解 PoE 设备的具体性能及与 AC、AP 的连接方法

拓展练习

在网上收集多种无线设备的资料，比较各种品牌设备的外观、性能参数和安装环境。

项目二　无线 AP 配置与管理

项目描述

小赵和飞越公司技术人员一起进行了技术比较和设备认知，选定了无线网络架设标准为

IEEE 802.11n，兼容 11b/g 终端接入；进行了地勘，确定了无线 AP 的部署位置。根据学校上网需求，确定采用无线控制器+FIT AP 组网模式，并对无线功能进行配置与调试。首先要进行的是 AP 的配置与管理，使 AP 能与 AC 关联，并进入良好的工作状态。

项目分析

根据学校网络使用人群进行了需求分析，确定了无线网采用有线无线一体化高性能无线控制器 DCWS-6028、多台智能无线接入点 DCWL-7962AP。需部署多个 WLAN，广播多个 SSID，个别使用开放式接入，其余采用 WEP 或者 WPA 加密，并进行用户隔离，限制访问速率。整个项目的认知与分析流程如图 5-20 所示。

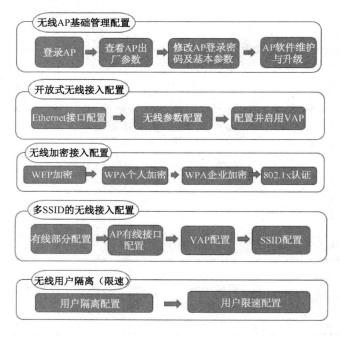

图 5-20　项目流程图

任务一　无线 AP 基础管理配置

任务描述

新兴学校网络管理员小赵参与了本校无线网络部署项目，目前无线网络设备已经安装完成，进入无线网络设备配置与调试阶段，首要任务是对无线 AP 进行管理和基础配置。

任务分析

因为新兴学校采购的 DCWL-7962 型无线接入点是可以工作在胖模式和瘦模式两种场景

中的，在小型的办公室网络部署时，可直接使用胖模式配置来实现无线用户接入。在配置无线网络之前，小赵需要对胖 AP 进行基础管理，以保证胖 AP 的正常工作。

 知识链接

DCN-7962AP 可以工作在胖模式和瘦模式两种场景中。胖模式指 AP 可以独立控制无线信号的发射和管理；瘦模式不支持 AP 配置，所有的配置与管理都在无线控制器上进行，即在 AC 上发送配置信息到 AP 上，管理 AP 的工作。

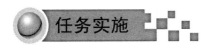 **任务实施**

一、登录 AP

步骤 1：将 AP 加电启动，网线的一端连接 AP LAN 口，另一端连接 PC 网口，将 PC 的 IP 地址设为 192.168.1.20，在 IE 浏览器地址栏中输入 AP 默认管理地址 192.168.1.10，并按 Enter 键确定，如图 5-21 所示。

图 5-21　输入 AP 管理地址

步骤 2：在登录界面输入用户名 ADMIN，密码 ADMIN，单击"Login"按钮，登录 AP，如图 5-22 所示。

图 5-22　AP 登录界面

步骤 3：登录成功，进入 AP 管理界面，如图 5-23 所示。

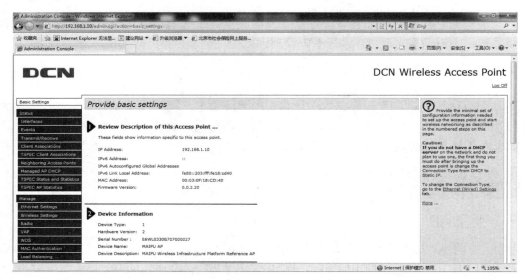

图 5-23 AP 管理界面

二、查看 AP 出厂参数

管理界面中显示了当前设备的基本状态，包括管理地址、MAC 地址等，如图 5-24 所示；也显示了设备类型、硬件版本、序列号等物理信息，如图 5-25 所示。

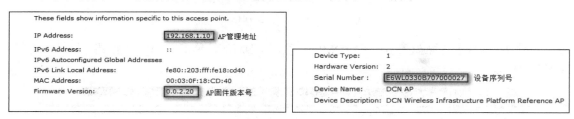

图 5-24 设备描述   图 5-25 物理信息

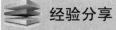

经验分享

在此界面中可以获取 AP 的固件版本信息、序列号、硬件版本信息等。AP 管理地址修改不在此界面中。

三、修改 AP 登录密码及基本参数

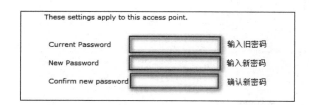

图 5-26 修改 AP 管理密码

1. 修改登录密码

为了系统安全，输入 AP 的旧密码并设置新密码，即可修改默认的管理密码，如图 5-26 所示。

2. 串口速率设置

可以修改默认的串口登录速率，但修改后需保存更新并重启 AP，如图 5-27 所示。

3. 系统设置

可以修改系统名称、厂商服务电话、厂商位置等，如图 5-28 所示。

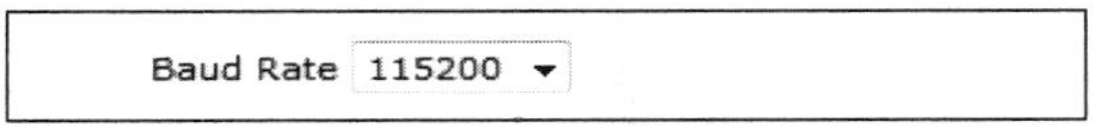

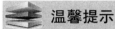

Baud Rate
115200

图 5-27　修改默认的登录速率

System Name
DCN AP
System Contact
800-810-9119
System Location
China

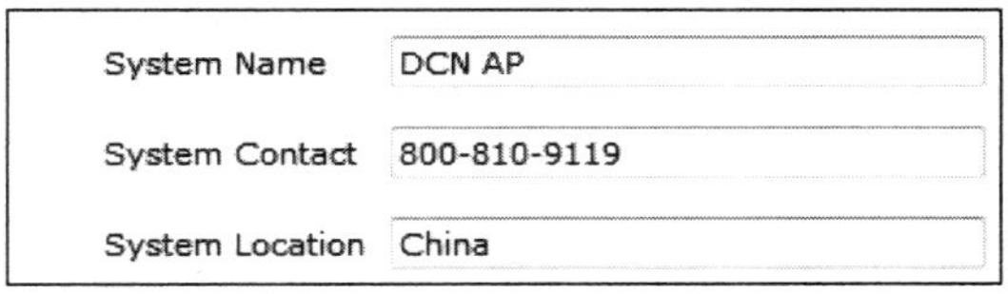

图 5-28　修改系统名称与位置

温馨提示

配置完成后单击“Update”按钮即可保存配置。

四、AP 维护与升级

1. 备份当前配置

步骤 1：选择 AP 管理界面左侧主菜单中的“Maintaince”→“Configuration”选项，维护页面的上部如图 5-29 所示。

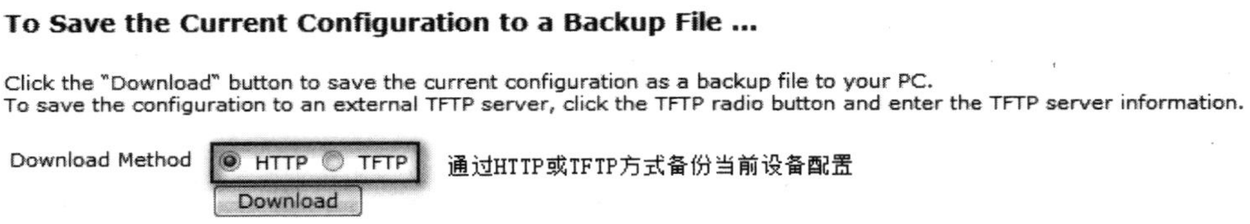

To Save the Current Configuration to a Backup File ...
Click the "Download" button to save the current configuration as a backup file to your PC.
To save the configuration to an external TFTP server, click the TFTP radio button and enter the TFTP server information.
Download Method
HTTP
TFTP
Download
通过HTTP或TFTP方式备份当前设备配置

图 5-29　备份当前配置

步骤 2：单击“Download”按钮，会弹出如图 5-30 所示的提示对话框，确认下载配置文件，单击“确定”按钮。

步骤 3：在弹出的如图 5-31 所示的对话框中，选择配置文件的保存路径，单击“保存”按钮即可完成备份操作。

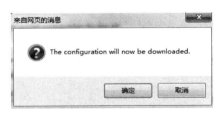

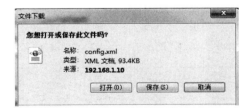

来自网页的消息
The configuration will now be downloaded.
确定
取消

图 5-30 确认备份配置文件

文件下载
您想打开或保存此文件吗?
名称: config.xml
类型: XML 文档, 93.4KB
来源: 192.168.1.10
打开(O)
保存(S)
取消

图 5-31 选择配置文件保存位置

2. AP 恢复出厂配置

在设备前面板 PWR 指示灯左侧长按 RESET 键，当所有指示灯都熄灭时松开 RESET 键，设备会重启，重启后即可恢复出厂设置，如图 5-32 所示。

3. 恢复配置

选择“Maintaince”→“Configuration”选项后，在打开页面的上中部可以恢复配置文

件。选择正确的配置文件路径，单击“Restore”按钮，即可把以前备份的配置文件恢复到 AP 本地，如图 5-33 所示。

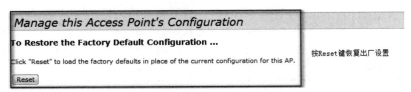

Manage this Access Point's Configuration
To Restore the Factory Default Configuration ...
Click "Reset" to load the factory defaults in place of the current configuration for this AP.
Reset
按Reset键恢复出厂设置

图 5-32　恢复出厂设置

To Restore the Configuration from a Previously Saved File ...
Browse to the location where your saved configuration file is stored and click the "Restore" button.
To restore from a TFTP server, click the TFTP radio button and enter the TFTP server information.
Upload Method
HTTP
TFTP
Configuration File
浏览...
Restore
还原先前备份的配置

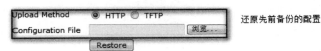

图 5-33　还原配置文件

4. 重启 AP

选择“Maintaince”→“Configuration”选项，在打开页面的底部单击“Reboot”按钮，即可重启 AP，如图 5-34 所示。

5. AP 版本升级

步骤 1：如图 5-35 所示，选择“Maintenance”→“Upgrade”选项，进入固件管理界面。

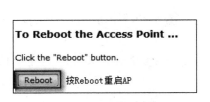

To Reboot the Access Point ...
Click the "Reboot" button.
Reboot
按Reboot重启AP

图 5-34　重启 AP

SNMPv3
SNMPv3 Views
SNMPv3 Groups
SNMPv3 Users
SNMPv3 Targets
Maintenance
Configuration
Upgrade

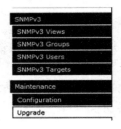

图 5-35　固件管理

步骤 2：单击“浏览”按钮，选择 Image 文件版本，如图 5-36 所示。

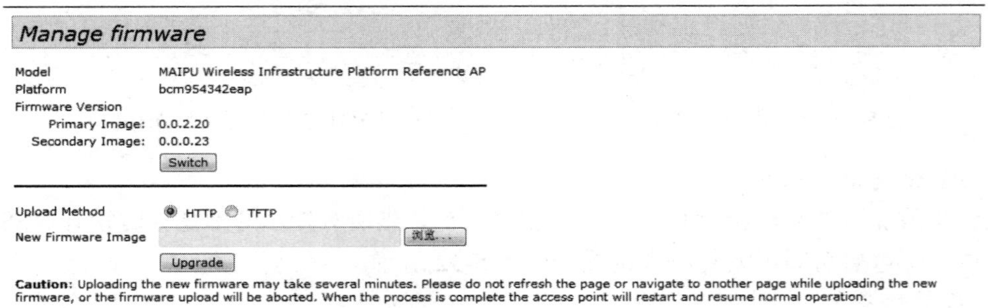

Manage firmware
Model
MAIPU Wireless Infrastructure Platform Reference AP
Platform
bcm954342eap
Firmware Version
Primary Image:
0.0.2.20
Secondary Image:
0.0.0.23
Switch
Upload Method
HTTP
TFTP
New Firmware Image
浏览...
Upgrade
Caution: Uploading the new firmware may take several minutes. Please do not refresh the page or navigate to another page while uploading the new firmware, or the firmware upload will be aborted. When the process is complete the access point will restart and resume normal operation.

图 5-36　选择 Image 文件位置

步骤 3：找到正确的位置和 Image 文件后，单击"打开"按钮，如图 5-37 所示。

图 5-37　打开 Image 文件

步骤 4：单击"Switch"按钮，确定 Image 文件启动次序，Primary Image 为主版本，如图 5-38 和图 5-39 所示。

至此，固件升级结束，单击"确定"按钮，重启 AP 即可完成操作。

图 5-38　升级固件

图 5-39　主配置文件升级结束

任务验收

通过本任务的实施，了解无线 AP 的基础管理与配置，为下一步进行无线网络的配置与优化做好准备工作。

评 价 内 容	评 价 标 准
AP 登录	能够正确连接、设置、登录 AP
AP 基本管理	能够了解 AP 的设备类型及状态信息，并根据需要修改 AP 的管理密码及相关参数
AP 维护与升级	能够掌握无线 AP 配置文件的备份与还原、升级与维护操作

拓展练习

找到一两台家用无线路由器，查阅说明书，按照步骤进行配置，保存并恢复已做的配置。

任务二　开放式无线接入配置

任务描述

根据当前所学的知识，已经熟悉无线 AP 及其基础管理配置，网络管理员小赵准备给办公室人员配置一个小型开放式无线网络，实现移动设备接入 Internet 功能。

任务分析

胖 AP 配置一个开放式 WLAN 非常方便，需要完成的操作包括有线和无线两部分配置。有线部分就是 Ethernet 接口的配置，保证 AP 能够接入 Internet；无线部分的配置包括关联 WLAN 与 VLAN、广播 SSID、启用 VAP。若无其他 DHCP 服务器，AP 还需要启用 DHCP 为无线客户下发 IP 地址。

实验拓扑如图 5-40 所示。

要求无线用户开放式接入无线网络并能够接入互联网。无线网络的属性在 AP 上配置，无线用户的地址由有线交换机 DHCP 服务提供。

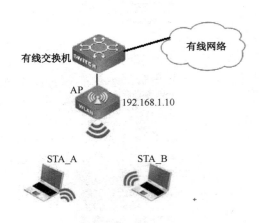

图 5-40　开放式无线网络接入

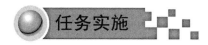

步骤 1：在 Ethernet 接口配置主菜单中选择"Manage"→"Ethernet Settings"选项，如图 5-41 所示。

根据网络的实际环境，配置 AP 的 IP 地址、所在 VLAN、网关地址、DNS 等参数，以保证 AP 能够与有线网络互通。配置完成后，单击"Update"按钮保存，在如图 5-42 所示的对话框中单击"确定"按钮。

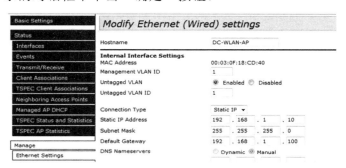

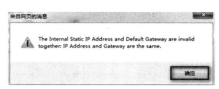

图 5-41　有线部分配置界面　　　　　　　图 5-42　Ethernet 配置完成

 经验分享

注意，应启用本征 VLAN，并把 AP 与有线网络互连 VLAN 指定为本征 VLAN。

步骤 2：无线参数配置。进入无线配置页面，启用 Radio1 和 Radio2 射频口，Mode、Channel 配置可以保留为默认值，单击"Update"按钮保存配置，如图 5-43 所示。

步骤 3：配置并启用 VAP。进入 VAP 配置界面，如图 5-44 所示。此处只广播一个 SSID，名为 DCN_VAP_2G，选中 Broadcast SSID 下方的复选框表示对外广播 SSID；Network 对应 VAP 0，选中 Enable 复选框；VLAN ID 为默认的 VLAN 1，与 AP 管理地址属于同一 VLAN；用户接入免认证，即选择 None。

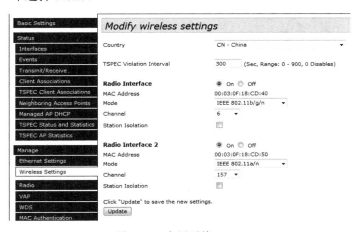

图 5-43　启用无线 Radio

设置完成后，单击"Update"按钮保存。查看PC的无线连接，发现此WLAN信号，如图5-45所示。

图 5-44　设置 VAP　　　　　　　　　图 5-45　验证 WLAN 信号

通过本任务的实施，熟练掌握在 DCWL-7962 的胖模式下配置开放式无线局域网，并接入 Internet 的方法。

评 价 内 容	评 价 标 准
有线网络部分配置	根据有线部分的网络环境配置无线 AP 与有线网络的互通
无线网络部分配置	掌握无线网络配置，包括开启 Radio 接口、配置 VAP、Network 及 SSID
理解配置原则	理解并掌握无线 AP 的配置原则，理清 VAP、WLAN 及 AP 之间的对应关系和相关配置

利用实验室内型号为 DCWL-7962AP 的无线 AP，搭建一个开放的无线网络，SSID 为 SHIYAN。

任务三　无线加密接入的配置

办公室无线局域网已经配置成功，近来办公室来访人员较多，出于安全性考虑，要求为该 WLAN 提供身份认证机制。

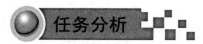

已经配置成功的 WLAN，能实现开放接入，现在需要限制无线用户的接入，只需在原来配置的基础上加上加密配置即可。加密前要先了解主要的加密方式，可供选择的方式有 WEP 和 WPA。

实验拓扑如图 5-40 所示。

要求对本项目任务二中配置的网络进行加密，要求选择两种加密方式之一，无线用户接入时先进行身份验证。

 知识链接

目前成熟的加密机制有 WEP 和 WPA 两大类。

（1）WEP：有线等效加密，通用于有线和无线网络加密。因为无线网络是用无线电把信息传播出去的，所以它特别容易被窃听。

（2）WPA：有 WPA 和 WPA2 两个标准，是一种保护无线网络安全的系统。WPA 或 WPA2 一定要启动并且被选为代替 WEP 才能生效，在大部分安装指引中，WEP 标准是默认选项。

 **任务实施**

1. WEP 加密方式配置

步骤 1：在 AP 管理主菜单中选择"Manage"→"VAP"选项，打开如图 5-46 所示的页面。找到需要加密的 Network，这里以 VAP0 所应的 SSID 为 DCN_VAP_2G 的 Network 为例，选择加密方式为 WEP。

图 5-46　WEP 加密页面

步骤 2：在 WEP 加密页面下方选择密钥格式。可以选择 64bits 加密为 5 位 ASCII 码或者 10 位十六进制数，128bits 加密为 13 位 ASCII 码或 26 位十六进制数。

步骤 3：在"WEP Keys"选项组中输入使用的密码，单击"Update"按钮保存配置。

2. WPA 加密方式配置

步骤 1：在 VAP 加密页面中也可选择加密方式为 WAP 个人版，如图 5-47 所示。

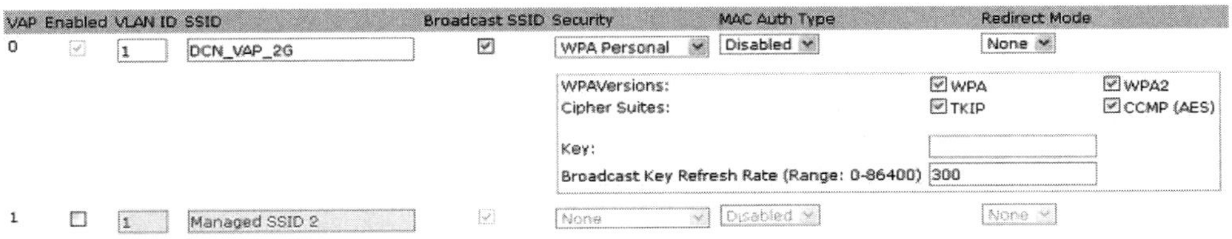

图 5-47　WPA 个人版加密

步骤 2：也可选择加密方式为 WAP 企业版，此方式需要 Radius 认证，在图 5-48 中输入 Radius 服务器的 IP 地址，单击"Update"按钮保存配置，如图 5-48 所示。

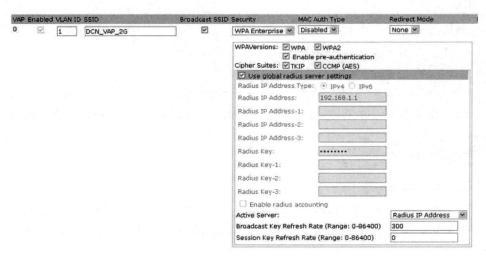

图 5-48　WPA 企业版加密

3.　802.11x 认证

802.1x 协议是基于 Client/Server 的访问控制和认证协议。它可以限制未经授权的用户/设备通过接入端口访问 LAN/MAN。在获得交换机或 LAN 提供的各种业务之前，802.1x 对连接到交换机端口上的用户/设备进行认证。

选择 802.1x 认证时，要求输入 Radius 服务器的 IP 地址及 Radius Key，如图 5-49 所示。

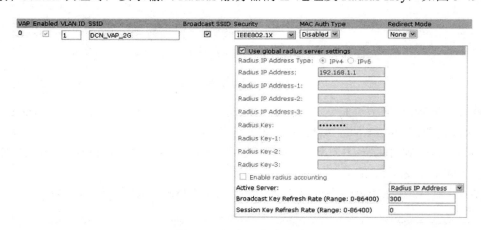

图 5-49　802.1x 加密方式

任务验收

通过本任务的实施，能够选择合适的加密方法加密 WLAN，用户可在终端输入正确密码并接入网络。

评 价 内 容	评 价 标 准
WEP 加密方式	正确配置 WEP 加密方式及密钥，了解 WEP 方式的缺点
WPA 加密方式	正确配置 WPA 加密方式，选择合适的密钥长度
802.1x 加密方式	了解 802.1x 加密方式的配置方法

 拓展练习

为本项目任务二中创建的开放式无线网络（SSID 为 SHIYAN）配置 WPA 加密，密码为12345678。

任务四 多 SSID 的无线接入配置

任务描述

最近学校的无线局域网用户太多，导致接入困难、网速降低，影响了学校的办公效率。网络管理员小赵想改善目前的状态，决定分别给办公人员和来访客户建立两个 WLAN，广播两个 SSID，二者隔离开，既有安全保障，又实现了负载均衡。

任务分析

在同一 AP 上配置多个 SSID，建立多个 WLAN，关联一个或多个 VLAN，VLAN 的网关配置在三层设备上，AP 的上联口必须为中继模式，这样才能广播多个 SSID，对应多个 VAP。默认只开启一个 VAP，新增的 VAP 需要手动开启。

实验拓扑如图 5-50 所示。

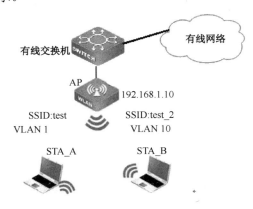

图 5-50 多 SSID 接入

要求在同一 AP 上广播两个 SSID，实现无线用户的分别接入。

任务实施

步骤 1：在 AP 网关设备上配置（图 5-50 中的三层交换机）以实现与 AP 的通信。

```
SW（CONFIG-IF-ETHERNET0/0/1）#SWITcHPORT MODE TRUNK
//AP 上联口需要承载多个 VLAN 数据时，需要将此链路模式更改为 Trunk 模式
SW（CONFIG-IF-ETHERNET0/0/1）#SWITcHPORT TRUNK NATIVE VLAN 1
/*使 VLAN1 通过 Trunk 链路时不封装 VLAN TAG 标签。如果 AP 处于除 VLAN1 之外的其他 VLAN，则
需要把本征 VLAN 更改成该 VLAN*/
```

步骤 2：创建用户 VLAN、AP 的管理 VLAN。

```
DCRS-5650-28C （CONFIG）#VLAN 1 //AP 的管理 VLAN，STA_A 也属于这个 VLAN
DCRS-5650-28C （CONFIG-VLAN）#NAME DCN_AP_        //VLAN 1 名称是 DCN_AP
DCRS-5650-28C （CONFIG-VLAN）#VLAN 10           //无线用户_B 所在 VLAN
DCRS-5650-28C （CONFIG-VLAN）#NAME DCN_A        //VLAN 10 名称是 DCN_A
```

步骤 3：配置 AP VLAN 和 STA VLAN 网关地址。

```
DCRS-5650-28C （CONFIG）#INTERFACE VLAN 1          //配置 AP 的网关地址
DCRS-5650-28C （CONFIG-IF-VLAN1）#IP ADDRESS 192.168.1.254 255.255.255.0
DCRS-5650-28C （CONFIG）#INTERFACE VLAN 10          //配置 STA_A 的网关地址
DCRS-5650-28C （CONFIG-IF-VLAN1）#IP ADDRESS 192.168.10.254 255.255.255.0
```

步骤 4：配置 AP 的 DHCP 服务器。

```
DCRS-5650-28C （CONFIG）#SERVICE DHCP              //开启 DHCP 服务
DCRS-5650-28C （CONFIG）#IP DHCP POOL DCN_AP
//创建 DHCP 地址池，名称是 DCN_AP
DCRS-5650-28C （DHCP-WIRELESS_AP-CONFIG）#NETWORK 192.168.1.0 255.255.255.0
//分配给用户 STA_A 的地址网段
DCRS-5650-28C （DHCP-WIRELESS_STA-CONFIG）#DNS-SERVER 114.114.114.114
//分配给 STA_A 的 DNS 地址
DCRS-5650-28C （DHCP-WIRELESS_AP-CONFIG）#DEFAULT-ROUTER 192.168.1.254
 //分配给 STA_A 的网关地址
DCRS-5650-28C #SHOW IP DHcP BINDING
//查看 AP 获取的地址的相关信息
TOTAL DHcP BINDING ITEMS: 1,  THE MATcHED: 1
IP ADDRESS              HARDWARE ADDRESS         LEASE ExPIRATION        TyPE
192.168.1.1            00-03-0F-19-99-80        SUN JUN 15 12:55:00 2014 DyNAMIc
```

步骤 5：配置 STA_B 的 DHCP 服务器。

```
DCRS-5650-28C （CONFIG）#IP DHCP POOL DCN_B
//创建 DHCP 地址池，名称是 DCN_B
DCRS-5650-28C （DHCP-WIRELESS_STA-cONFIG）#NETWORK 192.168.10.0 255.255.255.0
//分配给 STA_B 的地址网段
DCRS-5650-28C （DHCP-WIRELESS_STA-cONFIG）#DNS-SERVER 114.114.114.114
//分配给 STA_B 的 DNS 地址
DCRS-5650-28C （DHCP-WIRELESS_STA-cONFIG）#DEFAULT-ROUTER 192.168.10.254
//分配给 STA_B 的网关地址
```

步骤 6：AP 有线接口的配置。如图 5-51 所示，在"Status"→"Interface"页面上方单击"Edit"按钮，按真实的 IP 地址、网关、DNS 来修改 AP 的 Ethernet 接口的状态参数。

Click "Refresh" button to refresh the page.

Refresh

Wired Settings	(Edit)
Internal Interface	
MAC Address	00:03:0F:19:99:80
VLAN ID	1
IP Address	192.168.1.10
Subnet Mask	255.255.255.0
IPv6 Address	::
IPv6 Autoconfigured Global Addresses	
IPv6 Link Local Address	
DNS-1	
DNS-2	
Default Gateway	

图 5-51　修改有线接口地址

步骤 7：配置 VAP 和 SSID。在 VAP 页面根据需要配置 SSID，是否对外广播 SSID，对应 VAP 所关联的 VLAN 及采用的认证方式，选中"VAP Enabled"复选框，如图 5-52 所示。

图 5-52　配置多个 SSID

步骤 8：单击页面底部的"Update"按钮，保存配置，即可完成操作。

 经验分享

　　本例中两个 SSID 对应两个 VLAN，所以需要在有线部分的三层设备（也是充当 AP 管理 VLAN 的网关和另一个无线用户 STA_B 的网关）上配置路由策略，保证无线用户与有线网络互通，如果配置两个 SSID 都关联到 VLAN1，则可以省略任务实施的第一部分。

 任务验收

通过本任务的实施，实现多个无线网络的接入。

评 价 内 容	评 价 标 准
多 VLAN 的 IP 配置	掌握多 WLAN 对应的 VLAN 的 IP 地址规划及 VLAN 接口配置
多 SSID 的配置	理解 SSID 与 Network、VLAN 之间的对应关系，并能够正确完成配置
Radio 与 VAP 的配置	熟练配置 VAP 与 Network、Radio、Profile 之间的对应

拓展练习

在本项目任务三原有基础上再配置一个 WLAN，SSID 为 SHIYAN2，关联到 VLAN 20，采用 WEP 加密方式，密码为 XUEXI。

任务五　无线用户隔离配置（限速）

任务描述

近期办公室无线上网用户增多，上网速度明显变慢，用户之间通过无线网络互访造成了信息不安全。为解决这些问题，小赵准备针对无线用户进行限速，在不影响上网的情况下隔离用户，保护信息安全。

任务分析

无线用户隔离可以保护无线用户信息的私密性，无线用户限速可控制带宽的有效分配。

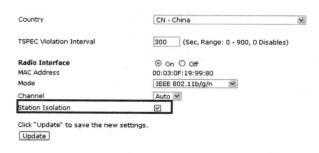

用户隔离和用户限速都属于对无线网络的优化，以提高网络的效率和安全性。

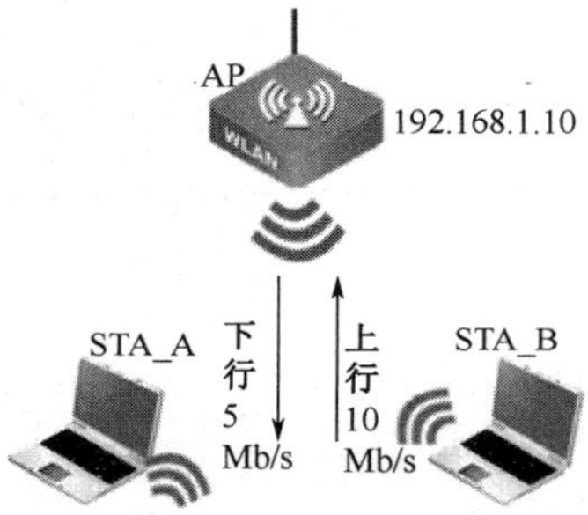

实验拓扑如图 5-53 所示。

在如图 5-53 所示的网络中，STA_A 和 STA_B 都在 Radio1 接入范围下，STA_A 在 VAP 0、Network 1 下面，而 STA_B 在 VAP 1、Network 2 下面，此时它们处于不同网段的不同 VLAN，信息是通过三层设备传送的。

配置要求如下。

（1）为了使 STA_A 和 STA_B 禁止访问，需要通过无线控制器对指定 Radio 下的所有 VAP 隔离进行配置。

图 5-53　用户限速

（2）要求限制无线用户访问网络的下行速率为 10Mb/s，上行速率为 5Mb/s。

任务实施

步骤 1：用户隔离设置。登录 AP，打开"Manage"→"Wireless Setting"配置页面，如图 5-54 所示。选中"Station Isolation"复选框，单击"Update"按钮，即可完成用户隔离设置。

Country	CN - China
TSPEC Violation Interval	300　(Sec, Range: 0 - 900, 0 Disables)
Radio Interface	⦿ On ○ Off
MAC Address	00:03:0F:19:99:80
Mode	IEEE 802.11b/g/n
Channel	Auto
Station Isolation	☑

Click "Update" to save the new settings.
[Update]

图 5-54　用户隔离设置

步骤 2：用户限速配置。打开"Client QoS"页面，如图 5-55 所示。

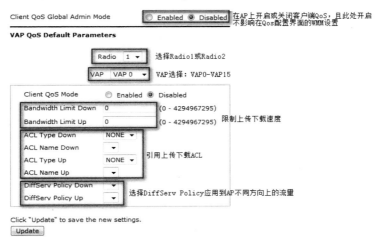

图 5-55　客户端服务质量页面

选中"Enabled"单选按钮，启用 Client QoS Global Admin Mode（客户端 QoS 的全局管理模式）。

选择要限速的 WLAN 所在的 Radio 接口和对应的 VAP。

在"Client QoS Mode"选项组中选中"Enabled"单选按钮。

按照图 5-56，在 Bandwidth Limit Down 和 Bandwidth Limit Up 后分别输入 1000000 和 5000000，单击"Update"按钮，保存设置后，完成客户端上传与下载限速操作。

图 5-56　输入上传与下载速度

通过本任务的实施，能够用两种方法加密 WLAN，用户在终端输入正确密码后即可接入网络。

评 价 内 容	评 价 标 准
无线用户隔离	正确实现无线用户二层隔离
无线用户限速	正确实现无线用户上传和下载的限速

为供学生接入的无线局域网限速，限定用户上传最大速率为 5Mb/s，下载最大速率为 2Mb/s。

项目三　无线 AC 配置与管理

项目描述

新兴学校以前用胖 AP 部署的 WLAN 只能适用于小型 SOHO 办公环境，已不能满足学校发展的需要。目前学校数字化校园建设提上日程，学校要求飞越公司为其升级无线网络规模，实现整个校园的无线接入和无缝三层漫游，还需要对作为网络核心的无线控制器启用必要的安全功能。

项目分析

根据新兴学校的校园面积及办学规模，飞越公司计划重新搭建配置无线交换机+FIT AP 的部署方案。新的校园无线网能够满足大量用户接入 WLAN 从而接入 Internet 的需求，并且能在不改变 IP 地址的情况下，实现网络漫游。AC 作为整个无线网络的核心，不仅要维护基础的管理配置，还需要启用安全管理策略，这对整个网络的稳定高效运行非常重要。

瘦 AP 在组网方案中零配置上线，意味着 AC 的基础管理不仅包含对 AP 的注册、管理，还包含对 AP、无线用户提供 DHCP 服务。此外，还要开启分布式转发功能以实现用户的三层漫游。AC 需要实时检测无线网络中存在的威胁，配置安全策略、启用必要的安全手段，以保障无线网络的稳定高效运行。整个项目的认知与分析流程如图 5-57 所示。

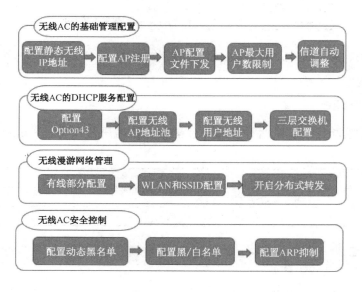

图 5-57　项目流程图

任务一 无线 AC 基础管理配置

 **任务描述**

网络管理员小赵参与学校无线网络部署项目，并负责日常的网络运行与维护工作。小赵需要使用无线 AC 的基础配置来架构无线网络并优化网络性能。

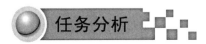 **任务分析**

瘦 AP 零配置上线，对 AP 的管理和配置都在 AC 上进行。AC 的基础管理包括 AC 的无线地址指定及无线功能开启、AP 的注册、AP 用户数管理、自动信道调整等。

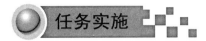 **任务实施**

在超级终端上登录 AC，波特率为 9600。

一、开启 AC 无线功能

步骤 1：设置静态的无线 IP 地址。

```
DCWS—6028 (CONFIG-WIRELESS)#STATIC-IP 192.168.1.254
DCWS—6028 (CONFIG-WIRELESS)#NO AUTO-IP-ASSIGN
```

步骤 2：查看 AC 选取的无线 IP 地址。

```
DCWS—6028#SHOW WIRELESS
WS IP ADDRESS··············..192.168.1.254
WS AUTO IP ASSIGN MODE········DISABLE
WS SWITcH STATIc IP···········192.168.1.254
```

步骤 3：开启无线功能。

```
DCWS—6028 (CONFIG)#WIRELESS
DCWS—6028 (CONFIG-WIRELESS)#ENABLE
```

知识链接

（1）AC 的无线 IP 地址默认是动态选取的：优先选择接口 ID 小的 Loopback 接口的地址，未配置 Loopback 接口时优先选择接口 ID 小的三层接口 IP 地址（注意，不是 IP 地址小的接口）。但是为避免动态选取时的 IP 地址变化导致无线网络中断，建议项目实施时采取静态无线 IP 地址的方式。

（2）AP 上默认的无线功能是关闭的，AC 能够管理 AP 的前提是开启 AC 的无线功能。开启无线功能的条件是，AC 上有 UP 的无线 IP 地址。

二、AP 注册

AP 工作在瘦模式时需要注册到 AC 上，成功注册后才能接受 AC 的统一管理，这个过程也称 AP 上线。

 知识链接

有两种注册方式：AC 发现 AP，AP 处于被动发现状态；AP 发现 AC，即在 AP 上指定 AC 的 IP 地址。

AC 主动发现 AP 有 3 种情况：在 AC 上添加 AP 的数据库，即 AP 的 MAC 地址；如果使用三层发现，则把 AP 的 IP 地址添加到 IP 列表中；如果使用二层发现，则把 AP 所在的 VLAN ID 添加到 VLAN 列表中。

AP 主动发现 AC，需要在 AP 上添加静态 AC 的无线地址，或者 AP 通过 DHCP 方式获取 AC 列表（利用 Option 43 选项）。

项目实施时建议采用 AC 发现 AP 的方式或者利用 DHCP option 43 方式使 AP 发现 AC。

1. AP 二层注册

连接拓扑结构，如图 5-58 所示。

图 5-58　无线 AP 二层注册

要求 AP 零配置，在 AC 上做适当配置，实现 AP 通过二层通信与 AC 的关联。

步骤 1：配置互连端口状态。

```
DCWS (CONFIG) #INTERFACE E1/0/1
DCWS (CONFIG-IF-ETHERNET1/0/1) #SPEED-DUPLEx FORcE10-FULL
  //更改网口的速度和双工为 10Mb/s 全双工
DCWS (CONFIG-IF-ETHERNET1/0/1) #SWITCHPORT MODE TRUNK
  //该链路需要承载多个 VLAN 数据时，需要将此链路模式更改为 Trunk 模式
DCWS (CONFIG-IF-ETHERNET1/0/1) #SWITCHPORT TRUNK NATIVE VLAN 1
/*使 VLAN1 通过 Trunk 链路时不封装 VLAN TAG 标签，如果 AP 处于除 VLAN1 以外的其他 VLAN，则
需要把本征 VLAN 更改成该 VLAN*/
```

步骤 2：创建用户 VLAN、AP 和 AC 的互连 VLAN。

```
DCWS (CONFIG) #VLAN 1                          //AP 和 AC 所在 VLAN
DCWS (CONFIG-VLAN) #NAME DCN_AP_AC             //VLAN 1 名称是 DCN_AP_AC
```

步骤 3：配置 AP VLAN 和 STA VLAN 的网关地址。

```
DCWS (CONFIG) #INTERFAcE VLAN 1               //配置 AP 的网关地址
DCWS (CONFIG-IF-VLAN1) #IP ADDRESS 192.168.1.254 255.255.255.0
```

步骤 4：配置 AP 的 DHCP 服务器。

```
DCWS (CONFIG) #SERVIcE DHcP                            //开启 DHCP 服务
DCWS (CONFIG) #IP DHcP POOL DCN_AP                     //创建 DHCP 地址池 DCN_AP
DCWS (DHCP-WIRELESS_AP-CONFIG) #NETWORK 192.168.1.0 255.255.255.0
//分配给 AP 的地址网段
```

```
DCWS（DHcP-WIRELESS_AP-cONFIG）#DEFAULT-ROUTER 192.168.1.254 //分配给 AP 的网关
DCWS#SHOW IP DHcP BINDING                //查看 AP 获取的地址的相关信息
TOTAL DHcP BINDING ITEMS: 1,  THE MATcHED: 1
IP ADDRESS          HARDWARE ADDRESS          LEASE ExPIRATION          TyPE
192.168.1.1         00-03-0F-19-99-80         SUN JUN 15 12:55:00 2014 DyNAMIc
```

 经验分享

（1）如果发现 AP 没有注册，则用命令 show wireless ap failure status 来查看 AP 是否在 Failure 表中，根据出错原因进行检查。

（2）大规模部署建议取消 AP 认证，此时如果 AC 上没有添加 AP 数据库，则经过自动发现后，AC 会自动添加与之建立连接的 AP 的数据库。

2．AP 三层注册

实验拓扑如图 5-59 所示。

DCWL-7962(R3)　　　　　DCRS-5650　　　　　　　DCWS-6028
所属VLAN:VLAN 10　　　VLAN 1:10.1.1.1/24　　Loopback:1.1.1.1
　　　　　　　　　　　　DHCP Server　　　　　　VLAN 1:10.1.1.2

图 5-59　无线 AP 三层注册

要求 AP 零配置，在 AC 上做正确的配置，实现 AP 通过三层通信与 AC 的关联。

步骤 1：AC 的配置。

```
DCWS-6028（CONFIG）#VLAN 10     //定义 VLAN 10
DCWS-6028（CONFIG-VLAN11）#INT VLAN 10 //打开 VLAN 10 接口
DCWS-6028（CONFIG-IF-VLAN11）#NO SHUT
DCWS-6028（CONFIG-IF-VLAN12）#INT VLAN 1
DCWS-6028（CONFIG-IF-VLAN1）#IP ADD 10.1.1.2 255.255.255.0 //配置 VLAN 1 地址
DCWS-6028（CONFIG）#INTERFAcE LOOPBAcK 1
DCWS-6028（CONFIG-IF-LOOPBACK1）#IP ADD 1.1.1.1 255.255.255.255
DCWS-6028（CONFIG）# IP ROUTE 0.0.0.0 0.0.0.0 10.1.1.1
//配置默认路由指向三层交换机
DCWS-6028（CONFIG）#INT E1/0/1   //与三层交换机相连的接口
DCWS-6028（CONFIG-IF-ETHERNET1/0/1）#SWITCH MODE TRUNK //开通上联口的中继模式
DCWS-6028（CONFIG）#WIRELESS       //开启无线功能
DCWS-6028（CONFIG-WIRELESS）#ENABLE
DCWS-6028（CONFIG-WIRELESS）#AP DATABASE 00-03-0F-19-99-80   //AP 认证
```

步骤 2：三层交换机的配置。

```
DCRS-5650-28C#cONFIG
DCRS-5650-28C（CONFIG）#L3 ENABL      //开启交换机的三层功能
DCRS-5650-28C（CONFIG）#SERVICE DHCP      //开启 DHCP 服务
```

```
DCRS-5650-28C（CONFIG）#IP DHCP POOL AP                    //定义 AP 地址池
DCRS-5650-28C（DHCP-AP-CONFIG）#NETWORK 192.168.10.0 255.255.255.0
//定义 AP 网段地址
DCRS-5650-28C（DHCP-AP-cONFIG）#DEFAULT 192.168.10.1//AP 网关
DCWS-6028（DHcP-AP-CONFIG）#OPTION 43  IP 1.1.1.1      //要联系的 AC 的地址
DCRS-5650-28C（DHCP-AP-CONFIG）#ExIT
DCRS-5650-28C（CONFIG）#VLAN 10     //定义 VLAN 10
DCRS-5650-28C（CONFIG-VLAN11）#INT VLAN 10                //配置 VLAN 10 网关地址
DCRS-5650-28C（CONFIG-IF-VLAN11）#IP ADD 192.168.10.1 255.255.255.0
DCRS-5650-28C（CONFIG-IF-VLAN11）#NO SHUT
DCRS-5650-28C（CONFIG-IF-VLAN12）#INT VLAN 1             //开启 VLAN 1，与 AC 通信
DCRS-5650-28C（CONFIG-IF-VLAN1）#IP ADD 10.1.1.1 255.255.255.0
DCRS-5650-28C（CONFIG-IF-VLAN1）#ExIT
DCRS-5650-28C（CONFIG-IF-ETHERNET0/0/1）#SWITCHPORT MODE TRUNK
 //与 AC 相连的接口
DCRS-5650-28C（CONFIG-IF-ETHERNET0/0/2）#SWITCHPORT MODE TRUNK
//与 AP 相连的接口
DCRS-5650-28C（CONFIG-IF-ETHERNET0/0/2）#SWITCHPORT TRUNK NATIVE VLAN 10
//AP 接口加本征 VLAN
DCRS-5650-28C（CONFIG）#IP ROUTE 1.1.1.1 255.255.255.255 10.1.1.2
//配置到达 AC 的路由
```

经验分享

如果注册失败，可按以下步骤检查。

（1）AC 和 AP 之间是否可以 PING 通。注意，AC 在 PING AP 的时候，要以无线 IP 作为源地址，如果不能 PING 通，则需要检查 AC 的路由及 AP 的网关。

（2）AC 是否正确开启了自动发现功能。

（3）采用三层发现时，AP 的 IP 地址是否存在于三层发现的 IP 列表中。

（4）采用二层发现时，AP 所在的 VLAN ID 是否存在于二层发现的列表中。

（5）AP 上面是否正确指定了 AC 的无线 IP 地址。

（6）登录 AP，通过 get-managed-ap 命令，查看 Mode 一项的值是否为 Up。

（7）在 AC 上面打开自动发现的 debug wireless discovery packet all，来监控 AC 和 AP 之间的报文交互是否正常。

三、AP 配置下发

瘦 AP 的配置由 AC 下发，所有功能在 AC 上配置。每个 AP 关联一个 Profile，默认关联到 Profile 1 上。

步骤 1：把 AP 与某个 Profile 绑定起来（需要重启 AP）。

```
DCWS-6028#CONFIG      //进入全局配置模式
DCWS-6028（CONFIG）#WIRELESS                          //进入无线配置模式
DCWS-6028（CONFIG-WIRELESS0#AP DATABASE 00-03-0F-58-80-00 //绑定 AP 的 MAC 地址
DCWS-6028（CONFIG-WIRELESS0#ExIT
DCWS-6028（CONFIG-AP）#AP PROFILE 1                    //绑定配置文件
```

```
CONFIGURED PROFILE IS NOT VALID TO APPLy FOR AP:00-03-0F-19-71-E0, DUE TO
HARDWARE TYPE MISMATcH!!
    //AP 的硬件类型与 Profile 中配置的不一致，此时会导致配置下发失败
```

 经验分享

每次 AP 注册到 AC 上时，AC 会自动下发 Profile 配置。每个 AP 对应一个硬件类型，绑定 AP 到 Profile 时，需要设置 Profile 对应的硬件类型。

步骤 2：设置 Profile 对应的硬件类型。

```
DCWS-6028 (CONFIG-WIRELESS) #AP PROFILE 1        //进入 Profile 配置模式
DCWS-6028 (CONFIG-AP-PROFILE) #HWTyPE 1          //修改硬件类型
DCWS-6028#WIRELESS AP PROFILE APPLy 1            //配置完成后下发 Profile 文件
```

 知识链接

对于 AP 而言，每个 VAP 都唯一对应一个 Network，AC 上默认有 16 个 Network（1～16），与 VAP 的 0～15 对应。

Radio 1 对应 2.4GHz 工作频段，Radio 2 对应 5GHz 工作频段。

四、限制 AP 连接用户数

当无线网络中无线终端数量众多，而且 AP 性能较差，或者网速较慢时，就需要对 AP 用户数量进行限制，避免 AP 用户数过多而影响性能及用户体验。单个 AP 限制多少用户需要根据客户需求确定。

实验拓扑如图 5-60 所示。

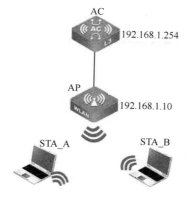

图 5-60 改变 AP 用户数拓扑

要求 AP 连接用户数不能超过 10 个。
步骤 1：进入 Network 配置模式。

```
DCWS (CONFIG) # WIRELESS
DCWS (CONFIG-WIRELESS) #NETWORK 1
DCWS (CONFIG-NETWORK) # MAx-CLIENTS 10
```

```
//更改最大客户端数，默认为 25 个（取值 0～200）
```
步骤 2：进入 Radio 配置模式。
```
DCWS (CONFIG-WIRELESS) #AP PROFILE 1
DCWS (CONFIG-AP-PROFILE) # RADIO 1
DCWS (CONFIG-AP-PROFILE-RADIO) # MAx-cLIENTS 10
//更改最大客户端数，默认为 25 个（取值 0～200）
```

任务验收

通过本任务的实施，掌握无线 AC 的基本管理配置，包括 AC 的静态无线 IP 设置、无线信道的自动调整、无线桥接 WDS 的配置、本地转发的配置和集中转发的配置。

评 价 内 容	评 价 标 准
配置静态无线地址	掌握动态无线地址的选取和配置静态无线 IP 地址的方法
配置 AP 二/三层注册	掌握实现 AP 的二层、三层发现及注册方法及故障处理
下发 AP 配置文件	掌握 Profile 的配置方法及与 AP 关联的注意事项
调整 AP 最大用户数	调整 AP 连接的无线用户个数以保证无线网络质量

拓展练习

AP 注册有两种发现方式：AC 主动发现 AP 或 AP 主动发现 AC。分析本任务中二层注册和三层注册分别采用了哪种发现方式。查阅相关资料，实现本任务之外的其他发现方式。

任务二 无线 AC 的 DHCP 服务管理

任务描述

在无线局域网部署时，需要配置 AC 为 AP 为无线用户所在的数据 VLAN 提供 IP 地址分配功能，以保障 AP 与 AC 的通信及无线用户的数据转发。

任务分析

DHCP 功能的典型应用有以下两个。

（1）配置 DHCP Option 43 功能，在 AP 三层注册时能够让 AP 跨越三层设备找到 IP 地址不在同一网段的 AC，此时要求网络的三层是相通的。

（2）配置 WLAN 时为无线 AP 及 STA 分配 IP 地址。这种应用需要先开启 AC 的 DHCP 服务，再分别为各个 VLAN 定义地址池和网关地址，推送 DNS 服务地址。

实验拓扑如图 5-61 所示。

DCWL-7962(R3)　　　　DCRS-5650　　　　　　DCWS-6028(DHCP server)
AP:VLAN 10　　　　　　VLAN 10　　　　　　　Loopback:1.1.1.1
STA:VLAN 30　　　　　 VLAN 30　　　　　　　VLAN 10:192.168.1.254
　　　　　　　　　　　　　　　　　　　　　　VLAN 30:192.168.3.254

图 5-61　配置 AC 的 DHCP 功能

要求在 AC 上配置 DHCP 服务功能，为无线 AP 和无线用户提供 IP 地址。

任务实施

步骤 1：设置 Option 43 的值，使 AP 主动与 AC 联系。

```
DCWS（CONFIG）#SERVICE DHCP                //开启 DHCP 服务器
DCWS（CONFIG）#IP DHCP POOL WIRELESS_AP //创建 DHCP 地址池，名称为 WIRELESS_AP
DCWS（DHCP-WIRELESS_AP-CONFIG）#NETWORK 192.168.1.0 255.255.255.0
//分配给 AP 的地址网段
DCWS（DHCP-WIRELESS_AP-CONFIG）#OPTION 43 IP 1.1.1.1
//DHCP OPTION43 用于告知 AP 寻找 AC 时使用的 AC 的地址，要保证网络的三层可达
DCWS（DHCP-WIRELESS_AP-CONFIG）#DEFAULT-ROUTER 192.168.1.254  //分配 AP 的网关
```

步骤 2：配置无线用户的地址池。

```
DCWS（CONFIG）#IP DHCP POOL WIRELESS_STA  //创建 DHCP 地址池，名称为 WIRELESS_STA
DCWS（DHCP-WIRELESS_STA-CONFIG）#NETWORK 192.168.3.0 255.255.255.0
//配置给无线用户的地址网段
DCWS（DHCP-WIRELESS_STA-CONFIG）#DNS-SERVER 114.114.114.114 114.114.115.115
//分配给无线用户的 DNS 地址
DCWS（DHCP-WIRELESS_STA-CONFIG）#DEFAULT-ROUTER 192.168.3.254
//分配给 STA 的默认网关地址
```

步骤 3：定义 AP 及无线用户的 VLAN 及网关。

```
DCWS-6028（CONFIG）#VLAN 10                    //定义 VLAN 10
DCWS-6028（CONFIG-VLAN11）#INT VLAN 10         //VLAN 10 的网关
DCWS-6028（CONFIG-IF-VLAN11）#IP ADD 192.168.1.254255.255.255.0
DCWS-6028（CONFIG-IF-VLAN11）#NO SHUT
DCWS-6028（CONFIG-IF-VLAN11）#VLAN 30          //定义 VLAN 30
DCWS-6028（CONFIG-VLAN12）#INT VLAN 30         //VLAN 30 的网关
DCWS-6028（CONFIG-IF-VLAN12）#IP ADD 192.168.3.254 255.255.255.0
DCWS-6028（CONFIG-IF-VLAN12）#NO SHUT
DCWS-6028（CONFIG-IF-VLAN12）#INT VLAN 1
//VLAN 1 用于与三层有线设备通信
DCWS-6028（CONFIG-IF-VLAN1）#IP ADD 10.1.1.1 255.255.255.0
DCWS-6028（CONFIG-IF-VLAN1）#EXIT
```

```
DCWS-6028（CONFIG）#INT E1/0/1
//与三层交换机相连的接口
DCWS-6028（CONFIG-IF-ETHERNET1/0/1）#SWITCH MODE TRUNK
DCWS-6028（CONFIG-IF-ETHERNET1/0/1）#ExIT
DCWS-6028（CONFIG）#IP ROUTER 0.0.0.0 0.0.0.0 10.1.1.2
//配置默认网关，指向有线网络设备
```

步骤4：三层交换机的配置。

```
DCRS-5650-28C S（CONFIG）#L3 ENABLE                     //开启三层功能
DCWS-6028（CONFIG1）#IN VLAN 1
DCWS-6028（CONFIG-IF-VLAN1）#IP ADD 10.1.1.2 255.255.255.0
                                                    //配置 VLAN1 地址与 AC 通信
DCRS-5650-28C （CONFIG）#VLAN 10                       //定义 VLAN10
DCRS-5650-28C （CONFIG）#VLAN 30                       //定义 VLAN30
DCRS-5650-28C （CONFIG）#IN VLAN 10                    //打开 VLAN10 数据通道
DCRS-5650-28C （CONFIG）#IN VLAN 30                    //打开 VLAN30 数据通道
DCRS-5650-28C （CONFIG）#IN E0/0/1                     //AC 互连接口
DCRS-5650-28C （CONFIG）#SW MODE TRUNK                 //开户中继模式
DCRS-5650-28C （CONFIG）#IN E0/0/2                     //AP 互连接口
DCRS-5650-28C （CONFIG）#SW MODE TRUNK
DCRS-5650-28C （CONFIG）#SW TRUNK NATIVE VLAN 10       //加入本征 VLAN
DCRS-5650-28C （CONFIG）#IP ROUTE 1.1.1.1 255.255.255.255 10.1.1.1
                                                    //配置到达 AC 的路由
```

经验分享

（1）无线部分的配置与本项目任务二相同。
（2）无线部分配置完成后一定要下发给 AP。

 任务验收

通过本任务的实施，学会配置 AC 的 DHCP 功能。

评 价 内 容	评 价 标 准
配置 Option 43	正确配置 Option 43 功能，使 AP 能够发现 AC
配置 AP 的地址池	正确配置无线 AP 所分配的地址池及网关
配置 STA 的地址池	正确配置无线用户的地址池及网关、DNS 服务器地址。正确配置 Option 43 功能，使 AP 能够发现 AC

拓展练习

利用实验室的设备[一台无线控制器，型号为 DCWS-6028；一台 AP，型号为 DCWL-7962AP（R3）；一台三层交换机]搭建一个开放的无线网络，SSID 为 SHIYAN，要求

AP 注册方式为三层注册，使用 Option 43 功能使 AP 主动发现 AC。

任务三　无线漫游网络配置

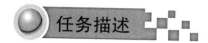
任务描述

无线局域网部署完成以后，为保证无线用户的无缝接入，需要为 WLAN 配置漫游功能。

任务分析

无线漫游指 STA（无线工作站）在移动到两个 AP 覆盖范围的临界区域时，STA 与新的 AP 进行关联并与原有 AP 断开关联，且在此过程中用户的 IP 地址不变，网络连接不间断，漫游过程完全是由无线客户端设备而不是 AP 驱动的。

漫游分为二层漫游和三层漫游，还可分为同 AC 漫游和跨 AC 漫游。二层漫游建立在本地转发的基础上，三层漫游是基于分布式转发实现的。同 AC 漫游和跨 AC 漫游则在 AP 或 AC 间建立隧道，传送数据。漫游虽然发生，但是数据仍然是通过隧道送回到漫游前的 AP 或 AC 上，再转发到无线终端的。

由于二层漫游是基于本地转发的，全部在 AP 上发生数据转发，不利于数据集中控制，因此建议实现无线网的三层漫游服务。

实验拓扑如图 5-62 所示。

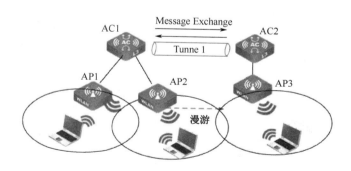

图 5-62　配置 AC 内和 AC 间的三层漫游

知识链接

原关联 AC：一个无线终端（STA）首次向漫游组内的某个无线控制器进行关联，该无线控制器即为该无线终端的漫出 AC。

后关联 AC：与无线终端正在连接，且不是原关联 AC 的无线控制器，该无线控制器即为该无线终端的漫入 AC。

AC 内漫游：一个无线终端从无线控制器的一个 AP 漫游到同一个无线控制器内的另一个 AP 中。

AC 间漫游：一个无线终端从无线控制器的 AP 漫游到另一个无线控制器内的 AP 中。

任务实施

步骤 1：基础配置。基础配置部分包括 VLAN 定义及地址池配置，要求能够实现 VLAN 的正常转发，与本项目任务二相同，此处不再赘述。

步骤 2：在 AC1 上配置网络和 SSID AP1，AP1 应用 Profile 1。

```
DCWS-6028（CONFIG）#WIRELESS
DCWS-6028（CONFIG-WIRELESS）#NETWORK 1                //配置第一个无线网络
DCWS-6028（CONFIG-WIRELESS）#SSID AP1                 //名称为 AP1
DCWS-6028（CONFIG-NETWORK）#DIST-TUNNEL               //打开分布式隧道
DCWS-6028（CONFIG-NETWORK）#VLAN 11                   //关联 VLAN 11
DCWS-6028（CONFIG-NETWORK）#ExIT
DCWS-6028（CONFIG-WIRELESS）#AP PROFILE 1             //配置 AP1 的 Profile
DCWS-6028（CONFIG-AP-PROFILE）#RADIO 1
DCWS-6028（CONFIG-AP-PROFILE-RADIO）#VAP 1
DCWS-6028（CONFIG-AP-PROFILE-VAP）#NETWORK 1
DCWS-6028（CONFIG-AP-PROFILE-VAP）#ENABLE
DCWS-6028（CONFIG-AP-PROFILE-VAP）#END
DCWS-6028#WIRELESS AP PROFILE APPLy 1
```

步骤 3：在 AC1 上配置网络和 SSID AP2，AP2 应用 Profile 2。

```
DCWS-6028（CONFIG-WIRELESS）#NETWORK 2                //配置第二个网络
DCWS-6028（CONFIG-WIRELESS）#SSID  AP2               //名称为 AP2
DCWS-6028（CONFIG-NETWORK）#DIST-TUNNEL               //打开分布式隧道
DCWS-6028（CONFIG-NETWORK）#VLAN 12                   //关联到 VLAN 12
DCWS-6028（CONFIG-NETWORK）#ExIT
DCWS-6028（CONFIG-WIRELESS）#AP PROFILE 2
DCWS-6028（CONFIG-AP-PROFILE）#RADIO 1
DCWS-6028（CONFIG-AP-PROFILE-RADIO）#VAP 2
DCWS-6028（CONFIG-AP-PROFILE-VAP）#NETWORK 2
DCWS-6028（CONFIG-AP-PROFILE-VAP）#ENABLE
DCWS-6028（CONFIG-AP-PROFILE-VAP）#END
DCWS-6028#WIRELESS AP PROFILE APPLy 2
//配置要点：在保证 VLAN 正常转发的基础上，打开分布式转发的开关
```

步骤 4：在 AC2 上配置网络和 SSID AP3，AP3 应用于 Profile 1，命令同 AC1 和 AC2。

任务验收

通过本任务的实施，学会配置 AC 间三层漫游功能。

评 价 内 容	评 价 标 准
漫游概念	了解漫游的概念和发生过程
漫游分类	了解二层漫游、三层漫游、AC 内漫游与 AC 间漫游的概念
漫游配置	学会在 AC 上配置无线网络漫游的方法

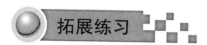

拓展练习

利用一台无线控制器（型号为 DCWS-6028），两台 AP[型号为 DCWL-7962AP（R3）]，在两个实验室中搭建一个开放的无线网络，能够实现三层漫游。

任务四　无线 AC 的安全控制

任务描述

无线网络部署完成，基本功能可以满足客户需求。AC 作为无线网络的配置核心，需要检测网络中的威胁，建立安全策略以保护无线控制器的安全。

任务分析

无线网络中的威胁包括 AP 威胁、Client 威胁，可以采取的安全策略包括动态黑名单、黑名单/白名单、ARP 抑制等。

实验拓扑如图 5-63 所示。

配置要求如下。

（1）配置动态黑名单，即检测到某个终端设备发送泛洪报文超过安全阈值时，将该终端设备添加到黑名单列表中。AP 使用该列表，丢弃该名单中的终端设备发送的数据帧。

（2）根据熟悉的无线终端的 MAC 地址，设置白名单和黑名单，分别控制无线终端的允许和禁止接入。

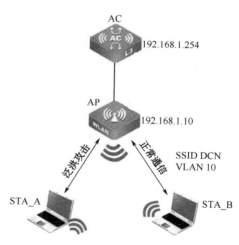

图 5-63　配置 AC 动态黑名单

经验分享

动态黑名单属于无线安全功能模块中防 DOS 攻击的部分。动态黑名单列表包含被丢弃帧的终端设备的 MAC 地址。AP 使用该列表，丢弃该名单中的终端设备发送的数据帧。

任务实施

步骤1：配置动态黑名单。

```
DCWS-6028（CONFIG）# WIRELESS
DCWS-6028（CONFIG-WIRELESS）# NO WIDS-SECURITy CLIENT THRESHOLD-INTERVAL-AUTH
DCWS-6028（CONFIG-WIRELESS）#WIDS-SECURITy CLIENT THRESHOLD-VALUE-AUTH 6000
DCWS-6028（CONFIG-WIRELESS）#WIDS-SECURITy CLIENT CONFIGURED-AUTH-RATE
DCWS-6028（CONFIG-WIRELESS）#DyNAMIC-BLACKLIST                    //开启动态黑名单功能
DCWS-6028（CONFIG-WIRELESS）#DyNAMIC-BLACKLIST LIFETIME 600
DCWS-6028（CONFIG-WIRELESS）#NETWORK 100
DCWS-6028（CONFIG-NETWORK）#MAC AUTHENTICATION LOCAL        //本地MAC认证功能
```

步骤2：配置白名单，允许无线终端接入列表。

```
DCWS-6028（CONFIG-WIRELESS）#MAC-AUTHENTICATION-MODE WHITE-LIST
                                                        //白名单列表
DCWS-6028（CONFIG-WIRELESS）#KNOWN-CLIENT 00-11-11-11-11-11 AcTION
GLOBAL-AcTION
DCWS-6028（CONFIG-WIRELESS）#NETWORK 1
DCWS-6028（CONFIG-NETWORK）#MAC AUTHENTICATION LOCAL        //开启MAC地址本地认证
```

步骤3：拒绝无线终端接入列表。

```
DCWS-6028（CONFIG-WIRELESS）#MAC-AUTHENTIcATION-MODE BLACK-LIST   //黑名单列表
DCWS-6028（CONFIG-WIRELESS）#KNOWN-CLIENT 00-22-22-22-22-22 AcTION
GLOBAL-AcTION
DCWS-6028（CONFIG-WIRELESS）#NETWORK 1
DCWS-6028（CONFIG-NETWORK）#MAC AUTHENTIcATION LOcAL     //开启MAC地址本地认证
DCWS-6028#WIRELESS AP PROFILE APPLy 1                      //下发配置生效
```

步骤4：配置ARP抑制。

```
DCWS-6028（CONFIG）# WIRELESS                           //进入无线配置模式
DCWS-6028（CONFIG-WIRELESS）#NETWORK 1                  //进入无线网络NETWORK1
DCWS-6028（CONFIG-NETWORK）# ARP-SUPPRESSION            //开启ARP抑制
```

知识链接

ARP抑制的应用场景：Client1、Client2和Client3都通过AP1连接网络，现假设Client1想与Client3连接，但不知道Client3的MAC地址。假如此时开启的ARP抑制模式为ARP代理，则AP1接到Client1的ARP Request信号后，会将映射表中Client3的MAC地址返回ARP Reply，而不必将ARP Request广播给所有的Client。为了达到这样的目的，需要使用ARP代理功能并进行相应的配置。

任务验收

通过本任务的实施，掌握动态黑名单、白名单/黑名单、ARP抑制等安全功能的设置。

评 价 内 容	评 价 标 准
动态黑名单	了解并正确配置动态黑名单
白名单/黑名单	正确配置无线 AP 所分配的地址池及网关
ARP 抑制	了解 ARP 抑制的原理，并学会配置 ARP 抑制功能

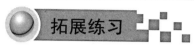 **拓展练习**

为学校实验室无线网络配置动态黑名单和 ARP 抑制功能。

单元知识拓展　AC 批量升级 AP

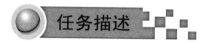 **任务描述**

在管理无线网络的过程中，由于期望管理功能不断提高，经常会需要更新软件版本。由于 AP 设备数量比较多，且位置分散，升级软件版本工作往往比较烦琐，因此希望能够在线进行批量升级。

任务分析

新的版本文件可以从设备厂家的官网上得到。下载到本地后，可以使用多种办法升级。AP 可以单独升级，具体方法在本学习单元项目一胖 AP 升级中有详细描述。在 FIT AP+AC 模式下，AP 零配置，可以通过 AC 的管理功能批量升级。AC 批量升级分为手动升级和自动升级两种。手动升级需要搭建 TFTP 服务器，自动升级需要把版本文件放在 AC 本地。

任务实施

一、手动升级方式

实验拓扑如图 5-64 所示。

要求 AP 的软件系统文件存储在 TFTP 服务器中，通过 AC 配置，完成所有 AP 的系统升级。

步骤 1：确认所有 AP 与 AC 正常关联，工作状态正常。

步骤 2：确认 TFTP 服务器与 AC 通信正常，三层可达。需要升级的系统文件存放在 TFTP 服务器的默认路径下。

步骤 3：AC 配置。

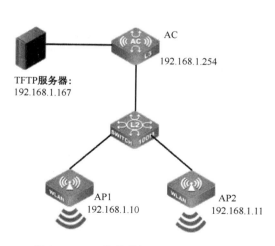

图 5-64　AC 批量升级 AP（手动方式）

```
DCWS-6028#CONFIG
DCWS-6028（CONFIG）#WIRELESS
6028（CONFIG-WIRELESS）#WIRELESS AP DOWNLOAD DEVIcE-TYPE 1
TFTP://192.168.1.176/7900R3_1.0.0.18.TAR //DEVICE-TYPE 为 AP 的硬件类型
DCWS-6028#WIRELESS AP DOWNLOAD START
```

二、自动升级方式

实验拓扑如图 5-65 所示。

要求在 AC 上存放一个 AP 的 Image 文件，启用自动升级功能，当 AP 上线时，AC 会比较当前 AP 的软件版本与本地存放的版本是否一致，如果不一致，则将本地存放的版本下发给 AP。

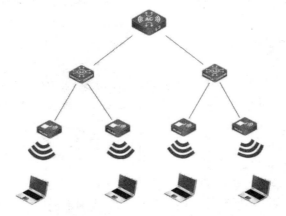

图 5-65　AC 批量升级 AP（自动方式）

步骤 1：确认所有 AP 与 AC 正常关联，工作状态正常。

步骤 2：AC 配置。

```
DCWS-6028#cONFIG
DCWS-6028（cONFIG）#WIRELESS
DCWS-6028（cONFIG-WIRELESS）#AP AUTO-UPGRADE //开启自动升级功能
DCWS-6028（cONFIG-WIRELESS）#WIRELESS AP INTEGRATED DEVIcE-TyPE <1-255>
FLASH:/7900R3_0.0.2.15.TAR
DCWS-6028（cONFIG-WIRELESS）#WIRELESS AP INTEGRATED DEVIcE-TyPE
<1-255>FLASH:/7900R3_0.0.2.15.TAR
DCWS-6028#SHOW FLASH
```

任务验收

通过本任务的实施，学会在线升级 AP 软件版本。

评 价 内 容	评 价 标 准
手动升级 AP	学会配置 TFTP 服务器和无线 AC 设备，实现批量 AP 的手动升级
自动升级 AP	正确配置 AC，实现批量 AP 的自动升级

关注神州数码公司网站发布的软件的最新版本，查看学校的 AP 软件版本，使用在线批量升级的方法升级 AP 到最新版本。

单 元 总 结

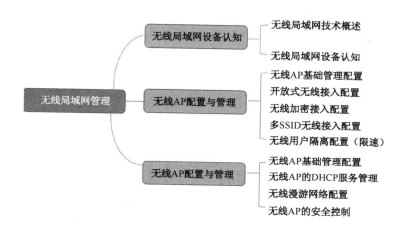

IPv6 技术

学习单元六

☆ 单元概要

（1）IPv6 终将替代 IPv4，成为支撑万物互连的新一代 IP 协议。IPv6 作为下一代 IP 协议，不仅彻底解决了 IPv4 所面临的地址匮乏问题，还弥补了 IPv4 在处理问题时的一些缺陷，包括端到端 IP 连接、服务质量、安全性、多播、移动性、即插即用等。所以网络初学者必须了解 IPv6 的概念、地址组成，进而掌握基于 IPv6 的路由配置、网络架构等重要技能。

（2）目前，在全国职业院校技能大赛中职组企业网搭建与应用项目中，使用的硬件平台为神州数码品牌的 DCR-2659 路由器与 DCRS-5650 交换机，二者都支持 IPv4/IPv6 双协议栈运行。比赛中对 IPv6 知识点的要求包括：了解 IPv6 协议的概念和地址格式，掌握配置网络设备的 IPv6 地址分配及路由协议的配置等。

（3）为实现校园网络向 IPv6 的平滑升级，除 IPv6 的基础概念及配置之外，还需要解决 IPv6 与 IPv4 共存的实际问题，如 IPv4 到 IPv6 的隧道技术、熟悉 IPv6 的网络部署及过渡方案，这些都是实际网络管理与维护工作中需要掌握的应用技能。

☆ 单元情境

新兴学校数字化校园建设全面铺开，已经实现中国移动和中国教育网双线路接入，全校使用 Web 网站和电子邮件系统工作。为了使 IPv6 的用户能够访问到学校的 Web 网站并且正常收发邮件，学校准备启动校园网 IPv6 升级项目。学校已经开始申请 IPV6 地址，要求在全网部署 IPv6 之前，先进行基于隧道的校园网 IPv6 运行实验，以适应 IPv4/v6 的过渡，开通校内 IPv6 实验网，完成校园网 IPv6 建设规划。

项目一　IPv6 基础

项目描述

新兴学校目前已接入中国教育网，全校使用 Web 网站和电子邮件系统工作。学校需要使用连续的网络地址空间，但目前全球 IPv4 地址已经枯竭，学校必须申请 IPv6 地址，为全面部署 IPv6 校园网做准备。为完成校园网的平滑升级，网络管理员小赵和集成商飞越公司，需要在支持 IPv6 的网络设备上进行基础性的配置实验。

项目分析

根据学校网络实际需求，实现校园网全面升级之前，可以实验性地部署一个小型的 IPv6 网络。部署之前需要详细了解 IPv6 的概念和地址空间，在支持双协议栈的路由设备上进行 IPv6 地址和静态路由、默认路由的配置，完成一个小型 IPv6 网络的部署。完成基本的 IPv6 基础配置以后，加深对 IPv6 的数据包寻址、路由过程的理解，即可引入 IPv6 的 OSPF v3 路由协议，为中型规模的 IPv6 网络部署做准备。整个项目的认知与分析流程如图 6-1 所示。

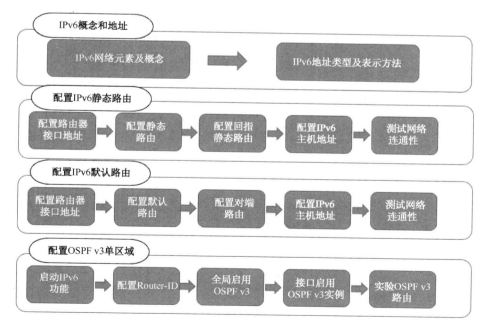

图 6-1　项目流程图

任务一 IPv6 概念及地址

任务实施

一、IPv6 网络元素及概念

IPv6 的网络元素如图 6-2 所示。

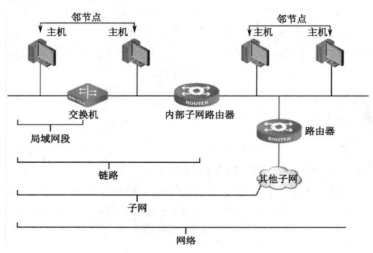

图 6-2 IPv6 的网络元素

结点：任何运行 IPv6 的设备，包括路由器和主机（甚至包括 PDA、冰箱、电视等）。

主机：只能接收数据信息，而不能转发数据信息的结点。为了理解方便，可以借用 IPv4 中主机的概念。当然，IPv6 中的主机不仅包括计算机，还可包括冰箱、电视机、汽车等，只要它运行 IPv6 协议。

接口：连接到一个链路上的物理或逻辑结点。例如，物理接口中的网卡，逻辑接口中的"隧道"。

链路：以路由器为边界的局域网段。IPv6 数据包可以在代表 IPv4 或 IPv6 网络的逻辑链路上发送，发送时只需将 IPv6 数据包封装在 IPv4 或 IPv6 协议头中。

路由器：路由器是一种连接多个网络的设备，它能将不同网络之间的数据信息进行转发。在 IPv6 网络中，路由器是一个非常重要的角色，它会把一些信息向外通告（如地址前缀等）。

网络：由路由器连接起来的两个或多个子网。

二、IPv6 地址类型及格式

1. IPv6 地址表示方法

IPv6 地址是由一列以冒号（：）分开的 8 个 16 比特十六进制字段组成的，每个 16 比特字段以文本表示为 4 个十六进制字符，每个 16 比特字段值可以是 0x0000～0xFFFF。例如，21DA:00D3:0000:2F3B:02AA:00FF:FE28:9C5A 就是一个完整的 IPv6 地址。

IPv6 的地址表示有以下几种特殊情形。

（1）简化表示：每个 16 位分组中的前导零位可以去除以简化表示，但每个分组必须至少保留一位数字。还可以将冒号十六进制格式中相邻的连续零位合并，用双冒号"::"表示。"::"符号在一个地址中只能出现一次，该符号也能用来压缩地址中前部和尾部相邻的连续零位。例如，地址 1080:0:0:0:0:8:800:200C:417A、0:0:0:0:0:0:0:1、0:0:0:0:0:0:0:0 可分别表示为压缩格式 1080::8:800:200C:417A、::1、::。

（2）IPv4 兼容表示：在 IPv4 和 IPv6 混合环境中，类似 0:0:0:0:0:0:13.1.68.3、0:0:0:0:0:FFFF:129.144.52.38 的地址可写成压缩形式 ::13.1.68.3、::FFFF.129.144.52.38。

（3）URL 表示：URL 中使用文本 IPv6 地址，文本地址应该用符号"["和"]"来封闭。例如，IPv6 地址 FEDC:BA98:7654:3210:FEDC:BA98:7654:3210 记作 URL 时为 HTTP://[FEDC:BA98:7654:3210:FEDC:BA98:7654:3210]:80/INDEx.HTML。

2. IPv6 地址类型

IPv6 地址有 3 种类型：单播、任意播和多播。在每种地址中有一种或多种类型的地址，地址类型如图 6-3 所示。

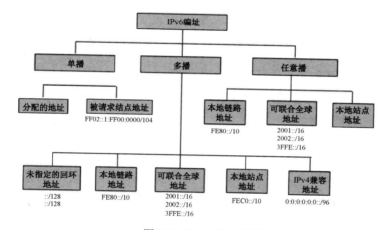

图 6-3　IPv6 地址类型

1）单播

它与 IPv4 中的单播概念是类似的，寻址到单播地址的数据包最终会被发送到一个唯一的接口中。与 IPv4 单播地址不同的是，IPv6 单播地址有本地链路地址、本地站点地址、可聚合全球地址、回环地址、未指定地址和 IPv4 兼容地址。

（1）本地链路地址：只能在连接到同一本地链路的结点之间使用。该地址主要用于 IPv6 的一些协议中（如邻居发现协议）。本地链路地址的格式如图 6-4 所示。

当一个结点上启用 IPv6 协议栈时，结点的每个

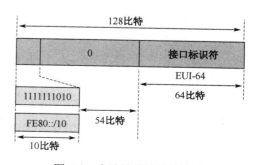

图 6-4　本地链路地址的格式

接口会自动配置一个本地链路地址，两个连接到同一链路的 IPv6 结点不需要做任何配置即可通信。链路本地地址使用固定的前缀 FE80::/64，接口 ID 往往使用 EUI-64 地址自动填充。

 知识链接

EUI-64 格式是 IEEE 指定的公共 24 比特制造商标识和制造商为产品指定的 40 比特值的组合，EUI-64 和接口的链路层地址有关。为从 IEEE 802 地址创建 EUI-64 地址，需要将 16 位的 1111111111111110(0xFFFE)插入到结点的 MAC 地址的第三、四字节中间。

（2）本地站点地址：在结点上必须手动指定。本地站点地址由格式前缀 1111 1110 11 来标识，相当于 IPv4 的私有地址。不会与全球地址发生冲突。本地站点地址的作用范围是该站点，不会被路由到外部网络。

本地站点地址的格式如图 6-5 所示，其前 48 位固定以 FEC0::/48 开始，然后是 16 位的子网标识符（"子网 ID"字段）。这 16 位可以在自己机构内创建子网，也可以把子网 ID 一分为二，建立一个多级的和可聚集的路由结构。子网 ID 字段之后是一个 64 位的"接口 ID"字段，接口 ID 字段用于标识子网上的特定接口。

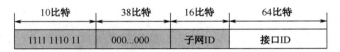

10比特	38比特	16比特	64比特
1111 1110 11	000...000	子网ID	接口ID

图 6-5　本地站点地址的格式

（3）可聚合全球地址：它相当于 IPv4 公共地址，用格式前缀 001 标识，可在全球范围内路由和到达，其格式如图 6-6 所示。

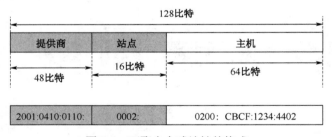

图 6-6　可聚合全球地址的格式

每个可聚合全球 IPv6 地址有以下 3 个部分。

① 提供商分配的前缀：提供商分配给组织机构的前缀最少是/48。

② 站点：前缀的 49～64 位可用来表示最多 65535 个子网。

③ 主机：结点的接口标识，IPv6 地址的低 64 比特，称为接口标识符（接口 ID）。

（4）回环地址：单播地址 0:0:0:0:0:0:0:1 称为回环地址，结点用它来向自身发送 IPv6 包，不能分配给任何物理接口。

（5）未指定地址：单播地址 0:0:0:0:0:0:0:0 称为未指定地址，在主机未取得自己的地址以前，可在其发送的任何 IPv6 包的源地址字段放入不确定地址。

2）多播

它相当于 IPv4 中的组播，指一个源结点发送的单个数据包能被特定的多个目的结点接收到。也就是说，一个源结点发送单个数据包，同时到达多个目的地（一到多）。例如，多播地址 FF02::2 表示链路本地范围，IPv6 路由器不会把这个通信流转发到本地链路之外。

多播地址由特定的前缀来标识，其最高位前 8 位为 1（FF00::/8），多播地址的格式如图 6-7 所示。

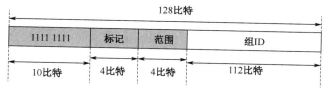

图 6-7 多播地址的格式

3）任意播

任意播相当于 IPv4 中的广播，也称为任播和泛播，IPv6 中取消了广播的概念。任意播地址用来标识一组网络接口（通常属于不同的结点），适用于 ONE-TO-ONE-OF-MANY（一对一组中的一个）的通信场合。目前，任意播地址仅被用做目的地址，且仅分配给路由器。任意播地址有可聚合全球、本地站点和本地链路地址，其格式如图 6-8 所示。

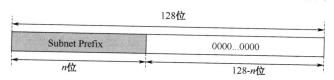

图 6-8 任意播地址的格式

任意播地址占用单播地址空间，使用单播地址的任何格式，所以无法区分任意播地址和单播地址，结点必须使用明确的配置来指明它是一个任意播地址。

通过本任务的实施，了解 IPv6 的基本概念及地址类型。

评 价 内 容	评 价 标 准
IPv6 概念	理解 IPv6 网络的元素，如结点、主机、子网的含义
IPv6 地址类型	了解 IPv6 的地址分类、表示方法

拓展练习

在网络实验室的路由器和主机上启用 IPv6 协议栈并配置 IPv6 地址，使路由器接口能够转发 IPv6 数据流量。

任务二 IPv6 静态路由配置

任务描述

网络管理员小赵和飞越公司一起为新兴学校升级校园网，已经了解了 IPv6 的地址空间和表示方法，现在需要在两台分布层设备上启用 IPv6 协议栈，搭建一个小型的 IPv6 实验网络，实现 IPv6 用户的互访。

任务分析

校园网中使用的路由器为神州数码公司的 DCR-2655，支持 IPv4/IPv6 双协议栈，需要启用 IPv6 转发功能，为接口配置 IPv6 地址和静态路由，终端户使用 IPv6 自动配置功能即可。

实验拓扑如图 6-9 所示。

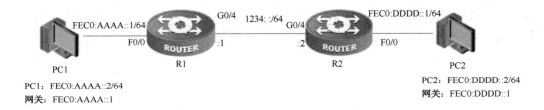

图 6-9 配置 IPv6 静态路由

要求在路由器和用户 PC 上分别启用 IPv6 协议，并分别配置适当的地址和路由，使终端用户能够相互访问。

任务实施

步骤 1：配置 R1 接口。

```
R1_CONFIG#IPv6 UNICAST-ROUTING                    //启用 IPv6 路由
R1_CONFIG#IN G0/4
R1_CONFIG-_G0/4#IPv6 ADDRESS 2001:10::1/64        //手工配置 IPv6 地址
R1_CONFIG-_G0/4#NO SHUTDOWN
R1_CONFIG#IN F0/0
R1_CONFIG_F0/0#IPv6 ADDRESS FEc0:AAAA::1/64       //F0/0 接口配置 IPv6 私有地址
```

步骤 2：验证。

```
R1#SHOW IPv6 INTERFACES BRIEF                     //查看 IPv6 接口的简要信息
FASTETHERNET 0/0 IS UP, LINE PROTOCOL IS UP       //端口连接状态和协议状态正常
   FE80::2E0:FFF:FE26:17D1                        //本地站点地址
   FEC0:AAAA::1                                   //本地链路地址
GIGAFASTETHERNET0/4 IS UP, LINE PROTOCOL IS UP    //G0/4 端口工作正常
```

```
       2001:10::1                                    //全球单播地址
         FE80:6::2E0:FFF:FE26:17D2                   //本地站点地址
```

步骤 3：配置 R2 接口。

```
R2_CONFIG#IPV6 UNICAST-ROUTING
R2_CONFIG#INT G0/4
R2_CONFIG_G0/4#IPV6 ADDRESS2001：10::2/64
R2_CONFIG_G0/4#NO SHUTDOWN
R2_CONFIG_G0/4#INT F0/0
R2_CONFIG-_F0/0#IPV6 ADDRESS FEc0:DDDD::1/64      //F0/0 接口配置 IPv6 私有地址
R2_CONFIG_F0/0#NO SHUTDOWN
```

步骤 4：验证。

```
R2#SHOW IPv6 INTERFACES BRIEF //查看 IPv6 接口的简要信息
FASTETHERNET 0/0 IS UP, LINE PROTOCoL IS UP//接口和协议都为 UP，状态正常
  FE80:4:2E0:FFF:FE26:17C1
    FEC0:AAAA::1
GIGAFASTETHERNET0/4 IS UP，LINE PROTOCOL IS UP //G0/4 接口工作状态正常
 2001:10::2
    FE80:6::2E0:FFF:FE26:17C2
```

步骤 5：配置静态路由。

```
R1_CONFIG#IPv6 ROUTE FEC0:DDDD::/64 2001:10::2    //配置 IPv6 静态路由
R2_CONFIG#IPv6 ROUTE FEC0:AAAA::/64 2001:10::1
```

步骤 6：查看 R1 路由表。

```
R1#SHOW IPv6 ROUTE
……
 S     FEC0:DDDD::/64[1]
IS DIRECTLy CONNEcTED, GIGAETHERNET0/4   //存在到达网络 FEC0:DDDD::的静态路由
C     FF00::/8[1]
IS DIRECTLy CONNEcTED, L, NULL0
```

步骤 7：查看 R2 路由器的 IPv6 地址表。

```
R2#SHOW IPv6 ROUTE
S     FEC0:AAAA::/64[1]    //存在到达网络 FEC0:AAAA::的静态路由，指向 G0/4 接口
IS DIRECTLy CONNEcTED, GIGAETHERNET0/4
C     FF00::/8[1]
IS DIRECTLy CONNECTED, L, NULL0
```

步骤 8：PC 地址设置。打开 PC 的"网络连接"窗口，右击"属性"选项，在弹出的属性对话框中选中"Internet 协议版本 6，（TCP/IPv6）"复选框，如图 6-10 所示。

步骤 9：在 IPv6 地址属性设置页面中，配置 PC 的 IPv6 地址，如图 6-11 所示。

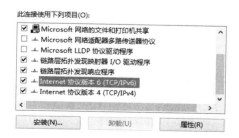

图 6-10 属性对话框

图 6-11　配置 IPv6 地址

步骤 10：配置完成后，可以在命令行窗口中使用 IP CONFIG 命令（Windows 7 操作系统）查看配置的 IPv6 地址，如图 6-12 所示。

图 6-12　验证主机 IPv6 地址

步骤 11：测试连通性，测试 PC0 和 PC1 是否三层连通，如图 6-13 所示。

图 6-13　测试网络连通性

通过本任务的实施，学会在路由器上配置 IPv6 地址和静态路由，以使网络连通。

评价内容	评价标准
配置 IPv6 静态路由	（1）学会在双协议栈路由器上启用 IPv6 协议； （2）学会在接口上手工配置和自动配置 IPv6 地址； （3）学会配置 IPv6 静态路由，实现网络层连通

将 3 台 DCR-2655 路由器两两互连，在每台路由器上配置 IPv6 地址和适当的静态路由，

实现网络层互通。

任务三　配置 IPv6 默认路由

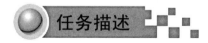

新兴学校网络管理员小赵在校园网 IPv6 实验网施工中，配合集成商飞越公司成功完成了基于 IPv6 的静态路由测试工作。考虑到随着 IPv6 网络的不断发展，IPv6 站点也将不断增多，站点的增多必将带来路由信息的增多，如何能够高效并且简单明了地解决用户访问多个 IPv6 站点的需求呢？小赵建议进行基于 IPv6 的默认路由的测试。

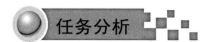

实验拓扑如图 6-14 所示。

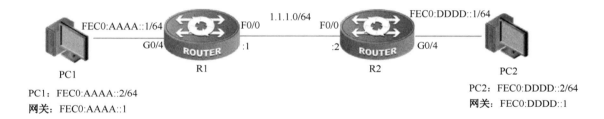

图 6-14　配置 IPv6 默认路由

通过在路由器上配置 IPv6 地址，掌握在 IPv6 环境下通过默认路由的设置实现不同网段通信的方法。

步骤 1：配置 R1 接口。

```
R1_CONFIG#IPv6 UNIcAST-ROUTING              //启用 IPv6 路由
R1_CONFIG#IN G0/4
R1_CONFIG-_G0/4#IPv6 ADDRESS 2001:10::1/64   //手工配置 IPv6 地址
R1_CONFIG-_G0/4#NO SHUTDOWN
R1_CONFIG#IN F0/0
R1_CONFIG_F0/0#IPV6 ADDRESS FEc0:AAAA::1/64  //F0/0 接口配置 IPv6 私有地址
```

步骤 2：验证。

```
R1#SHOW IPv6 INTERFAcES BRIEF
FASTETHERNET 0/0 IS UP, LINE PROTOcOL IS UP
  FE80::2E0:FFF:FE26:17D1
```

```
  FEC0:AAAA::1
GIGAFASTETHERNET0/4 IS UP, LINE PROTOcOL IS UP
  2010:10::1
   FE80:6::2E0:FFF:FE26:17D2
```

步骤 3：配置 R2 接口。

```
R2_CONFIG#IPv6 UNICAST-ROUTING
R2_CONFIG#INT G0/4
R2_CONFIG_G0/4#IPv6 ADDRESS2001: 10::2/64
R2_CONFIG_G0/4#NO SHUTDOWN
R2_CONFIG_G0/4#INT F0/0
R2_CONFIG- F0/0#IPv6 ADDRESS FEc0:DDDD::1/64   //为 F0/0 接口配置 IPv6 私有地址
R2_CONFIG_F0/0#NO SHUTDOWN
```

步骤 4：验证。

```
R2#SHOW IPv6 INTERFAcES BRIEF
FASTETHERNET 0/0 IS UP, LINE PROTOcOL IS UP
 FE80:4:2E0:FFF:FE26:17C1
   FEC0:AAAA::1
GIGAFASTETHERNET0/4 IS UP, LINE PROTOcOL IS UP
  2010:10::2
   FE80:6::2E0:FFF:FE26:17C2
```

步骤 5：在路由器 R1 上配置默认路由。

```
R1_CONFIG#IPv6 ROUTE ::/0 2001:10::2        //配置默认路由
```

步骤 6：在路由器 R2 上配置默认路由。

```
R2_CONFIG#IPv6 ROUTE ::/0 2001:10::1        //配置默认路由
```

步骤 7：在 PC 上验证路由是否可达，以 PC1 为例，如图 6-15 所示。

图 6-15　测试默认路由

任务验收

通过本任务的实施，学会配置 IPv6 默认路由。

评 价 内 容	评 价 标 准
IPv6 路由启用	学会在路由器上开启 IPv6 功能
IPv6 默认路由	学会在边界路由上配置默认路由，指引正确的下一跳地址

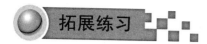 拓展练习

在校园网的出口路由器上配置一条 IPv6 默认路由，下一跳地址指向 ISP 的设备。

任务四　配置 IPv6 OSPFv3 单区域

任务描述

随着新兴学校 IPv6 实验网的设备增多，路由维护和故障排除复杂度增大。网络管理员小赵考虑在设备上配置动态路由，以减少路由维护工作量。

任务分析

实验拓扑如图 6-16 所示。

图 6-16　配置 OSPF v3 单区域

要求在两台路由器上启用 IPv6 routing，在接口上开启 IPv6 协议后，通过配置 OSPF v3 相关命令建立 OSPF 邻居关系，观察学习到的路由。

任务实施

步骤 1：在路由器 A 上启用 IPv6 路由，在端口 G0/4 上配置 IPv6 ENABLE。

```
ROUTERA_CONFIG#IPv6 UNIcAST-ROUTING
ROUTERA_CONFIG_G0/4#IPv6 ENABLE
```

步骤 2：验证配置。

```
ROUTERA#SHOW IPv6 ROUTE
......
C    FE80::/10[1]
IS DIREcTLy cONNEcTED, L, NULL0
C    FE80::/64[1]
IS DIREcTLy CONNECTED, C, GIGAETHERNET 0/4  //接口上自动生成的 LINKLOCAL 地址
......
```

步骤 3：在路由器 A 上创建 Loopback0 端口，并配置 IPv4 地址；全局启动 OSPF v3 进程。

```
ROUTERA_CONFIG#INTERFAcE LOOPBACK 0
ROUTERA_CONFIG_L0#IP ADDRESS 1.1.1.1 255.255.255.255
ROUTERA_CONFIG#IPv6 ROUTER OSPF 1
```

步骤 4 验证配置。

```
ROUTERA_CONFIG_OSPF6_1#SHOW IPV6 OSPF 1
//选择最高 Loopback 地址作为 OSPF v3 进程的 ROUTER-ID
ROUTING PROcESS "OSPFV3 (1)" WITH ID 1.1.1.1
```

步骤 5：在路由器 A 的端口 G0/4 上启动 OSPF v3 进程，并指定区域号。

```
ROUTERA_CONFIG_G0/4#IPv6 OSPF 1 AREA 0
```

步骤 6：验证配置。

```
ROUTERA_CONFIG_OSPF6_1#SHOW IPV6 OSPF 1
ROUTING PROcESS "OSPFV3 (1)" WITH ID 1.1.1.1
......
 NUMBER OF AREAS IN THIS ROUTER IS 1
   AREA BACKBONE（0）  //启动骨干域
      NUMBER OF INTERFAcES IN THIS AREA IS 1
```

步骤 7：在路由器 B 上重复上面三步，其中 Loopback0 地址配置为 2.2.2.2。

```
ROUTERB_CONFIG#IPv6 UNICAST-ROUTING
ROUTERB_CONFIG#INTERFAcEG0/4
ROUTERB_CONFIG_G0/4#IPv6 ENABLE
ROUTERB_CONFIG#INTERFAcE LOOPBACK 0
ROUTERB_CONFIG_L0#IP ADDRESS 2.2.2.2 255.255.255.0
ROUTERB_CONFIG_L0#ExIT
ROUTERB_CONFIG#IPv6 ROUTER OSPF 1
ROUTERB_CONFIG#INTERFAcEG0/4
ROUTERB_CONFIG_G0/4#IPv6 OSPF 1 AREA 0
```

步骤 8：验证配置。

```
ROUTERB#SHOW IPv6 OSPF NEIGHBOR
OSPFV3 PROCESS （1）   //邻居状态达到 FULL 状态
NEIGHBOR ID    PRI   STATE        DEAD TIME   INTERFAcE  INSTANcE ID
1. 1.1.1        1   FULL/-       00:00:29     GIGAETHERNET0/4 0
```

步骤 9：在路由器 A 的 F0/0 端口上配置 IPv6 Global 地址 2000::1/64，并在 F0/0 上启动 OSPF v3 进程。应该可以在路由器 B 上学习到 2000::/64 的路由。

```
ROUTERA_CONFIG#INTERFACE F0/1
ROUTERA_CONFIG_F0/1#IPv6 ADDRESS 2001::1/64
ROUTERA_CONFIG_F0/1#IPv6 OSPF 1 AREA 0
```

步骤 10：验证配置。

```
ROUTERB_CONFIG#SHOW IPv6 ROUTE
......
O    2001::/64[1]  //学习到的 OSPF 路由
     [110, 20] VIA FE80:4::2E0:FFF:FE26:2A58（ONGIGAETHERNET 0/4）
```

```
C       FE80::/10[1]
           IS DIREcTLy CONNECTED,  L, NULL0
C       FE80::/64[1]
           IS DIREcTLy CONNECTED,  C, GIGAETHERNET 0/4
C       FE80::2E0:FFF:FE26:2D98/128[1]
           IS DIREcTLy CONNECTED,  L,  GIGAETHERNET 0/4
C       FF00::/8[1]
           IS DIREcTLy CONNECTED,  L, NULL0
```

任务验收

通过本任务的实施，学会在 IPv6 设备上开启 IPv6 功能并配置 OSPF v3 路由协议。

评 价 内 容	评 价 标 准
开启 IPv6 OSPF 路由	学会在路由器上配置 ROUTER ID 并配置 OSPF v3 路由协议
在接口上配置 OSPF v3	学会在路由器接口下启用 OSPF v3 实例，建立 OSPF v3 邻居关系

拓展练习

把实验网设备上的静态路由全部改为 OSPF 协议，使不同网络的主机通过 IPv6 地址通信。

项目二　IPv6 隧道

项目分析

从 IPv4 升级到 IPv6 需要一个漫长的过渡期，隧道技术不失为一种代价较小的替代方案。隧道能使 IPv6 的流量穿越纯 IPv4 网络，使 IPv6 站点能够穿越纯 IPv4 网络进行互连。可供新兴学校选择的隧道技术有 ISATAP 隧道、6 to 4 隧道、IPv6 over MPLS 隧道等。因为目前网络中所有设备和主机都支持 IPv6/IPv4 双栈运行，因此小赵需要先了解这几种隧道技术的实现原理、配置难度和安全性等特点，再选择具体的实现方案。整个项目的认知与分析流程如图 6-17 所示。

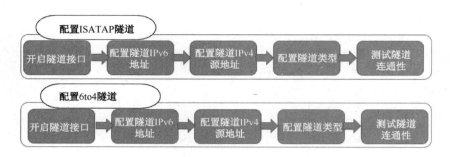

图 6-17 项目流程图

任务一 配置 ISATAP 隧道

任务描述

新兴学校的 DCR-2659 路由器和主机都支持 IPv4/IPv6 双栈运行，所以小赵准备选择 ISATAP 隧道来互连两个校区的 IPv6 站点，使两个校区的 IPv6 主机能够通过 IPv4 网络访问 IPv6 资源。这种方法既节省成本，又不需要对现有网络做大规模的变更及设备升级。

任务分析

在路由器上部署 ISATAP，这种网络支持 ISATAP 的双栈主机，在需要访问 IPv6 资源时，可以与 ISATAP 路由器建立 ISATAP 隧道，ISATAP 主机根据 ISATAP 路由器下发的 IPv6 前缀构造自己的 IPv6 地址（此 IPv6 地址被自动关联到 ISATAP 主机本地产生的一个 ISATAP 虚拟网卡上），并将这台 ISATAP 路由器设置为自己的 IPv6 默认网关，这样，后续的主机就能够通过这台 ISATAP 路由器来访问 IPv6 的资源。

实验拓扑如图 6-18 所示。

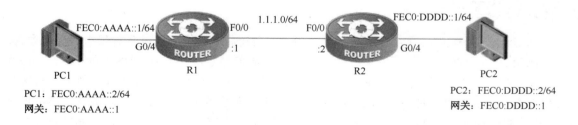

图 6-18 配置 ISATAP 隧道

要求两台路由器 R1 和 R2 通过 IPv4 网络连接，在两台路由器上分别配置 ISATAP 隧道，实现两端 IPv6 主机 PC1 与 PC2 的互访。

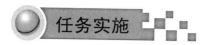
任务实施

步骤 1：在 R1 上配置 ISATAP 隧道。

```
R1_CONFIG#INTERFAcE TUNNEL 0
R1_CONFIG_T0# IPv6 ADDRESS 1234::/16 EUI-64
R1_CONFIG_T0# TUNNEL MODE IPv6IP  ISATAP
R1_CONFIG_T0# TUNNEL SOURCE 1.1.1.1
R1_CONFIG_T0# EXIT
R1_CONFIG# INTERFAcE FASTETHERNET 0/0
R1_CONFIG_F0/0#IP ADDRESS 1.1.1.1 255.255.255.0
R1_CONFIG#SHOW IPv6 INT
TUNNEL0 IS UP, LINE PROTOcOL IS UP
  IPV6 IS ENABLED, LINK-LOcAL ADDRESS IS FE80::5EFE:101:101
  ......
```

步骤 2：在 R2 上配置 ISATAP 隧道。

```
R2_CONFIG#INTERFAcE TUNNEL 0
R2_CONFIG_T0# IPv6 ADDRESS 1234::/16 EUI-64
R2_CONFIG_T0# TUNNEL MODE IPv6IP ISATAP
R2_CONFIG_T0# TUNNEL SOURcE 1.1.1.2
R2_CONFIG_T0# EXIT
R2_CONFIG# INTERFAcE FASTETHERNET 0/0
R2_CONFIG_F0/0#IP ADDRESS 1.1.1.2 255.255.255.0
R2_CONFIG_F0/0#EXIT
R2_CONFIG#IPv6 ROUTE DEFAULT TUNNEL0
R2_CONFIG#
```

步骤 3：验证。

```
R2_CONFIG#SHOW IPv6 INT
TUNNEL0 IS UP, LINE PROTOcOL IS UP
  IPv6 IS ENABLED, LINK-LOcAL ADDRESS IS FE80::5EFE:101:102
  GLOBAL UNIcAST ADDRESS（ES）：
    1234::5EFE:101:102, SUBNET IS 1234::/16 [EUI]
  JOINED GROUP ADDRESS（ES）：
    FF02::1
    FF02::1:FF01:102
  MTU IS 1460 ByTES
  ICMP ERROR MESSAGES LIMITED TO ONE EVERy 100 MILLISEcONDS
  ICMP REDIREcTS ARE ENABLED
  ICMP UNREAcHABLES ARE ENABLED
ROUTERB_CONFIG#
```

步骤 4：测试隧道连通性。使用 PING6 命令测试 1234::5EFE:101:102 能否正常通信。

步骤 5：配置默认路由指向隧道接口。

```
R1_CONFIG#IPV6 ROUTE ::/0 TUNNEL 0 FE80::5EFE:101:102
//此处配置 TUNNEL 0 的本地链路地址
R2_CONFIG#IPV6 ROUTE ::/0 TUNNEL 0 FE80::5EFE:101:101
```

//此处配置 TUNNEL 0 的本地链路地址

步骤 6：测试主机连通性，如图 6-19 所示（路由器 G0/4 接口 IPv6 地址及 PC 地址配置步骤省略）。

图 6-19　验证 IPv6 主机跨越隧道通信

任务验收

通过本任务的实施，掌握在 IPv4 路由器上配置 ISATAP 隧道的方法，为实现 IPv6 孤岛站点的互通找到解决方案。

评 价 内 容	评 价 标 准
ISATAP 隧道的建立	能够正确配置 ISATAP 的隧道地址、类型
IPv6 路由配置	能够正确配置 IPv6 路由，使通过隧道的 IPv6 主机互通

扩展练习

在 R1 和 R2 上打开 DEBUG IPv6 IP ISATAP，然后重复上述实验，注意观测输出的 DEBUG 信息的内容。

任务二　配置 6to4 隧道

任务描述

网络管理员小赵参与了飞越公司小型 IPv6 实验网络的部署，在进行网络地址规划与配置之前，需要先了解 IPv6 的网络元素及术语、IPv6 的地址类型及配置方法，为实际的网络搭建与设备配置做好准备。

首先，了解 IPv6 的基本概念和术语，包括接口、结点、链路、地址等，理解 IPv6 与 IPv4 的不同设计思路；其次，重点了解 IPv6 地址的相关知识，包括地址类型、地址表示方法、地址空间组成及地址配置方法；最后，确定网络结点必须具备的 IPv6 地址和路由器必须具备的 IPv6 地址。

采用静态路由可以提高网络带宽的利用率，当出现需要手工维护的路由信息条目数较多的情况时，势必会造成管理员工作量大增；考虑到用户一般处在网络的末端，所以可以采用默认路由的方式来解决问题，这样可将所有数据的转发交给默认网关，由网关来决定数据包下一步的走向。配置默认路由不论数据包访问哪些地址，只需配置一条路由信息即可。

支持 IPv6 的内部网关路由协议常用的有 OPSF v3 和 RIPNG。由于 OSPF v3 收敛速度快、度量值合理，能够适应大量路由的需要，所以在校园网升级 IPv6 实验中，飞越公司技术工程师建议小赵选择配置 OSPF v3 协议。

新兴学校两个校区的 IPv6 实验网已经通过 ISATAP 隧道互连起来，实现了 IPv6 主机的互访。为了进一步提高网络的安全性，需要在两个校区的服务器之间建立 IPSec 连接，这里考虑采用安全性更高、灵活性更好的隧道技术。

6 to 4 隧道是比 ISATAP 更安全、更灵活的隧道技术，采用特殊的 IPv6 地址使在 IPv6 孤岛相互连接起来。IPv4 隧道的末端可从 IPv6 域的地址前缀中自动提取，通过这个机制，站点能够配置 IPv6 而不需要向注册机构申请 IPv6 地址空间。在一个拥有很多部门的企业里，各部门内部使用私有地址和 NAT 技术，利用 6 to 4 策略可以建立一个虚拟 IPv6 外部网，允许企业在不同地方的服务器上使用 IPSec 协议，进一步提高了网络的安全性。

 任务分析

实验拓扑如图 6-20 所示。

图 6-20 6to 4 隧道配置

要求两台路由器 R1 和 R2 通过 IPv4 网络连接起来，在两台路由器上分别配置 6 to 4 隧道，实现 IPv6 主机 PC1 与 PC2 的互访。

任务实施

步骤 1：在 R1 上配置 6to4 隧道。

```
R1_CONFIG#INTERFACE TUNNEL 0
R1_CONFIG_T0# IPv6 ADDRESS 2002:101:101::1/32
R1_CONFIG_T0# TUNNEL MODE IPV6IP 6TO4
R1_CONFIG_T0# TUNNEL SOURcE 1.1.1.1
R1_CONFIG_T0# INTERFACE FASTETHERNET 0/0
R1_CONFIG_F0/0#IP ADDRESS 1.1.1.1 255.255.255.0
```

步骤 2：在 R2 上配置 6to4 隧道。

```
R2_CONFIG#INTERFACE TUNNEL 0
R2_CONFIG_T0# IPv6 ADDRESS 2002:101:102::1/32
R2_CONFIG_T0# TUNNEL MODE IPv6IP 6TO4
R2_CONFIG_T0# TUNNEL SOURcE 1.1.1.2
R2_CONFIG_T0# ExIT
R2_CONFIG# INTERFACE FASTETHERNET 0/0
R2_CONFIG_F0/0#IP ADDRESS 1.1.1.2 255.255.255.0
```

步骤 3：测试。在 R1 的端口 G0/4 上配置 IPv6 地址 2001::1/64，在 R2 的端口 G0/4 上配置 IPv6 地址 2014::1/64。在 R1 上 PING6 R2 端口 G0/4 的地址 2014::1/64，或者在 R2 上 PING6 R1 端口 F0/1 的地址 2001::1/64。在路由器上配置相应的路由。

```
R1_cONFIG# INTERFAcE GIGAETHERNET 0/4
R1_cONFIG_G0/4#IPv6 ADDRESS 2001::1/64
R1_cONFIG#IPv6 ROUTE 2014::/64  2002:101:102::1
R2_cONFIG# INTERFACE GIGAETHERNET 0/4
R2_cONFIG# IPv6 ROUTE2001::/64 2002:101:101::1
```

步骤 4：在 R1 上验证配置。使用 PING6 命令测试 2014::1，发现可正常通信。
步骤 5：在 R2 上验证配置。使用 PING6 命令测试 2001::1，发现可正常通信。

 任务验收

通过本任务的实施，熟练配置 6 to 4 隧道，实现 IPv6 站点的连接。

评 价 内 容	评 价 标 准
6 to 4 隧道配置	学会配置 6 to 4 隧道的 IPv6 地址、IPv4 源地址及隧道类型
配置 IPv6 路由	学会配置正确的 IPv6 路由，实现跨设备网络的互通
测试 IPv6 网络连通性	学会使用 PING6 或 TRACEROUTE6 诊断工具来测试网络连通性

 拓展练习

在 R1 和 R2 上打开 DEBUG IPv6 IP 6 to 4，然后重复做上述实验，注意观测输出的 DEBUG 信息的内容。

单元知识拓展　IPv6 地址自动配置

任务描述

IPv6 地址太长不便于记忆，而随着智能家居的发展，很多接入设备都希望能够自动配置

IPv6 地址，实现网络资源访问。

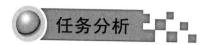**任务分析**

IPv6 地址支持手工配置、无状态自动配置和有状态自动配置 3 种方式。其中，无状态自动配置是指不需要 DHCP 服务器，设备根据接口信息自动获取地址和相关信息；有状态自动配置是指在 DHCPv6 服务器上创建 IPv6 地址池，通过 DHCP REQUEST 和 REPLY 获取正确的 IPv6 地址。

一、无状态自动配置

实验拓扑如图 6-21 所示。

图 6-21 无状态自动配置 IPv6 地址

在路由器 B 上进行正确的配置，使得路由器能够无状态自动配置并通信。

任务实施

步骤 1：在路由器 B 上启用 IPv6 ROUTING，并在端口 F0/0 上配置 IPv6 地址。

```
ROUTERB_CONFIG#IPv6 UNIcAST-ROUTING
ROUTERB_CONFIG_F0/0#IPv6 ADDRESS 1234::1/64
```

步骤 2：验证配置。

```
ROUTERB#SHOW IPv6 INTERFAcE F0/0
FASTETHERNET0/0 IS UP, LINE PROTOcOL IS UP
  IPV6 IS ENABLED, LINK-LOcAL ADDRESS IS FE80::2E0:FFF:FE26:C050
  GLOBAL UNIcAST ADDRESS (ES):
    1234::1, SUBNET IS 1234::/64    //配置的 IPv6 全球地址
  JOINED GROUP ADDRESS (ES):
    FF02::1
FF02::2 //所有路由器的多播地址，说明该路由器启用了 IPv6 ROUTING
    FF02::1:FF00:1
    FF02::1:FF26:C050
ROUTERB#
```

步骤 3：在路由器 C 上配置无状态地址自动配置。

```
ROUTERC_CONFIG_F0/0#IPv6 ADDRESS AUTOcONFIG
```

步骤 4：验证。

```
ROUTERC#SHOW IPv6 INTERFAcE F0/0
FASTETHERNET0/0 IS UP, LINE PROTOcOL IS UP
  IPV6 IS ENABLED, LINK-LOcAL ADDRESS IS FE80::2E0:FFF:FE27:4230
```

```
GLOBAL UNIcAST ADDRESS（ES）：
//通过无状态地址自动配置全球地址
```

二、DHCPv6 配置

实验拓扑如图 6-22 所示。

路由器 B

Abcd::1/64
F0/0

路由器 A   路由器 C

图 6-22　DHCPv6 的配置

在两台路由器上启用 IPv6 ROUTING，在路由器 A 接口 F0/0 上启动 DHCPv6 Server 后，在路由器 B 接口 F0/0 上启动 DHCPv6 Realy，在路由器 C 接口 F0/0 上启动 DHCPv6 Client，进行 DHCPv6 实验。

步骤 1：在路由器 A 上配置本地前缀池。

```
ROUTERA_cONFIG#IPv6 LOCAL POOL LOCALPOOL 1234:5678::/48 64
//定义一个前缀长度为 48 位的前缀池，分配给 DHCPv6-PD，CLIENT 的前缀长度是 64 位
```

步骤 2：在路由器 A 上配置 DHCP 池。

```
ROUTERA_CONFIG# IPv6 DHCP POOL DHcP6POOL
//定义服务 DHCP 的地址池名称
ROUTERA_CONFIG_DHCPv6# PREFIx-DELEGATION POOL LOcALPOOL
//指定地址池的前缀为 LOcALPOOL 指定的范围
ROUTERA_CONFIG_DHCPv6# DNS-SERVER 1234:5678::1 //推送的 DNS 服务器地址
ROUTERA_CONFIG_DHCPv6# DOMAIN-NAME ABcD
ROUTERA_CONFIG_DHCPv6# LIFETIME INFINITE INFINITE
//定义地址池的有效期
```

步骤 3：验证配置。

```
ROUTERA# SHOW IPv6 DHCP POOL
IPv6 DHCP POOL INFORMATION:
POOL DHCP6POOL:
DNS-SERVER   1234:5678::1
PREFERRED LIFETIME: INFINITY, VALID LIFETIME: INFINITY
PREFIx-DELEGATE POOL LOCALPOOL
ROUTERA#
```

步骤 4：在路由器 A 接口 F0/0 上启动 DHCPv6 Server。

```
ROUTERA_CONFIG_F0/0#IPv6 ADDRESS ABCD::2/64
ROUTERA_CONFIG_F0/0#IPv6 DHcP SERVER DHCP6POOL RAPID-COMMIT
//启用 DHCP 服务，使用地址池 DHCP6POOL ，启用快速交换
```

步骤 5：在路由器 C 接口 F0/0 上启动 DHCPv6 Client。

```
ROUTERC_CONFIG_F0/0#IPv6 ENABLE
ROUTERC_CONFIG_F0/0#IPv6 DHCPCLIENT PD PREFIX RAPID-COMMIT
//配置 DHCPv6 CLIENT 获取地址时使用的前缀
```

步骤 6：在路由器上验证 DHCPv6 运行结果。

```
ROUTERC# SHOW IPv6 GENERAL-PREFIx
IPv6 PREFIx PREFIx1, AcQUIRED VIA DHCP PD
 1234:5678::/64 VALID LIFETIME INFINITY, PREFERRED LIFETIME INFINITY
 ROUTERC#
ROUTERA# SHOW IPV6 DHcP BINDING
 TyPE          CLIENT ID          IAID       ADDRESS OR PREFIx
 PD            00E00F2600A8        4          1234:5678::/64
```

步骤 7：在路由器 B 接口 F0/0 上启动 DHCPv6 Relay。

```
ROUTERB_CONFIG# INTERFACE FASTETHERNET 0/1
ROUTERB_CONFIG_F0/1# IPv6 ADDRESSABcD::1/64
ROUTERB_CONFIG_F0/1#ExIT
ROUTERB_CONFIG# INTERFACE FASTETHERNET 0/0
ROUTERB_CONFIG_F0/0#IPv6 ENABLE
ROUTERB_CONFIG_F0/0# IPv6 DHCP RELAY DESTINATION ADDRESSABcD::2/64
```

步骤 8：在路由器 B 上验证。

```
ROUTERB#SHOW IPV6 DHCP INTERFACE
INTERFACE FASTETHERNET0/0
 DHcP6 MODE : RELAy
 DESTINATION ADDRESS:
ADDRESSABcD::2/64
ROUTERB#
```

步骤 9：改变网络拓扑，重新进行 DHCPv6 测试。将路由器 A 的接口 F0/0 与路由器 B 的接口 F0/1 相连，路由器 B 的接口 F0/0 与路由器 C 的接口 F0/1 相连。在路由器 C 的接口 F0/1 上启动 DHCPv6 Client。

```
ROUTERC_CONFIG_F0/1IPV6 ENABLE
ROUTERC_CONFIG_F0/1#IPV6 DHcPCLIENT PD PREFIx2
```

步骤 10：在路由器 C 上验证。

```
ROUTERC#SHOW IPv6 DHcP INTERFAcE
INTERFAcE FASTETHERNET0/1
 DHCP6 MODE : CLIENT
 DHCP6 NEGOTIATED PREFIx, PREFIx NAME: PREFIx2
INTERFAcE FASTETHERNET0/0
 DHCP6 MODE : CLIENT
 DHCP6 NEGOTIATED PREFIX, PREFIX NAME: PREFIx1
ROUTERC#
```

步骤 11：在路由器 A 上验证 DHCPv6 的运行结果。

```
ROUTERA# SHOW IPV6 DHcP BINDING
 TyPE          CLIENT ID          IAID       ADDRESS OR PREFIx
```

```
PD          00E00F2600A8          4          1234:5678::/64
PD          00E00F2600A8          5          1234:5678:0:1::/64
```

 任务验收

通过本任务的实施，实现 IPv6 网络设备无状态和有状态的自动配置。

评 价 内 容	评 价 标 准
无状态自动配置	掌握 IPv6 设备无状态自动配置的方法和需要注意的问题
DHCPv6 的配置	掌握 DHCPv6 的配置方法，使 DHCP Client 获取正确的 IPv6 地址
DHCPv6 中继的配置	学会在正确的设备上配置 DHCP 中继，使网络设备能够跨越三层设备获取正确的 IPv6 地址和网络配置

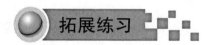 拓展练习

在路由器 A 和路由器 C 上打开 DEBUG IPv6 DHCP DETAIL，在路由器 B 上打开 DEBUG IPv6 DHCP RELAY，再重复做上述实验，注意观察输出的 DEBUG 信息。

单 元 总 结

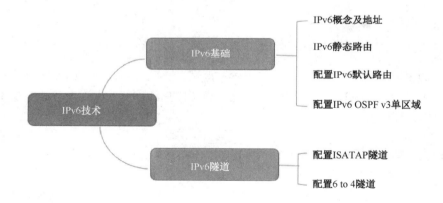